前　言

大学生是国家人才储备的重要群体，是国家未来的建设者和接班人，大学生的综合素质直接决定着国家的未来。高等学校担负着培养中国特色社会主义事业建设者和接班人的光荣使命，这个使命要求我们培养的人才不仅要有良好的身体素质、科学文化素质和思想道德素质，也要有良好的心理素质。当前，大力推进大学生心理健康教育工作，是摆在我们面前的一项重要任务。

加强大学生心理健康教育是全面推进素质教育、培养高素质人才的迫切要求。我们可以从许多成功人士的身上发现其共同之处，那就是他们不仅有扎实的知识素养、较强的专业能力，最重要的是都有着良好的心理素质。因此，加强大学生心理健康教育，培养大学生良好的个性心理品质，提高大学生的社会适应能力、挫折承受能力和情绪调节能力，促进他们的心理素质与思想道德素质、科学文化素质和身体素质的全面协调发展，是新时期培养高素质人才的迫切需要。

加强大学生心理健康教育是以学生为本、促进学生成长成才的迫切要求。学生是学校教育培养的对象，以学生为本，不断满足学生发展的多方面需要，促进学生全面成长成才，是高校一切工作的出发点和落脚点。当代中国大学生多为独生子女，他们是一个承载社会、家庭高期望值的特殊群体。他们自我定位比较高，成才欲望比较强，但社会阅历比较浅，心理发展不成熟，极易出现情绪波动。大学生面临的学习、生活和就业等方面的压力明显增大，不可避免地会形成各种各样的心理问题，亟须专业的心理疏导和调节。近年来，大学生因心理问题、精神障碍等原因不惜伤害自己和他人的案例时有发生，如北京某大学的硕士研究生跳河自杀案、复旦大学寝室投毒案、武汉某大学两学生斗殴致一学生死亡案……无论大学生自伤或伤害他人，都给学生的家庭带来极大的伤害，在社会上也产生了很大的影响，给我们高校心理健康教育工作者带来震撼。责任感告诉我们所有的心理健康教育工作者，加强大学生心理健康教育迫在眉睫。

大学生心理健康教育是一项系统工程，渗透到大学生教育的每一个环节，其中开设心理健康教育课程是最重要的途径之一，这也是本书的编写目的所在。本书的编者均是从事大学生心理健康教育工作的教师，有扎实的心理学理论基础和丰富的心理咨询经验。编者以问卷调查、访谈、个案分析为研究方法，将案例分析、延伸阅读及心理测试等内容有机地穿插在各章叙述之中，多样化的导入形式避免了教材的刻板，有利于提高学生的阅读兴趣。同时，以"学生最关注的问题"、"最想了解的问题"或"与生活密切相关的问题"为线索，罗列相关心理健康理论知识，以大知识点套小知识点的方式呈现正文来突出主题及重点，使知识结构更加清晰，又进一步增强了教材的可读性，可引导学生主动、深入地开展阅读。

本书有三个特点：一是立足发展，重在预防。心理健康教育的积极作用在于引导大学生寻求人生的最佳位置，实现心理潜能最大限度的开发，同时也有预防和治疗各种心理疾病的作用。本书正是立足于大学生心理的全面发展，引导大学生掌握心理保健的技能，陪伴大学生度过快乐的大学时光。二是立足实际，以生为本。心理健康教育重在心灵的沟通，重在认知经验、道德规范和技能技巧的心理内化，因此发挥学生的主体作用是关键。本书正是从大学生的实际出发，时时处处指导大学生进行自我调适、自我教育，具有很强的针对性，充分体现了以学生为本的思想。三是立足实践，突出指导。本书编者都是学校心理健康教育与咨询中心的专、兼职教师，具有多年的心理健康教育和心理咨询经验，他们不是从概念到原理式的写作，而是从大学生的实际出发，立足于教育与科研的实践来撰写，每一章、每一节都充满了对实践的理性思考，体现出鲜明的指导性。本书系统分析了大学生在心理健康方面存在的误区，并对大学生存在的心理健康问题提出了有针对性的辅导策略，是高校开设大学生心理健康教育课程的必备教材，也是关注自身成长与心理健康的大学生朋友的有益读本。

本书的编写是编者对大学生心理健康教育工作的一个探索过程，还需要接受实践的检验。本书在编写过程中参阅了国内外专家的研究成果和其他一些文献资料，在此一并表示感谢。由于编者水平有限，书中难免有不妥或错误之处，恳请各位专家、学者及使用本书的师生不吝指正！

编　者

2013 年 7 月

大学生心理健康教育

主　编：黄士华
副主编：刘红霞
编　委：（按姓氏笔画排列）
丁桂兰　王海燕
韦耀阳　李炎清
杨之毛　罗四清
荆玉梅　柳隽宇
曹小为　雷玉菊

华中师范大学出版社

新出图证(鄂)字 10 号

图书在版编目(CIP)数据

大学生心理健康教育/黄士华 主编. —武汉:华中师范大学出版社,2013.9

ISBN 978-7-5622-6321-0

Ⅰ.①大… Ⅱ.①黄… Ⅲ.①大学生—心理健康—健康教育
Ⅳ.①B844.2

中国版本图书馆 CIP 数据核字(2013)第 224886 号

大学生心理健康教育

责任编辑:张晶晶　　责任校对:易　雯　　封面设计:胡　灿
编辑室:第二编辑室　　电话:027—67867362
出版发行:华中师范大学出版社
社址:湖北省武汉市珞喻路 152 号
电话:027—67863426/3280(发行部)　　027—67861321(邮购)
传真:027—67863291
网址:http://www.ccnupress.com　　电子信箱:hscbs@public.wh.hb.cn
印刷:湖北恒泰印务有限公司　　督印:章光琼
字数:285 千字
开本:787mm×960mm　1/16　　印张:16.25
版次:2013 年 9 月第 1 版　　印次:2013 年 9 月第 1 次印刷
印数:1—4500　　定价:28.00 元

欢迎上网查询、购书

目 录

第一章　一切从心开始
——解密大学生心理健康

对于人来讲,再也没有比人更有趣的话题了。而且,对于多数人来讲,最有趣的人正是他们自己。

——(美国)罗伊·鲍麦斯特

相信自己拥有一个美好的世界

一个老人坐在小镇郊外的马路边。有一位陌生人开车来到这个小镇,看到了老人,他停车打开车门询问老人:“老先生,请问这里是什么城镇?住在这里的是哪种类型的居民?我正打算搬来居住了。”

老人抬头看了一下陌生人,回答说:“你刚离开的那个城镇上的人们,是哪种类型的人呢?”陌生人说:“我刚离开的那个小镇上住的都是一些不三不四的人,我们住在那里没有什么快乐可言,所以我打算搬来这里居住。”

老人回答说:“先生,恐怕你要失望了,因为我们镇上的人,也跟他们完全一样。”

不久之后,又有另一位陌生人向这位老人询问同样的问题:“这里是哪种类型的城镇呢?住在这里的是哪种类型的人呢?我们正在寻找一个城镇定居下来呢!”

老人又问他同样的问题:“你刚离开的那个小镇上的人们是哪种类型的人呢?”

陌生人回答说:“住在那里的都是非常好的人。我的太太和小孩在那里度过了一段非常美好的时光,但我正在寻找一个比我以前居住的地方更有发展机会的小镇。我很不想离开那个小镇,但是我们不得不寻找更好的发展前途。”

老人说:“你很幸运,年轻人。居住在这里的人都是跟你们那里完全相同的人,你将会喜欢他们,他们也会喜欢你的。”

从这个故事我们不难看出,积极的心态下看到的世界是美好的,消极的心态下看到的世界必定是灰色的。

第一节　不可小看的心理健康

一、心理健康的意义

法国著名文学家雨果说过："世界上最大的是海洋，比海洋更大的是天空，比天空还大的是人类的心灵。"因此，我们需要有健康的心理来适应如今纷繁复杂、扑朔迷离的社会。

人是自然万物之灵长，是自然的杰作。人有极高的潜能，我们人人都具有像体育运动员那样灵敏准确的感觉与反应能力以及承受能力，像小品演员那样的幽默和充满活力，像电视节目主持人、国际大专辩论会上优秀的辩手那样流畅的语言能力，像思想家、科学家那样的思辨能力，像文学家那样的想象能力，像能记住圆周率小数点后一百位数的人那样的记忆能力，像恋爱中的少男少女那样的精神焕发、乐观，像健身教练那样的健美，像登上珠穆朗玛峰的运动员那样坚韧的毅力，像百岁长寿老人那样健康、无病……我们每一个人本应心理健康，就如上述人物那样有良好的心理素质，成就最好的自我。

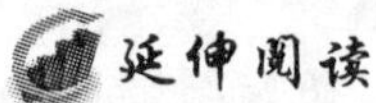

心理健康与成功

在2004年的雅典奥运会射击比赛中，中国选手杜丽夺得女子10米气步枪金牌，为我国赢得了这次奥运会的首枚金牌。这次比赛给人们留下的最深的印象是杜丽的最后一枪。法新社报道说：从她的脸上，你根本读不出"害怕"或者是"怯懦"，尽管决赛第一枪就打出了9.4环的"坏枪"，但杜丽心如止水，最终战胜了屡次参加世界大赛的俄罗斯选手加尔金娜，夺得了金牌。路透社报道说：决赛开始时她打得并不是很出色，但杜丽越战越勇，两位超级射手的心理差距在最后一枪的射击中表现了出来。显然，杜丽凭着良好的心理素质，取得了最后的胜利。曾经在1976年奥运会上获得十项全能金牌的詹纳也认为："奥林匹克的比赛，对运动员来说，20%是身体方面的竞技，80%是心理上的挑战。"良好的心理素质是决定运动员夺标的至关重要的因素。现代生活充满竞争与挑战、充满威胁与压力，乐于接受挑战，顶得住这些压力，才有可能获得成功，这是每个成功者的经历与特点。

然而，生活中的所谓正常人，其心理往往并不在最佳状态，只是处于最佳状态与疾病之间的亚健康状态。我们实际离自然赋予我们的自我心理调节能力上限有很大的差距。生活中有不少正常人整天愁眉苦脸、心烦意乱、以安眠药度日，长期在苦闷与绝望中挣扎、煎熬，甚至走向自杀的绝路；有不少人终日以酒为伴、沾酒就醉，醉后动辄打人骂人；有不少人与他人敌对、冲突，陷入诉讼、犯罪；有不少人常常感冒，患高血压、关节炎等非器质性疾病，甚至身患绝症、早亡；有不少人无能、失意、潦倒、贫穷；有不少人学习成绩不佳；有不少人不能和人正常地交往、融洽相处，整日疑神疑鬼；有不少家庭因其成员的精神疾病而愁云密布；有不少夫妻不和、争吵、打闹以致离婚……

下面，让我们学习运用心理科学保持我们自己和亲人、朋友的心理健康，以良好的身心状态投入工作和生活，享受人生。

二、心理健康的含义

心理健康是现代人的健康不可分割的重要方面，那么什么是人的心理健康呢?

健康，是一个随着时代的推移而不断演变的概念。它最初是指身体健康，强调身体没有缺陷和疾病。早在 1946 年召开的第三届国际心理卫生大会，就对心理健康有了一个初步的定义，它是指在身体、智能以及情感上，在与他人的心理健康不相矛盾的范围内，将个人心境发展成最佳的状态。具体表现为：身体、智力、情绪十分协调；适应环境，人际关系中彼此能谦让；在工作和职业中，能充分发挥自己的能力，过有效率的生活。但随着时代的发展，心理健康被赋予了更多的内涵，成为衡量人的全面发展不可或缺的重要指标。1989年，世界卫生组织把健康定义为“躯体健康，心理健康，社会适应和道德品质良好”。从世界卫生组织对健康所作的定义可以看出，它与我们对健康的传统理解有明显的区别，它包含了三个基本要素：①躯体健康；②心理健康；③具有社会适应能力。具有社会适应能力是国际上公认的心理健康的首要标准，人的全面健康包括躯体健康和心理健康两大部分，两者密切相关，缺一不可，无法分割。

心理健康的定义，在当前学术界仍是一个有争议的问题。国内外的学者从不同侧面对这一概念进行了界定。从关注心理状态本身的角度出发，有学者认为心理健康反映出一种良好的、有序的心理状态，其本身蕴含着人与自然的和谐、人与人的和谐、人与社会的和谐这三个维度。从心理健康功能的角度出发，有学者认为，心理健康是指对自我、对客观世界认识和把握时有正确的心态，体现出较高的自我调控能力，没有人格缺陷和障碍，强调心理健康者具有良好和谐的人际关系、正确的自我观念与认识评价他人的能力、心理与行为和谐统一等内容；从发展的角度出发，有学者认为，心理健康是一个从不健康到健康的连续体，可分为心理疾病、亚健康(第三状态)、心理健康这三个层次。

国外的专家学者也从不同的方面来阐述心理健康的概念，心理学家英格里士在1958年指出："心理健康是指一种持续的心理情况，当事者在那种情况下能作良好适应，具有生命的活力，而能充分发展其身心的潜能；这乃是一种积极的丰富情况。不仅是免于心理疾病而已。"马斯洛认为心理健康的人要具备下列品质：①对现实具有有效率的知觉；②具有自发而不流俗的思想；③既能悦纳本身，也能悦纳他人；④在环境中能保持独立，欣赏宁静；⑤注意哲学与道德的理论；⑥对于平常事物，甚至每天的例行工作，能经常保持兴趣；⑦能与少数人建立深厚的感情，具有助人为乐的精神；⑧具有民主态度、创造性的观念和幽默感；⑨能经受欢乐与受伤的体验。

由此可见，心理健康是一个非常复杂的概念，在不同的社会中，在同一社会的不同阶段，对心理健康的界定及其要求是不同的。

三、心理健康的标准

世界上公认的心理健康人的类型一共有五种，即马斯洛的自我实现型人、库姆斯的胜任型人、罗杰斯的机能充分发挥型人、奥尔波特的成熟型人以及劳伦斯、科尔伯格、索罗金等的理性道德型人，其中以马斯洛的自我实现型人和奥尔波特的成熟型人最具影响力。

著名心理学家马斯洛和米特尔曼在20世纪50年代末曾提出人的心理是否健康的10条标准，受到了心理卫生界的普通重视，并被广泛引用。这10条标准是：①是否有充分的安全感；②是否对自己有较充分的了解，并能恰当地评价自己的行为；③自己的生活理想和目标是否切合实际；④能否与周围环境事物保持良好的接触；⑤能否保持自我人格的完整与和谐；⑥是否具备从经验中学习的能力；⑦能否保持适当和良好的人际关系；⑧能否适度地表达和控制自己的情绪；⑨能否在集体允许的前提下，有限地发挥自己的个性；⑩能否在社会规范的范围内，适当地满足个人的基本要求。

美国人格心理学家奥尔波特认为心理健康有7条标准，即：①自我意识广延；②良好的人际关系；③情绪上的安全性；④知觉客观；⑤具有各种技能，并专注于工作；⑥现实的自我形象；⑦内在统一的人生观。我国台湾地区的心理教育先驱黄坚厚提出的心理健康标准包括：乐于工作、乐于交往、接纳自己和适应社会。教育心理学专家张春兴提出的心理健康标准包括：了解自己并肯定自己，掌握自己的思想行动，自我价值感与自尊心，能与人建立亲密关系，独立谋生意愿和能力，理想追求不脱离现实。

我国学者王登峰、张伯源等在分析、归纳各方面的研究结果的基础上，提出了有关心理健康的以下标准：

1. 了解自我，悦纳自我

一个心理健康的人能体验到自己的存在价值，既能了解自己，又能接受自己，具有自知之明，即对自己的能力、性格、情绪和优缺点能作出恰当、客观的评价，对自己不会提出苛刻的非分期望与要求；对自己的生活目标和理想也能定得切合实际，因而对自己总体是满意的，同时，又努力发展自身的潜能，即使对自己无法补救的缺陷，也能安然处之。一个心理不健康的人则缺乏自知之明，并且总是对自己不满意，由于所定的目标和理想不切实际、主观和客观的距离相差太远而总是自责、自卑。

2. 接受他人，善与人处

心理健康的人乐于与人交往，不仅能接受自我，也能接受他人、悦纳他人，能认可别人存在的重要性及作用；能与他人相互沟通和交往，其自身的心理与行为也能为他人所理解，为他人和集体所接受，人际关系协调，能与生活小集体融为一体；既能在与挚友相聚之时共欢乐，也能在独处沉思之时无孤独之感；在与人相处时，积极的态度（如同情、友善、信任、尊敬等）总是多于消极的态度（如猜疑、嫉妒、敌视等），在社会生活中具有较强的适应能力和较充足的安全感。一个心理不健康的人，总是自别于集体，与周围的环境和人们格格不入。

3. 热爱生活，乐于工作和学习

心理健康的人珍惜和热爱生活，积极投身于生活，尽情享受生活的乐趣；在工作中尽可能地发挥自己的聪明才智，并从中获得满足和激励，把工作看成乐趣而不是负担；把工作中积累的各种信息、知识和技能贮存起来，便于随时提取使用，以解决可能遇到的新问题，克服各种困难，使自己的行为更规范，工作更有成效。

4. 正视现实，接受现实

心理健康的人能够面对现实、接受现实，主动地去适应现实，并进一步地改造现实，而不是逃避现实；对周围事物和环境能作出客观的认识和评价，并能与现实环境保持良好的接触，既有高于现实的理想，又不会沉湎于不切实际的幻想与奢望之中。心理不健康的人往往以幻想代替现实，不敢面对现实，没有足够的勇气去接受现实的挑战，总是抱怨自己“生不逢时”，或者责备社会环境对自己不公而怨天尤人,因而无法适应现实环境。

5. 能协调与控制情绪,心境良好

在心理健康的人的身上,愉快、乐观、开朗、满意等积极情绪状态总是占据优势的,虽然也会有悲、忧、愁、怒等消极的情绪体验,但一般不会长久。他能适当地表达和控制自己的情绪,喜不狂、忧不绝、胜不骄、败不馁,不卑不亢、自尊自重,对于无法得到的东西不过于贪求,对于自己能得到的一切感到满意,心情总是开朗的、乐观的。

6. 人格和谐完整

心理健康的人其人格结构包括气质、能力、性格和理想、信念、动机、兴趣、人生观等各方面能平衡发展,人格在人的整体精神面貌中能够完整、协调、和谐地表现出来;思考问题的方式是适中的、合理的,待人接物能采取恰当的、灵活的态度,对外界刺激不会有偏颇的情绪和行为反应,能够与社会的步调合拍,也能与集体融为一体。

7. 智力正常

智力正常是人正常生活最基本的心理条件,是心理健康的重要标准,智力是人的观察力、记忆力、想象力、思考力、操作能力的综合。一个智力低下的人,谈不上心理健康。

8. 心理行为符合年龄特征

在人的生命发展的不同年龄阶段,都有相对应的心理行为表现,从而形成不同年龄独特的心理行为模式。心理健康的人应具有与同年龄段大多数人相符合的心理行为特征。如果一个人的心理行为经常严重偏离自己的年龄特征,一般属于心理不健康的表现。

迄今为止,关于心理健康还没有一个统一的概念,国内外学者大都认同心理健康的标准具有复杂性的观点,并认为这是文化差异与个体差异的原因导致的。一般而言,判断个体心理健康与否,主要取决于四个方面:

第一,经验标准。即当事人按照自己的主观感受来判断自己的健康,研究者凭借自己的经验对当事人的心理健康进行判定;重在关注当事人的主观心理感受,由于个体先天的遗传及所处的后天的环境不同,经验标准更强调其个别差异。同样的生活事件,当事各方由于自我认知不同、自我体验不同,其自我评价也不尽相同。

第二,社会适应标准。即以社会中大多数人的常态为参照标准,观察当事人是否适应常态而进行其心理是否健康的判断。例如,根据生理、心理与社会发展程度来看,大学生应当具有独立生活与处理生活中面临的事务的能力，如果有的大学生生活能力低下、不能打理自己的日常生活，这便需要引起重视。

第三，统计学标准。即依据对大量正常心理特征的测量取得一个常模，把当事人的心理与常模进行比较。这个标准更多地应用于心理学研究之中，一般而言，我们应将所有个体的心理测验结果与常模对照，来判断其心理健康状况。

第四，自身行为标准。每个人在以往生活中形成的稳定的行为模式，即正常标准。事实上，心理健康与否，其界限是相对的，企图找到绝对标准是不现实的，对大学生心理健康标准的掌握也同样存在这样的问题。如何把握标准？我们认为应掌握三个原则，即相对性、整体协调性和发展性。

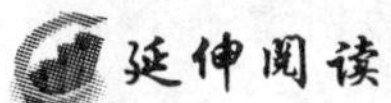

延伸阅读

你是"约拿"吗？

圣经《旧约》里有这样一个故事，一名虔诚的基督教徒约拿（他是亚米太的儿子）一直渴望能够得到神的差遣，但长久未能实现愿望，因而倍感失望。有一天，神耶和华终于交给了他一个光荣的任务：以神的旨意去宣布赦免一座本来要被罪行毁灭的城市——尼尼微城。可是约拿却抗拒这个任务，他逃跑了，不断躲避着他信仰的神。神的力量到处寻找他、唤醒他、惩戒他，甚至让一条大鱼吞了他。约拿在几经反复和犹疑后，终于悔改，去完成了他的使命——宣布尼尼微城的人获得赦免。"约拿"从此用来指代那些渴望成长又因为某些内在阻碍而害怕成长的人。

美国著名心理学家马斯洛在给研究生上课的时候，曾向他们提出如下的问题："你们班上谁希望写出美国最伟大的小说？""谁将成为伟大的领导者？"在这种情况下，大家通常的反应都是咯咯地笑、红着脸，或是不安地扭动身体。马斯洛又问："你们正在悄悄计划写一本什么伟大的心理学著作吗？"他们通常红着脸、结结巴巴地搪塞过去。马斯洛还问："你难道不打算成为心理学家吗？"有人回答说："当然想啦。"

马斯洛提出了"约拿情结"——对成长的恐惧。它来源于心理动力学理论上的一个假设："人不仅害怕失败，也害怕成功。"其代表的是一种在机遇面前自我逃避、退后畏缩的心理，并导致我们不敢去做自己能做得很好的事，甚至逃避发掘自己的潜力。"约拿情结"的基本特征可以分为两个方面：一方面是表现在对自己，另外一方面是表现在对他人。

对自己，其特点是：逃避成长，拒绝承担伟大的使命。

对他人，其特点是：嫉妒别人的优秀和成功，幸灾乐祸于别人的不幸。

"约拿情结"的产生根源

"约拿情结"作为一种普遍存在的心理现象和社会现象，究其产生的根源，心理学家作了以下两个方面的分析：

一是一个人由于自身条件的限制以及其他各方面原因的影响，在面对各种事物时，心中产生的"我不行"、"我办不到"的想法。

二是民族文化以及从众心理的影响——诸如"出头的椽子烂得快"、"枪打出头鸟"的惯性思维，往往会使人用"谦虚"、"低调"的外衣包装自己，甚至刻意去迎合大众心理，使自己的棱角被磨平，从而导致自甘平庸。

一个人要想获得成功，必须认识和克服自身的"约拿情结"，用慧眼认清机会，紧紧抓住机会，勇于承担责任和压力，为自己的成长和成功创造一个良好的发展平台。

"约拿情结"告诉我们：成功源自克服内心的成长障碍。那么，在人生前进的道路上，除了我们自己，还有谁能够打败我们呢?!

第二节　大学生心理健康面面观

一、大学生心理健康的标准

大学生的普遍年龄一般在18岁到25岁之间，从心理学的观点来看，正处于青年中期。大学生的心理具有青年中期的许多特点，但作为一个特殊群体，大学生又不能完全等同于社会上的青年。心理是否健康一般采用量表测量，其标准不是固定不变的。心理健康标准是随着时代变迁、文化背景的变化而变化的。根据我国大学生的实际情况，评判大学生的心理健康水平应从以下几个标准给予着重考虑：

一是智力正常。智力，是人的观察力、注意力、记忆力、想象力、思维力、创造力及实践活动能力等的综合，包括在经验中学习或理解的能力、获得和保持知识的能力、迅速而成功地对新情境作出反应的能力、运用推理有效地解决问题的能力等。这是大学生学习、生活与工作的基本心理条件，也是适应周围环境变化所必需的心理保证。因此，衡量大学生的智力是否正常，关键在于其是否正常地、充分地发挥了自我效能——即有强烈的求知欲，乐于学习，能够积极参与学习活动。

二是情绪健康。包括的内容有：愉快情绪多于负性情绪，乐观开朗、富有朝气，对生活充满希望；情绪较稳定，善于控制与调节自己的情绪，既能克制又能合理宣泄自己的情绪；情绪的表达既符合社会的要求又符合自身的需要，在不同的时间和场合能恰如其分地表达情绪与情感。

三是意志健全。意志是人在完成一种有目的的活动时进行的选择、决定与执行的心理过程。意志健全的大学生在各种活动中都有自觉的目的性，能适时地做出决定并运用切实有准备的方式解决所遇到的问题；在困难和挫折面前，能采取合理的反应方式；能在行动中控制情绪、言而有信，而不是行动盲目、畏惧困难，顽固执拗。

四是人格完整。人格是个体比较稳定的心理特征的总和。人格完整包括人格结构的各要素完整统一；具有正确的自我意识，不产生自我同一性混乱，以积极进取的人生观作为人格的核心，并以此为中心把自己的需要、目标和行动统一起来。

五是自我评价正确。正确的自我评价是大学生保持心理健康的重要条件，大学生在进行自我观察、自我认定、自我判断和自我评价时，能恰如其分地认识自己，摆正自己的位置，既不以自己在某些方面高于他人而自傲，也不以某些方面低于他人而自卑，面对挫折与困境，能够自我悦纳，喜欢自己，接受自己，自尊、自强、自制、自爱，正视现实，积极进取。

六是人际关系和谐。良好而深厚的人际关系，是事业成功与生活幸福的前提。其表现为：乐于与人交往，既有广泛而深厚的人际关系，又有知心朋友；在交往中保持独立而完整的人格，有自知之明，不卑不亢；能客观评价别人和自己，善取人之长补己之短，宽以待人，乐于助人，积极的交往态度多于消极态度，交往动机端正。

七是心理行为符合大学生的年龄特征。大学生是处于特定年龄阶段的特殊群体，大学生应具有与年龄和角色相适应的心理行为特征。

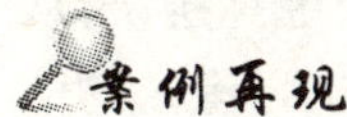

案例再现

心理健康与幸福感

小戴是大二的学生，平时大家喜欢开他的玩笑，有次同学再次开他的玩笑时把他的脸磕疼了，但他觉得男生之间打打闹闹是很平常的事，并不为此烦恼。开玩笑的同学觉得自己做过分了，纷纷来关照他，帮他在脸上贴了创可贴。小戴脸上贴了创可贴，跑来跑去的很开心。但是另一个同学，在同学不经意的一句玩笑中，却感到受到了极大的伤害，长时间不能忘却，内心感到很痛苦。同样遇到来自环境的负性刺激，具有良好心理素质的人，即心理健康的人，更容易乐观地解决问题，积极地应对、排解压力，较快地适应环境，并体验到幸福。

正确理解大学生心理健康的标准，应重视以下几个方面：

(1)标准的相对性。事实上，大学生心理健康与不健康并无明显界限，而是一个连续化的过程，如将正常比作白色，将不正常比作黑色，那么在白色与黑色之间存在着一个巨大的缓冲区域——灰色区，世间大多数人都散落在这一区域内。这说明，对多数大学生而言，在人生的发展过程中面临心理问题是正常的，不必大惊小怪，只是应该积极加以矫正。

(2)整体协调性。把握心理健康的标准，应以心理活动为对象考察其内外关系的整体协调性。从心理过程来看，健康的人的心理活动是一个完整统一的协调体，这种整体协调保证了个体在反映客观世界的过程中的高度准确性和有效性。事实表明，认识是健康心理结构的起点，意志行为是人格面貌的归宿，情感是认识与意志之间的中介因素。从心理结构的几个方面来看，一旦它们不能符合规律地进行协调运作，就可能产生一系列的心理困扰或问题。从个性角度来看，每个人都有自己长期以来形成的稳定的个性心理，一个人的个性在没有明显的剧烈的外部因素影响时是不会轻易发生变化的。从个体与群体的关系来看，每个人在其现实性上是属于不同的群体的，而不同群体间的心理健康标准是有差异的。

(3)发展性。事实上，不健康的心理是人在发展中不可避免的问题，随着个体的心理成长将逐渐调整而趋于健康。人的健康状态的活动是发展的，一个人产生了某种心理障碍，并不意味着他会永远保持或不断加重这种心理障碍。要明白形成心理冲突是正常的，而且是可以自行解决的。

心理健康的标准是一种理想尺度，它一方面为人们提供了衡量心理是否健康的标准，同时也为人们指出了提高心理健康水平的努力方向。如果每个人在自己现有基础上能够不断努力，那就都可进入到自身心理发展的更高层次，从而不断发挥自身的潜能。大学生心理健康的基本标准，是其能够进行有效的学习和生活；如果正常的学习和生活都难以维持，就应该及时对心理状态予以调整。

二、大学生常见的心理问题

在我国，随着改革开放的深入和经济的发展，人们的生活节奏逐渐加快，其心理健康出现了前所未有的危机。大学生年轻且思维敏捷，记忆力好，知识水平较高，一向被认为是最健康的人群。如果仅从躯体疾患的角度看，大学生正处于青年中期，各种躯体疾病的确不多，但从心理健康角度来分析这一群体，大学生总体心理健康水平偏低。

据统计，我国在校大学生中心理不健康或处于亚健康状态的约占30%，出现心理障碍倾向的约占20%～30%，有较严重的心理障碍者约占10%，有严重的心理异常者约占1%，而且这一心理不健康的现状有上升趋势。大学生的心理问题主要有以下七大类：

(一)与适应校园环境有关的心理问题

随着“90后”大学生进入大学校园，现实生活中人们谈论的“90后”大学生自身存在的优缺点在他们进入大学校园之后得到了充分的体现。“90后”大学生的心中一方面对未来充满自信，另一方面也存在对独自适应大学生活的忐忑。上大学就等于独自步入一个新环境，这是一次挑战。从高中升入大学的新生，绝大多数年龄在十七八岁，很少有单独外出旅行的经验，开学报到时一般由父母或亲戚陪同，有的学生甚至由数位亲友陪同——曾经有过一名大学新生由6名家长“护送上学”的纪录。而当家长离开学校之后，这些学生独自面临独立生活时便产生了一系列的问题。他们的心理、生活、情绪以及交往方式与高中相比都有一定的落差，或在回忆里过日子，经常想过去由父母、高中班主任细致关怀的生活；或由于情绪过度压抑而产生较强的抑郁心理；还有就是不适应大学的学习方法和教师的教学方法、管理方法，感觉教师和辅导员不如当年的教师和班主任细致。有的学生因此而痛苦、迷茫，有的甚至厌食、失眠，一个学期“找不到北”，就这样，期末“挂科”出现了，再发展下去各种不良情绪也出现了，甚者产生了“破罐子破摔”的矛盾心理，各种各样的问题也就随之产生了。

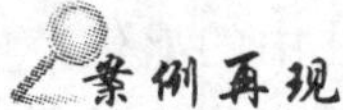

自卑让她远离人群

小琴是一名大一新生，刚进入大学时其内心充满了自豪感和荣耀感。但数月后，一切烟消云散，没有了自信，没有了憧憬，取而代之的是茫然、无助和自卑。她来自偏远农村，相貌平平，身材不高，家境贫寒，自觉跟同学相比相形见绌。同学们日常聊天常常谈及的网购、“驴友”、博客、雅思、托福等都是她之前闻所未闻之事，使得她插不上只言片语，感觉自己如同井底之蛙一般，甚是无知。“卧谈会”上室友谈起班上某位帅气的男孩或某位靓丽的女孩谈恋爱的话题时，她满脸通红，不敢言语。一室友过生日开庆祝"party"，大家或送鲜花，或送精美礼品，而她囊中羞涩，买不起礼物，尽管室友几次相请说没有礼物也可以一起去热闹一下，可她最终还是选择了一个人孤零零地留在寝室里。渐渐地，她和同学间的关系越来越疏远。

(二)与学习有关的心理问题

1. 学习动机缺乏

大学生学习动机缺乏指的是学习没有内在的驱动力量，没有明确的学习方向，无求知欲，厌倦学习。学习动机缺乏的主要表现有尽力逃避学习、焦虑过低、注意力下降，学习动机缺乏的原因则主要是对所学专业缺乏兴趣、缺乏自我效能、归因偏差等。

2. 习得性无助

习得性无助是指个体连续遭受失败，体验到行为结果与行为无关而产生的一种无助心理，进而为此放弃努力的行为缺陷。习得性无助的产生与一个人所经历的失败次数和归因模式有关。失败的次数越多，越容易产生习得性无助，长期失败和长期的努力得不到报偿，就容易自暴自弃。

3. 考试焦虑

考试焦虑是以担忧为基本特征，以防御和逃避为行为方式，通过不同程度的情绪性反应所表现出来的一种心理状态。主要表现为担心对考试准备不足而考不好，并由此产生对自己不利的评价，以致影响个人的自我形象甚至未来的前途。

(三)与人际交往有关的心理问题

1. 认知原因

这里所说的认知包括对自己的认知、对他人的认知以及对交往本身的认知三个方面。过高评价自己，过低评价对方，就会导致人际交往中的盛气凌人、狂妄自大；相反，过低评价自己，过高评价对方，则会导致人际交往中的畏畏缩缩、自抑自卑。对人际交往本身的认识也同样影响交往行为，如对交往的交互性原则认识不足，就会导致在交往中对某一方利害的过度关注。

延伸阅读

影响大学生人际交往的常见社会认知因素

(1)首因效应，即第一印象，指初次对人的知觉所形成的印象往往最鲜明、最牢固，并对以后的人际知觉和人际交往产生深刻的影响。由于受交往深度、个体的认知和情感等因素的影响，第一印象具有较强的主观性和片面性，容易限制对他人的进一步了解。

(2)晕轮效应，又称光环现象，指在对人进行知觉时，判断者常从或好或坏的局部印象出发，从而得出全部好或全部坏的整体印象。晕轮效应的最大失误在于以偏概全，极端化的表现则是推人及物，即所谓“爱屋及乌”，此种效应容易产生对人的盲目崇拜或全盘否定，从而影响人际交往。

(3)刻板印象，也称社会偏见，指人们对属于不同群体或特征的人所持有的固定看法。例如种族歧视和对“南方人、北方人”的有关看法，它使人在无形中戴上了有偏见色彩的“有色眼镜”。刻板印象既有可以帮助人们简化认知过程、在一定程度上反映认知对象的特征、有助于交往的积极作用，也有使人们的认识僵化和停滞、阻碍人们认识发展、对他人产生判断错误从而影响人际交往的消极作用。

2. 人格原因

人格是指个体经常地、稳定地表现出来的心理特点，包括气质、性格和能力等。人格的差异带来交往中的误解、矛盾和冲突，人格不健全可直接导致人际冲突。一般来说，人们都不愿和人格不良的人交往。

3. 能力原因

人际交往是一种技能，人际交往中个体需要了解人际交往的原则，掌握人际交往的技巧与方法，学会有效地表达与沟通等。一些大学生由于人际交往能力差，因而交不到朋友，久而久之就会出现人际交往障碍。

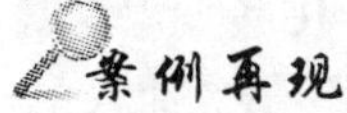

乖乖女的烦恼

一个漂亮的女生，已经顺利完成大学四年课程，马上要参加工作了，但却常常处于烦恼中。不是为能否找到工作烦恼，而是为自己缺少人际交往能力而烦恼。平日里她不会主动与别人交谈，别人跟她打招呼，她还会红脸，窘得不知所措，好像自己犯了什么错误，话也不敢多说就走开了。她几乎没有好朋友，以前她没觉得这有什么不妥，自己安安心心地读书，有事就给妈妈打电话，妈妈提供了她所需要的一切安慰。现在临近毕业，需要去面试，才突然觉得自己好像什么都没准备好。近段时间她出现了心慌意乱、情绪波动、行为迟缓的症状。后来，她报名参加了大学生心理健康中心的团体辅导活动，慢慢找到了自己心理的平衡点，变得越来越自信，朋友也渐渐多起来……

(四)与家庭贫困有关的心理问题

在我国,尽管国家整体经济水平在不断提高,但是仍然有因家庭贫困而担心辍学问题的同学。有研究结果表明,与家庭经济比较富裕的大学生相比,来自农村的、家庭经济困难的大学生平时生活更俭朴,自尊心更强,学习压力也更大。也正是因为不少贫困大学生自尊心强,所以他们非常容易产生自卑情绪;又由于自卑情绪,他们在日常生活中也经常沉默寡言、不合群,从而影响心理健康。据有关调查资料显示,大一、大二的大学生心理问题比较严重,大约占22.2%,贫困大学生占到40%~51%,特困生占到20%,孤儿和单亲家庭的学生所占比例也非常高,少数贫困学生的心理问题已达到了很严重的程度,是直接导致他们自杀的根本原因[1]。

(五)与恋爱和性有关的心理问题

大学生能不能谈恋爱?大学生谈恋爱是利大于弊还是弊大于利?长期以来,对这个问题人们一直看法不一,众说纷纭。不管人们怎样看待,恋爱的确是大学生经常遇到而又不可避免的问题,我国大学生年龄基本都在18岁到25岁之间,从生理阶段来讲,处于青春中后期,生理发育早已成熟,渴望异性,并希望得到生理上的满足。

目前,大学生恋爱的现状主要有以下几点:①恋爱低年级化,并且人数呈上升趋势。以前,高年级大学生恋爱的人较多,而现在年级层次下移,大一军训期间就开始谈恋爱的已不是个别现象。据某高校调查数据显示,低年级学生中,恋爱的男生占男生总数的30%,恋爱的女生占女生总数的40%,有的学校高年级学生中谈恋爱者过半数。②恋爱方式从隐蔽化向公开化转变,结交异性朋友很大方,恋人相处不遮掩,出入成双成对、形影不离,且不在乎他人的议论。③在爱情问题上追求一种现实的快乐观,将爱情浪漫化。以前的大学生把谈恋爱看得很严肃,选择恋爱对象很慎重,没有一定把握不会马上投入实践。现在大学生中一部分人在与异性交往时更加注重情感上追求快乐,把恋爱成功与否看得不那么重,甚至有的学生认为恋爱与婚姻无关,“不求天长地久,只求曾经拥有”。

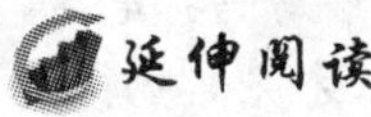

爱情公式

寂寞+虚荣+“面包”+生理需要=大学恋爱。

具体表现在:

为了消遣寂寞而谈恋爱——许多女生认为:“其实我不想在大学时期谈恋

爱的，可是一到周末就不知道做什么了，觉得好寂寞、好孤单……看泡沫剧过后有更多的寂寞和孤单。”“校园里那些卿卿我我的情侣，很多时候我都会羡慕不已，想到自己形单影只的就感到很寂寞……”

为了满足虚荣而谈恋爱——看到镜中的自己真的是很不错哦，完全可以找个美女或帅哥谈一场轰轰烈烈的恋爱。比自己差的人都和恋人在树荫下、在草坪上、在大路边、在饭堂里恩恩爱爱的，自己还是单身一人，觉得很没面子。可知在这恋爱的季节，单身是可耻的，为了挽回尊严就暗暗下决心要找个恋人：“她长得这样都有人要了，我不找个人拍拖好像我没人要似的。”“集宠爱于一身，这样不是很好吗？”

为了“面包”而谈恋爱——“他这样有钱，和他谈恋爱多好啊，不用愁生活费又有贵重精美的礼物可以收”，“我不喜欢他，但我喜欢他的钱”。听到这类的话不会让人有太多的惊讶，但让人觉得很心寒——人们伟大的爱情变成了一种利益交易。更有甚者化名公开征“富姐”或“富翁”，富婆和大款就这样和被称作“天之骄子”的大学生们产生了如此紧密的联系，并被大学生视为改变命运的一大筹码。

为了生理需要而谈恋爱——终于谈到“性”了，我一直不敢和别人谈这个话题，因为我认为它还是一个羞于见人的话题，到上了大学才明白我真的是太跟不上时代的潮流了。大学生同居现象早已普及于全国各大高校，我身边就有许多这样的例子。

（六）与就业有关的心理问题

国家实行“扩招”政策以来，人才市场日渐饱和，大学生一次性就业率呈逐年下降趋势，大学毕业生的就业是现阶段国家最突出的问题。鉴于我国早已打破了高校毕业生就业分配制度，在市场经济的宏观调控下，大学生只能自己找工作。在当今形势下，很多大学生尚不能完全接受这种就业方式，还停留在以往陈旧的毕业分配观念中，在就业中明显缺乏职业生涯规划，不清楚自己应该怎么发展、适合做哪些工作。加之竞争激烈、经验不足，很容易陷入心理误区、出现心理问题，如择业过程中的焦虑、自卑、自负、嫉妒和从众等心理问题[2-4]。

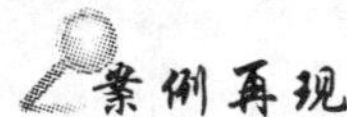

就业焦虑

小王是大四的学生，在临近毕业找工作时，身体突然出现一些不良症状：

一进食就想呕吐，与同学说话时也时常莫名其妙地想呕吐，并时常伴有出汗、头晕现象，但通常又只是吐出一点清水。他急忙跑去医院检查，结果除了一点胃病，并无其他疾病。而这点胃病医生认为并不会导致上述症状。医生建议小王去做心理咨询，小王不信，坚信自己是身体出了问题，需要继续求医。他前后跑过4家医院，从专科医院到大型医院，结论完全一样，还有医生在小王强烈要求下给他做了输液治疗。最后医生还是建议小王去做心理咨询。百般无奈之下，小王来到学校的心理咨询室寻求帮助。经过三次咨询，心理咨询辅导老师判断他是就业焦虑，经过老师耐心、细致的辅导，他的呕吐、出汗、头晕症状消失了。小王终于相信自己是心理问题，而不是生理问题。在此之后，他继续做了几次心理咨询，最终顺利毕业了。

（七）与网络有关的心理问题

随着信息技术革命的到来，互联网在全世界飞速普及。与此同时，与网络使用有关的问题也越来越受到人们的关注。当很多人面对大量的网络信息感到困惑和茫然时，另一些人则因为他们在网上的新发现而欣喜若狂，甚至不愿离线。也就是说，有人非常依赖网络，就像赌博上瘾一样。这种现象被称为“网络依赖”。根据2004年7月CNNIC（中国互联网信息中心）发布的报告，中国现有互联网网民8700万人，其中1505万为18岁以下的未成年人，占网民总数的17.3%，因此大学生网络健康问题显得尤为突出[5]。

不少学生抱着“中学辛苦、大学好玩”的心态踏入大学校门，结果发现大学里也存在很大压力，如大学学习方式的转变、远离家人时有孤独感、各种竞争激烈等。承受巨大压力的大学生，发现网络对缓解他们的压力有着意想不到的效果，有的学生说，网上无论何时都有人听你的倾诉；有的学生描述，在网络虚拟空间内打游戏很有成就感，可以互动，很有趣、很刺激，没有包袱，没有压力……由此可知，网络确在一定程度上缓解了学生的压力。但是在社会上，不少网吧为迎合学生的需要，不断安装、推荐种类繁多的新奇游戏，使学生“玩家”乐此不疲，不少学生沉溺其间而不能自拔，终至把投身于网络游戏作为逃避现实问题的手段。

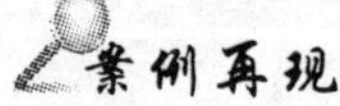

案例再现

迷恋网络游戏而荒废学业

某同学，高中时是学校的学习尖子，考入一所著名高校后，由于迷恋网络游戏，多门课程没能通过而被退学。经过一年复习重新参加高考，进入一所非重点大学。当时下决心要痛改前非，但还是没能经得起诱惑，旧病复发，又天天沉溺在网络游戏中，旷课逃课，多门课程考试没能通过。看到学业荒废，他在强烈自责的同时，又割舍不下网络游戏，不知道如何是好。后来他变得不想吃饭，不想见人，不愿说话。

三、影响大学生心理健康的主要因素

（一）学生自身的影响

从心理方面来看，大学生正处于青年中期，这一时期是人一生中身心发展变化最激烈的时期，是人的生理、心理发展的重要时期，是大学生从不成熟的人格状态向成熟的人格状态转变的时期，这一时期的大学生其心理处于迅速走向成熟而又未完全成熟的过程中。青年大学生处在这样一个心理发展正值特殊时期的群体之中，很容易因为彼此的不良心理而相互产生影响。

（二）生理因素

从生理方面来看，大学生又处于青春后期，生理的发育还在进行，身高和体形的变化、第二性征的继续加强，这些都是大学生产生特有心理问题的生理基础。根据天津医科大学的大学生心理咨询门诊统计，相当一部分大学生的心理问题都与青春期的生理变化有着密切联系。如有的学生因身材矮小而产生自卑心理，因身体过于肥胖而产生烦恼、痛苦心理；有的大学生由于性格上的胆小拘谨、多疑、冷漠而导致意志消沉、情绪过度紧张、有冲突性动机等……所有这些心理现象，积压到一定程度，便会诱发心理疾病。同时，大学生对于社会道德习俗、法律和纪律的约束，还不能深刻理解[6]。因此，这种心理方面和思想方面的不成熟常常导致压抑、紧张、恐惧和羞涩，久而久之，就会影响大学生心理健康。

（三）情绪因素

现代心理学、生理学和医学的研究成果表明，情绪对人的心理健康具有直接的作用，可以说情绪主宰着健康。大学生的情绪处在最动荡和最复杂的时期，其情绪特征具有明显的两极性。他们的情绪情感丰富、强烈并且复杂，年轻气盛，情绪多变，控制和调节情绪的能力比较弱，心境易受环境变化的影响；在激情的状态下，往往缺乏冷静的思考而容易走向极端；有强烈的交往需求，渴望获得知己和友情，但缺乏交往的主动性，总希望他人先主动与自己接近，处于“守株待兔”的状态，从而导致内心闭锁。这些矛盾和冲突如果持续时间过长、强度过大，必然会破坏心理平衡而引发各种心理障碍，阻碍个体的发展和成功。

(四)人格(个性)因素

人格缺陷是导致产生心理疾患的重要原因。由于每个大学生成长的环境、条件、父母的遗传和教育方式不同,其个性也千差万别。同样的环境,有的大学生能适应,有的大学生则显得格格不入;有的大学生能与人合作,有的大学生却孤僻、独来独往,这些都与个性有关。个性决定了一个人的心理承受能力,决定了一个人待人接物的方式,决定了一个人的思维方式和行为方式,所以它对一个人心理健康的影响特别大。那些个性发展存在严重缺陷的大学生,如自我中心、自私、骄横、懒惰、自卑、脆弱、狭隘、固执、多疑、爱慕虚荣的人,特别容易产生心理疾病。

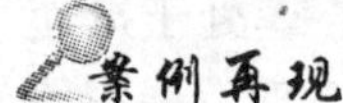

性格决定命运

小梅上大学后,父亲生病住院,家里没有收入再供她上学。她没有抱怨,而是积极应对,想办法解决生活费问题。在安排好学习的同时她兼做了两份家教,假期里也一直打工挣钱,不仅解决了自己的生活费问题,还给家里提供了一部分经济支持。她对老师说,不要同情我,我过得挺好,有信心以后会更好,还给老师看了她新买的手机,很是得意。但另一位同学,同样的家庭情况下,却总是一个人唉声叹气,每天吃不好睡不好,课也听不下去,学习受到了很大的影响。

(五)客观环境的影响

影响心理健康、导致心理疾病的因素很复杂,除了学生自身个性影响外,最有影响力的还是家庭、学校和社会三个方面。

1. 家庭教育的影响

家庭是孩子成长的主要环境,家长是孩子的第一任老师,是每个孩子正常成长不可忽视的条件。家庭对于学生塑造个性、养成生活习惯和行为方式都有重要的影响。而在当前,“望子成龙”就是中国家长对孩子期望值的代号。期望值过高或过低,对孩子的成长都不利,也就是说过严、过宽都会造成不良的心理素质。家庭对大学生心理健康的影响主要包括:不完整的家庭对于孩子的心理健康是十分不利的,往往使其产生孤僻、冷漠、粗暴的性格特点;父母关系不和谐、紧张甚至相互敌视,或经常吵架甚至有肢体冲突,孩子在人际交往中往往表现出自私、敌视等心理和道德方面的缺欠;家庭教育方式的“态度不一致”、溺爱，又会造成孩子懦弱、虚荣和随心所欲的毛病；严肃冷漠、经常打骂、缺乏温情的家庭会使孩子迟钝、犹豫不决、具有暴力倾向……总之，现在的大学生中，独生子女越来越多，由于大多数家庭的教育方式都是过分溺爱、包办、放纵，进入大学后，这些学生首先就是要培养生活自理能力，学会与别人相处，矫正各种不良个性，这些问题解决不好，便会诱发心理疾病。

俗话讲“三岁看大，六岁看老”，是很有道理的，也符合弗洛伊德精神分析理论。大凡心理问题突出的学生，查寻其形成原因，总可以从其家庭及父母身上追溯到踪迹。

2. 学校教育和环境的影响

学校是大学生学习和生活的主要场所，学校环境和教育对大学生的心理状态有着更直接、更深刻的影响。在大学，来自四面八方的学生汇成一个群体，他们各自的生活习惯、性格、兴趣有所不同，在人际交往过程中，有些同学很难适应。有的大学生想和别人交往，但又怕被人拒绝、抛弃，结果不敢与人交往，把自己的内心世界和情感封闭起来；有的大学生是由于恐惧和异性交往或失恋致使感情遭受挫折而产生了闭锁心理；有的大学生由于性格上的不合群，在同学中不被理解而遭排斥，长期独来独往；有的大学生虽有良好的沟通愿望却不得其法，常常引起误解，造成心情不愉快……这些现象发展下去，必然影响身心健康[7]。

中小学多只注重智育，对学生的其他基本社会实践和基本生活能力缺乏必要的培养和磨炼，致使不少大学生缺乏独立和自理生活能力。他们虽然对大学这一新的环境既充满新奇与兴奋，又有很多美好的愿望，但是随着时间的推移，新鲜感逐渐消失，一切都显得很平淡，加上外部约束的减少，学习内容和学习方法的不习惯，对大学集体生活的不适应，由此产生对家人的眷恋和依赖感，从而深感孤独、压抑、空虚等。因此，对大学生中出现的一些突出的心理障碍个案，我们在查找原因时往往发现与其在小学或中学阶段的经历相关，其心理问题在中小学阶段要么被压抑下来了，要么仍在积累的过程中，到了大学阶段，这些在前期教育中隐藏的、压抑的心理问题就适时地爆发出来了。有的家长发现自己的孩子在大学出现了心理问题，就一味地指责大学的教育和管理有问题，这是不公正的。

3. 社会环境的影响

大学生虽身处较为单纯的校园，但毕竟仍生活在复杂的社会中，社会上的难点、热点、疑点问题都会受到同学们的关注，引发其思考。大学生的思想观念和价值目标常受到社会正在流行、大众传媒当前推崇的事物的影响，以及新兴网络文化的影响。我国社会主义市场经济的建立、改革开放的深入推进，使整个社会都处于激烈变革之中，各种矛盾对大学生的思想观念、心理和行为都产生了强烈的影响和冲击。尤其是市场经济带来的负面影响，使一些大学生产生拜金主义、享乐主义和个人主义的思想；崇尚及时行乐，追求感官刺激，缺乏精神支柱，产生消极厌世的心理，导致身心疾病。加之国家人事制度的改革，打破过去“统包统配”的毕业生就业分配制度，实行“收费并轨”、“自主择业”的竞争机制，面临竞争、担心失败，也给大学生带来了很大的心理压力。

另外，当代大学生求知欲望强，掌握信息快，参与意识强，但是，由于社会阅历浅，人生观、价值观尚未定型，他们的识别和抵御能力较弱，对一些社会思潮和流行观点不能正确鉴别，有时甚至盲目崇拜。因此，在现代信息通道上，一些错误的、不健康的信息对大学生产生了冲击，使之陷入不知所措的境地，对其心理和行为也产生消极影响。

总之，心理健康问题是影响大学生学习和生活的主要问题之一。通过上述分析可以看出，只有在学生自身和家庭、学校、社会的共同努力下，大学生的心理才能走向良性的发展轨道。

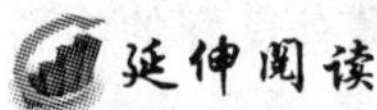

测试一下你的心理健康状况

你想了解自己的心理健康水平吗？

下列每一项中，对你来说，如果觉得“常常”或“几乎是”就计2分；如果觉得“偶尔”或“有点儿”就计1分；如果觉得“完全没有”就计0分。

1. 上床后，怎么也睡不着，即使睡着也不能熟睡，只是做梦。

2. 心情焦躁不安，做事没有效率，情绪不停地变化，精力不集中，健忘——符合其中某项。

3. 懒得做任何事情，也没有干的精神，虽然很焦急，认为“这样不行”，但却仍然游手好闲，虚度光阴。

4. 与人见面感到麻烦。

5. 对诸如“口中积着唾液”、“自己的身体有怪气味”或“有口臭”等这种事情很在意。

6. 某种想法浮现在脑海，难以忘记，怎么也排除不掉。

7. 毫无道理的失败、严重失败、不道德或粗暴的事情、犯罪——有了其中某项的感觉。

8. 担心是否锁门和着火，躺在床上后又起来确认，或刚一出门就返回之类的事情。

9. 脸红，或与人见面时，害怕给对方留下不愉快的印象的倾向。

10. 一紧张，就出汗或血涌上头，身体莫名其妙地开始颤动。

11. 高处、宽广场所、上锁的狭窄房屋、电梯、隧道、地道、拥挤的人群——害怕其中某项的倾向。

12. 害怕特定的动物、交通工具（电车、公共汽车等）、尖状物及白色墙壁等稍微奇怪的东西的倾向。

13. 感到被谁监视、被窥探或被人暗地说坏话。

14. 有某人想加害自己、企图陷害自己的感觉。

15. 不做占算之类的事情，就不能外出或不能从事工作；走路不隔一块基石迈步，就不舒服，以及与此类似的事情。

16. 伏案工作时，数纸的页数、铅笔的支数；对其他事情也是如此，不计算就不行。

17. 从早饭到上班，或从回家到就寝，不按程序就不行。

18. 一天必须洗几次手，公用电话的话筒不擦就不能使用，或对不洁极端在意。

19. 在鸦雀无声的环境里或重要会议中，被想叫喊的冲动所驱使，或其他害怕某种冲动的倾向。

20. 站在经常有人自杀的场所、悬崖边、大厦顶、路边，有摇摇晃晃想跳出去的感觉。

21. 面临担心的事情和困难的场面，就有呕吐、泻肚、胃痛、头疼及发热等症状。

22. 白天，突然被不可抗拒的睡意所侵扰，无论怎样抵抗，还是睡着了。

23. 报社记者不能整理文章，广播员广播出现错误，认为自己的职业和业务方面有出现棘手问题的征兆。

24. 对心脏跳动的声音和呼吸的声音非常介意，或为此难以成眠。

25. 突然感到心脏停止跳动，呼吸困难，要晕倒，或类似的事情。

26. 有虚构“灾难临头”或“遭受不幸”等令人畏惧的事情的倾向。

27. 非常担心患癌症、脑疾病、公害病、成人病、种种传染病及其他疾病的倾向。

28. 悲观地看待诸事，无精打采，情绪忧郁，心情不好。

29. 认为自己不行，或给周围的人添麻烦，虽然活着，但又无可奈何。

30. 除以上列举的症状之外，被判断“自己一定是患神经症”的时候。

自我诊断的方法:综合计算总分。

大体评价如下:

0～5分:请放心,你的心理非常健康,神经强韧,能顺利地适应现实。但是,也许过于强韧,请反省自己是否给周围的人"有点缺乏细致和灵活"的印象。

6～13分:大致还属于健康的范围。但是,你必须要更正"神经症与自己完全无关"的想法,你也有患神经症的可能性。

14～25分:你在精神方面有些疲劳,应减少工作量,或通过休假和娱乐改变情绪,应采取适当的治疗方法。

26～30分:是黄牌警告。有可能患了神经症,建议你去看心理医生。如在这种自我诊断中得分较高,就立即断定自己是神经症还为时过早,但是有必要找专门的医生进行细致的检查。

参考文献

[1] 全国部分贫困县贫困大学生调查[N]. 人民日报,2002-5-10.

[2] 刘淑娟. 当代大学生心理问题分析及调适[D]. 哈尔滨:哈尔滨工程大学,2005:44.

[3] 孙崇瑜. 大学生就业问题的特殊性及对策[J]. 经济问题探索,2007(3).

[4] 殷乾亮. 浅析大学生择业心理误区及其调适[J]. 中国林业教育,2002(6).

[5] 侯佳伟,刘俊彦. 中国青少年发展状况统计数据分析报告(2005)[J]. 中国青年研究,2006(1).

[6] 夏茂香,刘中立. 影响大学生心理健康的因素[J]. 长春大学学报,2003(3).

[7] 曹颂尧. 大学生的心理健康及其影响因素[J]. 衡阳医学院学报:社会科学版,2000(1).

第二章　我就是我　悦纳自我

——大学生自我意识

人啊，认识你自己。

——(古希腊)苏格拉底

斯芬克斯之谜

古希腊有个传说，在一个王国的城堡附近有个女魔，叫斯芬克斯。她整天守着那条过往行人必经的路，让人猜一个谜："什么东西早上是四条腿，中午是两条腿，傍晚是三条腿?"如果行人不能答对谜底，她就会把他吃掉；如果猜出来了，她自己就会死去。无数的人都不能猜出谜底，于是王国中死去了许多的人，外面的人也不敢来这里了，王国内外充满了恐惧。终于有一天，一个叫俄狄浦斯的年轻人来到了斯芬克斯面前，说出了这个神奇的"东西"——人：在生命的早晨，他是一个孩子，用腿和胳膊爬行；到了生命的中午，他变成了壮年，只用两条腿走路；到了生命的傍晚，他年老体衰，必须借助拐杖走路，所以被称为"三只脚"。俄狄浦斯答对了，斯芬克斯死了，而这个谜语流传了下来。

在德尔菲的阿波罗神庙刻着苏格拉底的箴言："人啊，认识你自己。"大学生们，你认识你自己吗？你的自我意识清晰吗？

第一节　自我意识概述

一、自我意识的含义

自我意识也称自我，是个体意识发展的高级阶段。早在古希腊时期，哲人苏格拉底就提出了"认识你自己"的格言，这标志着人类自我意识的觉醒，人类开始关注现实人生，开始将目光从神投射于人类自身。人类对自我意识的研究，始于文艺复兴运动，人文主义针对中世纪神学对人性的扼杀、对自我个性的否定进行了尖锐的批判，喊出了"我自己是凡人，我只要求凡人的幸福"的人性解放之声。此后，法国哲学家笛卡尔最先使用了“自我意识”这一概念，提出了“用心灵的眼睛去注意自身”的精辟论断，揭示了对自我意识发现的途径。笛卡尔之后，有关自我的研究开始得到空前的发展。

(一)自我意识的定义

“自我”是心理学的重要内容。精神分析学派创始人弗洛伊德提出了“自我三结构说”，即本我(id)、自我(ego)和超我(superego)，从人格的三个维度上研究自我的发展。意识是人脑对客观事物的主观反映，意识既是心理学研究的重点，也是难点。与意识相对应的是“潜意识”，弗洛伊德曾用冰山来比喻潜意识。意识只是冰山浮出水面的尖峰，而潜意识则是潜藏于海底的冰山主体，它蕴藏深厚，但不被感觉与意识所把握。弗洛伊德的理论强调了潜意识对人发展的重要性。

美国心理学家詹姆斯(W. James)提出凡属于“我”或与“我”有关的事物都是自我的内容，如身体、品质、能力、愿望、家庭等，自我从物质自我、精神自我和社会自我三个层次起作用。

社会心理学家库利(C. H. Cooley)指出：自我是一面镜子，它从别人那里反映自己的行为，自我是经历无数次他人评价而形成的社会产物。而米德(G. H. Mead)则认为：自我分为主体我(I)和客体我(Me)，主体我代表每个人的自然特性，而客体我代表自我社会的一面；主体我先于客体我形成，客体我形成需要很长时间，自我意识的发展包含主体我与客体我的不断对话[1]。

自我意识(self-conscciousness)是意识的核心部分，就是对“自我的认知”，或者说自己对自己的认知。它包含自我认知、自我评价和自我控制。如果再进一步简化，自我意识是对自己及自己与周围环境关系的认识，包括对自己存在的认识，以及对个体身体、心理、社会特征等方面的认识。这种认识是个体通过观察、分析外部活动及情境、社会比较等途径获得的，是一个多维度、多层次的心理系统。

延伸阅读

“自我”(self)和“自我意识”(self-consciousness)具有非常复杂的心理结构，在心理学上至今没有统一的见解。例如在西方心理学中，“自我”被区分成“自我接受”、“自我肯定”、“自我褒评”、“自我注重”、“自我评价”、“自我认同”、“自我满意”、“自我实现”、“自我概念”等；而把自我意识仅作为“自我”的一个子概念。这是因为在西方心理学中，自我意识仅被看做自己对自己的感知和注意，对“意识”理解具有片面性。这显然是不正确的。此外，在西方心理学文献中还有一个词“ego”也叫“自我”，这是弗洛伊德理论中的术语，有特定的含义。

（二）自我意识的心理功能

1. 决定个体行为的持续性与合目标性

人是社会的动物，人的行为既受诸多社会因素影响，又在很大程度上为自己的自我意识所决定。每个人的现实行为，并不单是由其所在的情境决定的，更重要的是与对自我的认知、自我意识有着密切的联系。那些自我意识积极的学生，其成就动机和学习投入及学习成绩也明显优于那些自我意识消极的学生；当学生认为自己声名不佳时，他们会放松对自己行为的约束。可以说，个人怎样理解自己，是保证个体如何行为及以何种方式行为的重要前提。

2. 决定个体对经验的解释

不同的人可能会获得完全相同的经验，但每个人对这种经验的解释却可能有很大的不同。解释经验的方式决定于一个人的自我意识。一个自认为能力一般、只可能获得平均成绩的学生，面对着比较好的成绩会认为是取得了极大的成功，感到十分满足；而对于同样的成绩，一个自认为能力优秀、应当获得出众成绩的学生，会解释为是遭到了很大的失败，并体会到极大的挫折。事实证明，当个人的自我意识消极时，每一种经验都会与消极的自我评价联系在一起；而如果自我意识是积极的，每一种经验都可能被赋予积极的含义。

3. 影响个体的期望水平

自我意识不仅影响到个体现实的行为方式和个体对过去经验的解释，而且还影响到个体对未来事情的期待。这是因为，个体对自己的期望是在自我意识的基础上发展起来的，并与自我意识相一致，其后继的行为也决定于自我意识的性质。研究发现，差生的成绩落后并不是孤立存在的，而是他的整个行为动力系统都出现了角色偏离的结果。成绩长期落后对于普通学生是不正常的，但对于差生，由于他们的整个行为动力系统都出现了偏离，并在偏离的状况下形成了一个新的自相一致的系统，因而显现在系统内部时就被认为一切并没有不正常。换言之，落后的学习成绩正是差生自己“期待”的结果。

二、自我意识的内容

自我意识可以从不同的角度来分析，从知、情、意分为自我认知、自我体验、自我控制；从自我本身分为生理自我、社会自我、心理自我[2]。（见表 2-1）

表 2-1　自我意识的分类

	自我认知	自我体验	自我控制
生理自我	对自己的身体、外貌、衣着、风度、家属、所有物等的认识	英俊、漂亮、有吸引力、迷人、自我悦纳	追求身体的外表、物质欲望的满足，维持家庭的利益等
社会自我	对自己的名望、地位、角色、性别、义务、责任等的认识	自尊、自信、自爱、自豪、自卑、自怜、自恋	追求名誉地位，与他人竞争，争取得到他人的好感等
心理自我	对自己的智力、性格、气质、兴趣、能力、记忆、思维等特点的认识	有能力、聪明、优雅、敏感、迟钝、感情丰富、细腻	追求信仰，注意行为符合社会规范，要求智慧与能力的发展

（引自李百珍等:《完善自我:积极自我意识的培养》，科学普及出版社，2006 年，第 48 页。）

从表中可见，从知、情、意来看，自我意识在以下三个层面上展开:

1. 自我认知

自我认知是主观自我对客观自我的评价，包括自我感觉、自我观察、自我印象、自我分析、自我评价等。自我认知解决“我是一个什么样的人”的问题。自我认知层面上还包含现实自我与理想自我的冲突。特别是青年大学生，他们的理想自我一般都比较完美，高于现实自我，往往因在社会实践中对现实自我的不满意而产生自卑甚至自弃的情绪。

2. 自我体验

自我体验是主观自我对客观自我产生的情绪体验，是在自我认知基础之上产生的。自我认知决定自我体验，而自我体验又强化着自我认知，主要集中在“能否悦纳自己”、“对自我是否满意”等方面。自我体验的内容十分丰富，可以包括义务感、责任感、优越感、荣誉感、羞耻感等。

3. 自我控制

自我控制是对自己的行为和思想、言语的控制，以达到自我期望的目标，包括自我激励、自我暗示、自强自律，核心内容是“我将如何规划自己的人生”。自我控制是自我中的最高阶段，其核心是“我应该做什么”，“我应该成为什么样的人”，“我可以选择如何做”。我们经常讲的“自制力”其实就是自我控制的能力。

自我控制是自我意识的关键环节，“知”与“行”之间有很长的路，大学生常常“心动而不行动”，事实上心动是一件容易的事，而真正历练意志则需要在行动中有更多的自我控制。我们不妨打一个比方：早晨起床，应当是一件最简单不过的事，但对懒惰者而言，也是需要意志的，特别是在寒冷冬天的早晨，想想被窝里的温暖、面对起床后的寒冷，都要进行思想斗争，更不用说面对其他人生大事了。而当意志在行为实践中被磨练成为一种习惯时，自我控制便转变为“自动化”。

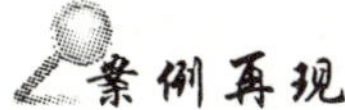

你有没有好好地认识过自己?

大二的小戴在日记中写道：“我的理想自我是做一名优秀大学生，可在现实中，我却发现现实自我意志薄弱、缺乏奋斗精神而且比较懒散，约束不好自己。当我第一次为上网逃课时，我对自己说：仅这一次。但以后每次的决心都在网络巨大的诱惑面前败下阵来。我觉得现实自我距离理想自我越来越遥远，甚至有时都不敢正视自己。”大学生的自我认知以真实自我为轴心上下摆动，当学生取得一点成绩时，便显示出自负的一面；而当遇到挫折时，学生便表示出自卑的否定性评价，这些在大学生自我认知中都是客观存在的。

三、自我意识的发生与发展

个体自我意识是在个体生理和心理能力达到一定程度成熟的基础上形成和发展的，也是个体在与社会环境长期的相互作用过程中形成和发展的，许多社会因素对自我意识的形成和发展起着重要作用。

(一)生理、心理能力的发展与自我意识的发生

自我意识的发生或形成主要有“物—我知觉分化”、“人—我知觉分化”和“有关自我的词的掌握”三个标志。在最初的意识发生和发展中，主体意识是先于自我意识而发展的，主体意识是自我意识发生和发展的基础。婴儿必须首先在自己和客体间作出区分，才有可能在客体中区分出物理客体和他人，进而在自我和他人之间作出区分并形成自我意识。5 个月后，当婴儿能对他人微笑时，主体意识和自我意识的发展就开始相互作用、共同发展了。特别是在后来随意性动作与言语的掌握相结合，当婴儿能逐步意识到活动本身的进程和结果，能够意识到自己的主观力量时，主体意识就同自我意识完全融为一体了。总之，自我意识的发生、发展与生理的发展密切相关，离开了生理及其相应的心理能力的发展，自我意识就不可能发生、发展。

(二)自我意识在社会互动中形成和发展

生理的成熟和发展只是形成自我意识的前提，并不能必然保证自我意

识的形成和发展。心理学的研究表明，自我意识的形成和发展还有赖于个体参与社会生活、与他人相互作用。心理学家库利指出，自我观念是在与他人交往过程中，个体根据他人对本人的反应和评价而发展的，由此产生的自我观念称为“镜中我”。米德指出，我们所属的社会群体是我们观察自己的一面镜子。他对社会互动中自我意识产生的机制和过程作了深入研究，认为自我意识是在社会中通过扮演他人的角色，把自己置于互动对方的位置上而逐步形成的。

四、大学生自我意识形成的信息来源

自我意识是人所特有的心理标志，它不是与生俱来的，而是后天获得的，是个体在社会环境中、在与他人的互动中逐渐形成的。一般而言，大学生对自己的认知可以通过以下四个方面逐渐形成。

（一）他人的反馈

通常，别人会对我们的品质、能力、性格等给予清晰的反馈，从而增强我们对自己的了解。当我们被老师告诫要更加大胆一些和更加主动、更加勤奋一些时，我们便会从反馈中得知：自己有些害羞胆小，不够主动，学习不够勤奋。激励对成长中的大学生是非常重要的，我们经常说：“优秀的学生是夸出来的。”当否定性评价过多时，学生会产生“习得性无助”。这一概念是由宾夕法尼亚大学心理学家马丁・西格曼(Martin Selgiman)研究提出的，它是指对环境失去控制的一种信念，当一个人拥有这种信念时，他感到不能从环境中逃脱出来，便会放弃了脱离环境的努力。如有的大学生会说：“无论我如何努力，我也不会成为受大家欢迎的人。”事实上，习得性无助是一种严重的自我意识障碍，它抑制了人改造与影响环境的能力，强化了顺从甚至屈从环境的行为并将之转化为一种内在信念。习得性无助是后天形成的，特别容易受到环境的影响。尤其是当大学生来到一个陌生环境开始新的学习生活时，很多在中学时代有着骄人成绩的学生由于种种原因而认同了自己的平凡并不尝试改变时，就极易产生习得性无助。

（二）反射性评价

在生活中，那些与我们的生活无关紧要的人有时并不会给予我们清晰明确的反馈，但我们可以从他们的态度与反应中来了解自己。库利提出了“镜中我”(Looking-glass Self)，认为我们感知自己就像别人感知我们一样，镜子中的我或别人眼中的我就是我们感知的对象，我们常常依据别人如何对待我们来了解自己，这一过程称为反射性评价[1]。

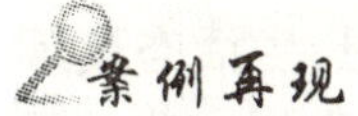

镜中我

大三的小君曾在咨询中跟我说:"我感到非常孤独,宿舍的同学不喜欢我,常常是我明明在宿舍外面听着里面正热烈地谈论一个问题,而我进入宿舍时,谈话经常就中断了,大家的表情也显示出冷淡与不在乎,我不知道自己做错了什么,得不到大家的认同。这使我非常痛苦。在来自不同家庭背景的同学中,我的家境略好些,可这不是我的过错,我一直主动地想与同学相处好,甚至做了一系列努力,但都得不到大家的认同。以前在中学,我一直是非常受人欢迎的,我现在变得沉默了,因为不知道该如何做。"小君因为反射性评价产生了对自我的怀疑,影响了他正确的自我意识,因此反射性评价对自我意识的形成也起着重要作用。

(三)依据自己的行为判断

美国著名的心理学家贝姆(D. Bem)的自我知觉理论(Self-perception)认为:在内部线索微弱或模糊的情况下,人们常常依据外在行为来推断自己的特征如性格、态度、品质、爱好等,如当学生参加公益事业时,学生认为自己是一个高尚的人;但在大多数情况下,人们常常依据内部线索如想法、情绪来了解自己,而且比外显行为更准确,因为行为易受外在压力的影响,易于伪装[3]。

个体的行为既具有外显性也具有内倾性,因而依据自己行为的判断为自我的确立提供了可靠的依据。

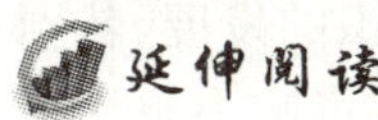

麦克阿瑟将军

麦克阿瑟在西点军校考试的前夜非常焦虑,这时他母亲走过来对他说:"我的儿子,你必须相信你自己;否则没有人相信你;只要你抛弃了内心的怯懦,你一定能赢;尽管你没有把握成为第一,你必须做最好的自己。"当西点军校的考试成绩公布时,麦克阿瑟名列第一,后来,凭着自信,他成为美国著名的将军。

(四)社会比较

美国社会心理学家费斯廷格提出了著名的社会比较(Social Comparison)理论,该理论认为:人们非常想准确地认识自我、评估自我,为此,在缺乏明确标准时,人们常常将自己与相似于自己的人做比较。

大学生正处于人生发展的重要时期，其人生目标、职业理想、生活态度等都在形成之中，社会比较为大学生提供了认识自我、了解自我和发展自我的重要标尺。社会比较也是每个个体认识自我不可或缺的方面。没有社会比较，就没有自我的进一步优化。当然，自我比较并不总是向着积极的方向，自我比较又分为向上比较、向下比较与相似比较。当个体的目的与动机不同时，采用的社会比较策略也不相同。例如自我保护与自我美化的动机促使学生与那些不如自己走运、成功和幸福的人相比；而自我成功动机强的人更倾向于向上比较，向着那些比自己更加成功的人比较，促使自己也更加成功。

第二节　大学生的自我意识及其特点

一、大学生为什么关注自我

成年时期自我意识的形成，是经过整个青年期的分化、整合过程之后最终完成的，影响这一过程的因素，包括自小积累的经验、对他人的态度及来自他人的评价，独立的意识及自身在社会中的作用、地位与身份等。在这一过程中，青年期是身心发展的关键期，更是自我意识发展的关键期。个体在青年期的生理、认识、情感等各方面的深刻变化，如性的成熟、思维与想象能力的发展、感受力的提高等，使他开始把关注的重点转向自身内部，开始去发现、体现自己的内心世界，并迫切要求形成自己独特的个性与独特的理解方式。

个体在青年期逐渐累积的生活经验也直接影响着自我意识的发展，特别是“成功”与“失败”的经验，对自我的形成与自我意识的发展的影响力更为巨大。随着经验的扩大，成功和失败的经验也随之增多，通过自己对这些经验的再评价，个体的自我意识不断得以修正。

对处于青年期的个体而言，来自他人的评价直接对自我意识的修正、自我的形成产生着积极的作用。自我意识尚未确定的青年，往往对他人的评价更为敏感，他们常通过他人对自己的态度、评价来认识并确认自我的存在价值。

大学生正处于青年中期，也可以说大学时代的青年正处于一个“延缓偿付期”，在初中、高中阶段，个体常常被紧张的学习、考试所包围，没有什么时间考虑自己的人生，只有进入大学，他们才能真正专心地考虑自我、探索自我和确立自我，具体体现在以下几个方面。

第一，这个时期的自我确立被称为人生的第二次诞生，它包含着四个层次的含义：一是疾风怒潮期到相对平稳，二是边缘人地位，三是人格的再形成，四是人生观、价值观的形成。

第二，这个时期的人际关系表现为友情与孤独、性意识的发展、恋爱结婚以及对父母的矛盾情感。

第三，这个时期心理的两极性：一是意志与行动的两极性，二是人际关系的两极性，三是日记中表现的两极性，四是闭锁性与开放性。

总体而言，大学生对自我的关注可以归为以下三点：一是由于身体成熟，他们开始注意、关心自己的身体、内驱力及内部欲求；二是由于人际关系的扩大，他们将自己的内在能力与他人进行比较，从而对自己的素质、天赋等问题进行关心；三是由于认识能力的发展，他们开始对自己行动的原因、结果以及自己的存在价值和人生意义进行思考。大学生自我意识的发展、自我明显的分化，意味着自我矛盾冲突的加剧，其结果便造成个体在新的水平和方向上达到新的协调一致，即自我的进一步统一。

二、大学生自我意识的独特性

与同龄群体相比，大学生的生活阅历与学习特点决定了大学生自我意识的独特性，主要表现在以下三个方面。

（一）时间上的“延缓偿付期”

大学明期并非人生必经时期，对大学生而言，思想上的独立与经济上的依赖、生理上的成熟与心理社会性成熟的滞后，这些方面都存在着深刻的矛盾。从年龄上来看，大学生到了应该自立、独立承担社会责任的时候，但校园里相对单纯的学习生活又使他们应当承担的社会责任从时间上向后延缓。这种社会责任的向后延缓使学生们处于“准成人”状态。这样也为大学生广泛、深入、细致地思考自我提供了时间上的现实可能性。值得重视的是：大学生对现实的责任感的后移并非减轻了他们心理上的压力，特别是对于贫困学生来说并不是这样。很多学生在日记中写道：“每当自己坐在教室里读书时，常常不自觉地想到白发父母，本应当挑起家庭的重担，为父母分忧解难，却还要花父母的血汗钱，想来觉得非常难过，感到很不忍心。一种负罪感悄悄地袭上心头。”

（二）空间上的“自主性”

大学这座“象牙塔”为学生提供了一个多元文化背景下的学习环境，特别是网络更为学生提供了无限广阔的平等自由的学习与交流空间，而东西方文化的交融更是为大学生自我意识的发展提供了时代语境。但这些影响都是双重的：一方面，大学生来自不同背景的家庭、受到不同的地域文化的影响、有着不同的人生追求，在共同的学习生活中，大家互相影响、互相包容，在这种互动的环境中逐渐形成自己的价值观念，特别是在心灵的沟通与碰撞中建立与尝试新的自我；另一方面，大学生在多种价值体系、多种文化的冲撞面前，原来建立的价值体系、自我观念会受到强烈的冲击，这种冲击有时甚至会使大学生怀疑自己。特别是大一新生，他们从原来的环境进入新的环境，在自我价值体系的重建中需要较高的反思能力与自我控制能力，“我是优秀的”这样的自我认识可能被期末考试的“红灯”而击溃。这时，调整与反思自我便显得非常重要。

(三) 自我意识发展的“不平衡性”

大学生的生理、心理与社会自我的发展并非一路平稳。大学生的主观自我与他观自我往往表现出不一致性，特别是大学高年级学生，他们常处于较高的自我意识水平，但之后到来的进入人才市场进行职业选择，却使他们长期建立的“高自我意识”与“自我概念”变得摇摇欲坠。一位毕业生说：“长期以来，一直心存优越感，尽管从多种渠道了解到大学生已不再是天之骄子，但在就业市场上的冷遇还是让人受不了。”这种主观自我与他观自我的不平衡，生理、心理与社会自我发展的不平衡，都直接影响着大学生自我意识发展的水平。

三、大学生自我意识的发展

在个体的发展过程中，童年期是人格开始形成的时期，少年期和青年期则是人格初步形成并定型的时期，成年期是人格成熟时期。自我意识是人格发展的核心要素，在自我认知、自我体验与自我控制三者相互影响、相互作用的过程中，自我意识逐步成熟，期间经历了分化—矛盾—整合的过程。

(一)自我意识的分化

自我意识的分化主要表现在以下四个方面：

1. 理想我与现实我的冲突

理想我是指个人想要达到的完美的形象，是个人追求的目标，它引导个体实现理想中的个人自我。现实自我是个人从自己的立场出发，对现实中自我的各种特征的认识。现实自我又称个人自我，主观性较强。在现实生活中，理想自我与现实自我之间一般是存在一定差距的，合理的差距能够使人不断进步、奋发有为。

青年时期的大学生，心中承载着无数的梦想，他们有抱负、有追求、有理想，成就动机强烈，特别是当市场经济将人们的成就意识凸显时，很多大学生心中涌动着要像比尔·盖茨般成功的梦想，他们为自己设定了一个美丽的“理想我”，也对大学生活进行了理想化的设定。但当他们踏入大学之时，现实与心中的理想开始形成巨大的反差，在部分新生中便已出现人生目标的“理想真空带”与“动力缓冲带”，一时间找不到自己的生活和理想立足的方位。对理想自我的渴望与对现实自我的不满构成了这一时期大学生自我意识发展的重要组成部分。

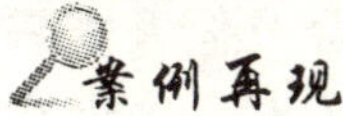

理想与现实

小恒从小到大一直很听话，学习成绩优异，并且考上了国内某知名大学。但到了大学之后，问题出现了：小恒整天沉迷于玩网络游戏和看动漫，一年半的时间里“挂”了5科。父母对他是用心良苦，因为“挂科”找小恒谈心，而小恒根本听不进父母的话，甚至和父母产生了很深的矛盾。后经了解才得知小恒在大学“堕落”的真正原因：他从小学到高中都有很明确的学习目标——拿高分、考大学，考上大学之后却没有目标了，考试“60分万岁，多一分浪费”，再加上善于思考的他看不惯目前的教育模式——大学本是学术机构，但却成为找工作的“跳板”；在学校学习的东西又和工作没有很紧密的联系……所以他迷茫了，不知道自己上大学是为了什么，不知道在大学应该做什么，对自己毕业后的路也很迷茫，但迫于现实压力又不能退学，只能在大学里混日子，“游戏”人生。

2. 主观我与客观我之间的矛盾

自我有主观我与客观我之分，主观我是一个人对社会情境做出的反应，是自我中积极主动的一面。主观自我与客观自我应该是统一的，这种统一是个人对客体的认识与个人愿望的统一，是个人与社会的统一，是“自我同一性”的形成，更是良好的自我意识的标志。但是，由于自我的结构是多种多样的，每个人所处的社会环境存在着很大的差异，主观我与客观我并不总是存在着统一。

3. 独立与依附的冲突

大学生在生理与心理上的成熟使他们渴望独立，以独立的个体面对生活、学习与工作中遇到的问题，但由于长期的校园生活使他们应有的社会阅历与经验相对匮乏，当应激事件出现时，又希望亲人、老师、同学能够替自己分忧。另一方面，大学生在心理上的独立与经济上的不独立也形成了明显的反差。在他们迫切希望摆脱约束、追求自立的同时，却又不可能真正摆脱家长、老师的支持和帮助。特别是对于某些独生子女来说，由于长期受到父母的溺爱，这种独立与依附的矛盾就表现得更加突出。

4. 理智与情感的冲突

大学生情绪的一个显著特点是容易两极分化，或高或低，波动性大，易冲动，不易控制。但随着身心的发展、认知水平的提高，大学生渐渐成熟，在遇到客观问题时，既想满足自己情绪与情感的要求，又想服从于社会及他人的需求。特别是当遇到失恋等人生打击时，一方面在理智上能够理解，另一方面在感情上又难以接受。

（二）大学生自我意识的整合

自我意识的矛盾冲突，常常会给大学生带来不安或心理痛苦，他们总是力图通过自我探究来摆脱这种不安与痛苦。在矛盾冲突中，大学生的自我意识也在不断调整、发展。在这一调整、发展的过程中，他们极易寻求新的支点，寻找自我意识的统一点，整合自我意识。由于自我意识具有复杂性与多维性，大学生逐渐在多向度中审视自我、调整自我，向理想自我靠近。这也是我们常说的自我同一性的建立。从多维度观察，自我同一性越高，大学生自我意识的发展就越好，人格就越完善。但是，由于大学生的成长背景、家庭教养方式、社会经济地位、个人人生志向、职业目标的不同，他们的自我意识整合的结果与类型也不同。从自我意识的性质来看，大学生自我意识的整合结果表现为三个方面。

1. 积极自我的建立：自我肯定

自我肯定，即对自我的认识比较清晰、客观、全面、深刻。这种积极自我的特点是在经过痛苦的选择与调整之后，大学生逐渐成长，使自己的理想我与现实我趋于统一，主观我与他观我趋于一致，对自我的认识更加深刻、客观、理性。积极的自我不仅了解自己的长处与优势，也了解自己的不足与劣势，自己能够分析哪些是通过努力可以达到的，哪些是属于无法企及的，从而进行积极的自我肯定，向着理想自我迈进。

2. 消极自我的建立：自我否定

消极的自我意识分为两个方面：自我贬损型与自我夸大型。自我贬损型的人由于总在积累失败与挫折的经历，对现实自我的评价较低，并时常伴有没有价值感、自我排斥、自我否定。他们不但不接纳自己，甚至自我拒绝、自我放弃，表现为没有朝气、随波逐流、缺少激情，生活没有目标，其结果则更加自卑，从而失去进取的动力。自我夸大型的人正好相反，他们对自我的评价非常高，往往脱离客观实际，常常以理想自我代替现实自我，盲目自尊，虚荣心强，心理防御意识强。其行为结果要么表现为缺乏理智、情绪冲动，忘记现实自我而沉浸于虚无缥缈的自我设计中；要么自吹自擂、自我陶醉，却不去为实现自我做出实际努力。自我贬损型与自我夸大型的共同特点是对自我评估不正确、理想自我不健全，缺乏实现理想自我的观念与具体方法，形成后的自我也不完整，是一种不健康的自我整合。

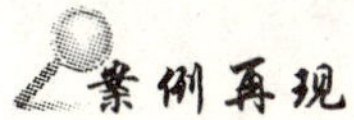
案例再现

妄自菲薄

大二的娟娟，小时候学习成绩很好，顺利考上了国内十大名校之一的某大学，但在大学的两年里她除了上课什么都没有做。她有一个表姐和一个表哥，上的大学都没有她的学校好，但现在表姐考上了研究生并通过了国家司法考试，哥哥考上了公务员，寝室的人也都在做有意义的事情（学习或者参加社团活动）。娟娟自己感到压力很大，很自卑，有心事了也不敢找别人说，怕自己的不良情绪影响到别人。但不良的情绪一直存在，她因此很痛苦，开始频繁地出现失眠症状。

3. 自我冲突

自我冲突是难以达到整合的自我意识，在自我评价中，始终在真实自我上下徘徊而不能统一。自我认知或高或低，自我体验或好或坏，自我控制时强时弱，心理发展极不平衡，有时显得自信而成熟，有时又表现出自卑而不成熟，让人无法评估。自我冲突的人表现为两种类型：自我矛盾型与自我萎缩型。自我矛盾型的大学生，内心冲突激烈，持续时间长，自我认知、自我体验、自我控制不稳定，新的自我无法整合。例如，有的大学生可能既是一个自信的人，又是一个自卑的人；既是一个诚实的人，又是一个骗子；既是一个性格孤僻的人，又是一个善于交际的人。自我萎缩型的大学生缺乏理想自我，但又对现实自我深感不满，他们消极放任、自怨自哀，甚至麻木、自卑，以至于越来越消沉、对自己丧失信心，严重的还可能导致精神分裂症或走向绝望轻生。因此，自我冲突的大学生要逐渐调整自己的自我认知，客观认识自己与他人，客观看待成功与挫折，这样才能使自我意识在良性轨道上循环。

第三节　大学生自我同一性的确立

青年时期的自我发展是发展心理学研究的重点，其中最著名的理论为艾里克森的自我同一性理论。自我同一性，也称为自我认同，是指个体寻求内在合一及连续的能力。大学生由于身、心两方面发生的重大变化，他们开始关注自我,思考关于“自我”的问题。自我同一性是大学生寻求自我了解与自我追寻的必然历程,对大学生人生价值的选择、理想信念的树立有着积极意义。如果大学生不能确立良好的自我同一性,就会对社会的主导价值表示怀疑,极易造成生活没有方向、没有动力、摇摆不定。

一、艾里克森人生八阶段学说

艾里克森认为,青年期的发展课题是自我同一性的确立。他率先提出“人生历程八阶段”理论(见表 2-2),并详细论述了每个阶段特定的心理、社会发展课题,称之为“心理社会危机”。他认为,每个阶段的心理、社会发展课题的完成和危机得到解决,就会产生积极的品质;反之,就会产生消极的品质。

1. 婴儿时期:信任—不信任(0—1 岁)

这是获得信任感而克服不信任感阶段。所谓信任,是婴儿的需要与外界对他需要的满足保持一致。这阶段的婴儿对母亲或其他养育者表示信任,婴儿感到所处的环境是个安全的地方,周围人们是可以信任的,由此就会扩展为对一般人的信任。婴儿如果得不到周围人们的关心与照顾,他就会对外界特别是对周围的人产生害怕与怀疑的心理,以致会影响到下一阶段的顺利发展。

2. 婴儿后期:自主—羞怯、怀疑(2—3 岁)

这是获得自主感而避免怀疑感与羞耻感阶段。个体在第一阶段处于依赖性较强的状态下,什么都由成人照顾。到了第二阶段,儿童开始有了独立自主的要求,如想要自己穿衣、吃饭、走路、拿玩具等,他们开始去探索周围的世界。这时候,如果父母及其他照顾他们的成人,允许并鼓励他们尝试做一些力所能及的事情,并且肯定他们的实践行为,就能培养他们的意志力,使他们获得一种自主感,能够自己控制自己。相反,如果成人过分爱护他们,处处包办代替,什么也不需要他们动手,或过分严厉,这也不准那也不许,稍有差错就粗暴地斥责,甚至采用体罚,就会使孩子产生自我怀疑与羞耻感。

3. 幼儿期:首创—内疚(4—5 岁)

这是获得主动感受而克服内疚感阶段。个体在这阶段的肌肉运动与言语能力发展很快,能参加跑、跳、骑小车等运动,能说一些连贯的话,还能把自己的活动扩展到超出家庭的范围。除了模仿行为外,个体对周围的环境充满了好奇心,知道自己的性别,常常问问这,动动那。这时候,如果成人对于孩子的好奇心以及探索行为不横加阻挠,让他们有更多机会去自由参加各种活动,耐心地解答他们提出的各种问题,那么孩子的主动性就会得到进一步的发展,表现出很大的积极性与进取心。反之,如果父母对儿童采取否定与压制的态度,就会使他们认为自己所做的游戏是不好的，自己提出的问题是笨拙的，自己在父母面前是惹人讨厌的，致使孩子产生内疚感与失败感。

4. 儿童期：勤奋—自卑（6—11 岁）

这是获得勤奋感避免自卑感阶段。儿童的智力不断地得到发展，特别是逻辑思维能力发展迅速，他们提出的问题很广泛，而且有一定的深度，他们的能力也日益发展，参加的活动已经扩展到学校以外的社会。这时候，对他们影响最大的已经不是父母，而是同伴或邻居，尤其是学校的教师。他们很关心物品的构造、用途与性质，对于工具技术也很感兴趣。如果能得到成人的支持、帮助与赞扬，则能进一步加强他们的勤奋感，使之进一步对这些方面发生兴趣。

5. 青年期：同一—混乱（12—18 岁）

这一阶段的核心问题是自我意识的确立和自我角色的形成。青少年对周围世界有了新的观察与新的思考方法，他们经常考虑自己到底是怎样一个人，他们从别人对他的态度中、从自己扮演的各种社会角色中逐渐认清了自己。此时，他们逐渐疏远了自己的父母，从对父母的依赖关系中解脱出来，而与同伴们建立了亲密的友谊，从而进一步认识自己，对自己的过去、现在、将来产生一种内在的连续性认识，也认识自己与他人在外表上与性格上的相同和差别。认识自己的现在与未来在社会生活中的关系，这就是心理社会同一感。

6. 成人前期：亲近—孤独（18—25 岁）

这是建立家庭生活的阶段，是获得亲密感、避免孤独感阶段。亲密感是人与人之间的亲密关系，包括友谊与爱情。亲密的社会意义，是个人能与他人同甘共苦、相互关怀。亲密感在危急情况下往往会发展为一种互相承担义务的感情，它是在共同完成任务的过程中建立起来的。如果一个人不能与他人分享快乐与痛苦，不能与他人进行思想情感的交流，不能与他人相互关心与帮助，就会陷入孤独寂寞的苦恼情境之中。

7. 成人中期：创造—停滞（25—60 岁）

这是获得创造力感，避免自我专注阶段。这一阶段有两种发展的可能性，一种可能是向积极方面发展，个人除关怀家庭成员外，还会扩展到关心社会上的其他人，关心下一代的健康成长与幸福生活。他们在工作中勇于创造，追求事业的成功，而不仅是满足个人需要。另一种可能是向消极方面发展，即所谓自我专注，就是只顾自己以及自己家庭的幸福，而不顾他人的困难与痛苦，即使有创造，其目的也完全是为了自己的利益。

8. 成人后期：自我完善—悲观失望（60 岁以上）

这是获得完美感，避免失望感阶段。如果前面七个阶段积极的成分多于消极的成分，就会在老年期汇集成完美感，回顾一生觉得这一辈子过得很有价值，生活得很有意义。相反，如果前面的阶段中消极成分多于积极成分，此阶段就会产生失望感，感到自己的一生失去了许多机会，走错了方向，想要重新开始又感到为时已晚，追悔莫及，于是产生了一种绝望的感觉，精神萎靡不振，消极颓废混日子。

表 2-2 艾里克森的人生八阶段

期别	年龄	心理危机(发展关键)	发展顺利	发展障碍
婴儿时期	0—1 岁	对人信赖←→对人不信赖(trust VS. mistrust)	对人信赖，有安全感	与人交往，焦虑不安
婴儿后期	2—3 岁	活泼自主←→羞愧怀疑(autonomy VS. shame & doubt)	能自我控制，行动有信心	自我怀疑，行动畏首畏尾
幼儿期	4—5 岁	自信←→退缩内疚(initiative VS. guilt)	有目的方向，能独立进取	畏惧退缩，无自我价值感
儿童期	6—11 岁	勤奋进取←→自贬自卑(industry VS. inferiority)	具有求学、做事、待人的基本能力	缺乏基本生活能力，充满失败感
青年期	12—18 岁	自我统合←→角色混乱(identity VS. confusion)	自我观念明确，追求方向肯定	生活缺乏目标，时感彷徨迷失
成人前期	18—25 岁	友爱亲密←→孤独疏离(intimacy VS. isolation)	成功的感情生活，奠定事业基础	孤独寂寞，无法与人亲密相处
成人中期	26—60 岁	精力充沛←→颓废迟滞(generativity VS. stagnation)	热爱家庭，关心后代	自我恣纵，不顾未来
成人后期	60 岁以上	完美无憾←→悲观绝望(integrity VS. despair)	随心所欲，安享天年	悔恨旧事，消极颓废

二、大学生自我同一性的建立

青年大学生存在六个方面的自我认同问题：一是我现在想要什么？二是我有何身体特征？三是父母如何期望我？四是以往成败经验如何？五是现在有何问题？六是希望将来如何？对这六个方面问题的回答可归为“我是谁”与“我将走向何方”两大问题，如果完成得较好，大学生就能够适应与化解危机，达到自我同一性；否则，就容易出现自我同一性危机，如个人方向迷失，与自己的角色不相适应，最后出现退缩、自卑等不良人格特征。建立自我同一性表现在以下几个方面：

一是自我肯定或自我怀疑。大学生从多维度看待自己，如对自己的天赋、智力、身体、心理与发展的认知，对成功与挫折的认知，都在很大程度上影响着大学生的自我认知的确立。有的大学生过分看重别人对自己外表的看法，有的则对一切抱漠不关心的态度，而一个自我认同的人能够有效地统合自我与他人的信息，达到自我同一性。

二是预期职业成就与无所事事。大学生的职业生涯规划与职业预期是学业的重要归宿，也是一个非常实际的问题，许多大学生通过职业生涯规划的确立，坚持学习并充分发挥自己的潜能，从而实现自己的职业规划；也有不少有才能的大学生由于缺乏毅力而无所建树；还有个别的大学生沉溺于网络游戏而不能自拔，荒废了学业。

三是性别角色认同与两性意识混淆。大学生应当对社会规范的性别角色及其责任有所认同，接受自己完全是个男性或女性而有适当的性别表现。另外，与同性或异性相处都感到自在，否则易陷入两性意识危机中。

四是价值观形成。大学生真正开始选择人生，思考人生，并逐步形成自己的人生观与价值观及生活理念，大学生价值观的确立是自我同一性的最高境界，也是自我同一性最为重要的任务。

三、大学生的发展任务

不同的发展阶段具有不同的发展任务，青年时期的发展课题颇受学者的关注。哈维格斯特(1952)将青年期的发展课题列为以下所包括的三大部分共10项[4]：

1. 青年期的同龄集团

包括：①学习与同龄男女之间的交际方式；②学习作为男性或女性的社会任务和角色。

2. 独立性的发展

包括:①认识自己的身体构造,有效地使用自己的身体;②从精神上独立于父母或其他成人;③具有经济上独立的自信;④选择职业及其准备;⑤做结婚及家庭生活的准备;⑥发展作为社会一员所必须具备的知识和态度。

3. 人生观发展

包括:①追求并完成负有社会性责任的行动;②学习作为行动指南的价值观和伦理体系。

美国生涯辅导学者 G. Egan 认为,成人期十大发展任务是[5]:①变得更具备能力;②达到自主;③发展并实践自己的价值观;④形成自我认定;⑤将“性”纳入自己生命的一部分;⑥结交朋友并发展亲密关系;⑦爱与许诺;⑧从事初步的工作与生涯选择;⑨成为好公民;⑩学习并善用休闲时间。

结合我国的情况,我们认为,大学生人生发展的重要课题主要有以下十个方面:①对身体的发育,特别是因性成熟引起的诸多变化的理解和适应;②逐渐完善作为男性或女性的性别角色;③从精神上和经济上脱离父母并走向独立;④对新的人际关系特别是异性关系的适应;⑤正确认识自己在社会中的角色,通过各种社会活动完善自己;⑥树立作为社会一员所必需的人生观和价值观;⑦掌握作为社会一员所必须具备的知识和技能并付诸于社会实践;⑧选择职业及适应工作;⑨完成学业并选择适当的职业;⑩成熟感的获得及自我实现。

第四节　大学生自我意识的完善

大学生自我意识的发展与完善,始终展示着一条通往未来的光明大道,正如古希腊哲学家苏格拉底所说的“认识你自己”,自我意识的完善也是一个不断地进行自我认知、自我评价、自我改造、自我完善的过程,就像雕琢一件技艺精湛的工艺品一样,真正的匠人为了心中的追求,会执著坚守,终生不悔。

一、健全自我意识的标准

自我意识对人的心理健康起着很重要的作用,它制约着人格的形成和发展,在人格的优化中发挥着强大的动力功能。健全的自我意识是心理健康的重要标准,是人类自身内在的一种成功机制,在人格发展中发挥着重要作用。健全的自我意识有如下标准:

第一,自我意识健全的人,应该是一个有自知之明的人,既知道自己的优势,也知道自己的劣势,能正确评价自我和自我发展。

第二，自我意识健全的人，应该是自我认知、自我体验和自我控制协调一致的人。

第三，自我意识健全的人，应该是积极肯定自我的、独立的并与外界保持一致的人。

第四，自我意识健全的人，应该是理想自我与现实自我统一的人，有积极的目标意识和内省意识，积极进取、永无止境。

二、自我意识完善的途径

1. 正确的自我认知

“人贵有自知之明”，全面而正确的自我认知是培养健全的自我意识的基础。自我认知是从多方位建立的，既有自己的认识与评价，也有他人的评价。我们不妨认真仔细地做一做下面的实验：第一步，在忠实于自己的内心的基础上，用尽量多的形容词描述自己；再进行第二步，考察他观自我，描述父母眼中的我、同学眼中的我、老师眼中的我、恋人眼中的我、兄弟姐妹眼中的我；最后再寻找这些描述中的共同品质，将其归类。描述的维度越多，就越能找到比较正确的自我。

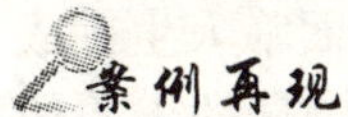

案例再现

自我意象

——来自一个大二学生的自我描述

我是一个内向、坚强、上进、自信、有理想、懂事、好学、乐于助人、嫉恶如仇、争强好胜、渴望成功与优秀、有一点自私、妒忌心强、自制力弱、说些小谎的大学男生。

在父母眼中：我是一个懂事、有些害羞、不用父母操心、上进的、不乱花钱、有些懒惰的大男孩；

在兄弟姐妹眼中（只有一个妹妹）：我是妹妹心中可以依靠与信赖的大哥，是一个诚实守信、爱护妹妹的好哥哥；

在同学眼中：我是一个大方、乐于助人、受人尊敬、人缘好、有些懒散、追求自由的人；

在老师眼中：我是一个默默无闻、成绩优秀、自律、品学兼优的学生；

在恋人眼中：我是一个懂得爱、有责任感、守时守信、有幽默感、坚强的好男人。

案例解析：

这是一个学生的自我描述，也是他自我认知的一部分。当自己将这些描述清晰地整理出来时，你可以与你的同学、家人、朋友、恋人沟通，听取他们对你自己评价的认同度。这是自我过滤的过程，先将自己的优点列出，在得到大家的认同的基础上，再写出自己的弱点，请大家帮助分析，这些澄清的过程也是自我认识不断深化的过程。

2. 客观的自我评价

一个人必须在正确的自我认知基础上，建立正确的自我悦纳、积极的自我体验、有效的自我控制。

自我悦纳是自我意识健康发展的关键所在。悦纳自我首先要接纳自己，喜欢自己，欣赏自己，体会自我的独特性，在此基础上体验价值感、幸福感、愉快感与满足感；其次是理智与客观地对待自己的长处与不足，冷静地看待得与失。在生活中注重自我，自我意识是将注意力集中在自我的一种状态。积极的策略是：关注你自己的成功，并将优势积累，每个人身上都有着无数的闪光点，重点在于寻找你自己的闪光点并利用其构成亮丽的人生风景线。

3. 积极的自我提升

提高自我效能感是个体在一定情境下对自我完成某项工作的期望与预期。当人们期望自己成功时，他必然会尽自己最大的努力，并且面临人生挑战时，会表现出更强的坚持力，从而增加成功的可能性，自我效能感高的人一般学业期望较高，也就是说，自我效能感与学业期望、成就动机成正相关性。

另一条途径是克服自我障碍，我们经常会有这样的感觉：体验对自己能力程度的焦虑带来的不安全感，这便是一种自我障碍。我们听说了太多这样的故事：由于考试前身体不好，所以在大考中没有取得好成绩。这便是典型的自我障碍，为自己考试的不成功寻找借口。一个渴望自我发展的人必须主动克服自我障碍，进行积极的自我提升与自我尝试，并从中发现自己的新的支点。

4. 关注自我成长

自我的发展需要不断的自我反思、自我监控。但将成长作为一条线索贯穿于人的始终时，整理自己成长的轨迹显得尤为重要，依照过去、现在、未来进行清理，可深刻了解与把握自己。要记住，自我体验永远是个体的，当我们在分享他人自我成长的硕果时，也在促进我们自己的成长。

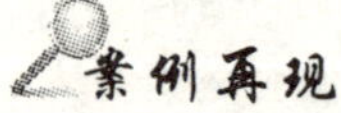

到底是谁打碎了我的梦想？

——成长的烦恼

我是一个来自于教师家庭的孩子，父母视我为“掌中宝”，在父母关爱的目光中成长，我的心是自由而轻松的，重点小学、初中、高中就读的经历使我坚信我是属于全国一流大学的。然而，由于高考的失误，虽然我进入了全国重点大学读书，却不是我梦想中的学校。在接到通知书的时候，我哭得天昏地暗，第一次遭受重创的我几乎站不起来，我怕听到中学同学到名牌大学读书的消息，我担心自己因失败而成为同学的笑料。当九月明媚的阳光照在开心的大学新生的脸上时，我却丝毫也高兴不起来。虽想既来之则安之，心中的结却并没有解开。由于盲目的自信，确信高考成绩超出其他同学八十分，完全有能力胜任大学的学习，学习没有了动力，生活没有了目标，正如大海上漂浮的小舟，完全失却了原来的方向。在茫然徘徊中迎来了期末考试，我意外地收获了不及格的结果。我并没有认真反思自己，而是将这一切归咎于我没有考取理想的大学，归咎于命运的不公平。第二学期，百无聊赖的我又在网上找到了久违的自信与上进心，我那颗曾经不服输的心复苏了，但这次不是为学习而是为网络，我彻夜上网聊天打游戏，在游戏中体验虚拟世界里的成功。可想而知，第二学期五门功课同时亮起了红灯，学位没有了，不用说梦想中的名牌大学，连大学生的资格也将丢失，谁把我的青春弄丢了？正在此时，学校发出了回家的指令。我真的非常懊悔，我第一次深深自责，作为我们家庭的第一位大学生我辜负了家长厚重的期望，作为重点高中的学生我对不起培养我的老师，更重要的是我有负于自己的年华，此刻，我才发现大学的灯光是那么明亮，校园是那么美丽，而大学生活是如此让人难以割舍……

案例解析：

这是一位即将告别学校生活的大学生的内心独白，个体的人生不可复制，而自我发展的不可逆转要求每一位大学生都要认真审视自我，并为自我发展留下空间，因为青春对于人只有一次，而大学对于年轻学子也只有一次，珍视自我、开掘心灵的宝库尤为重要。

三、WAI 技法

WAI 技法（WAI technique）是指“我是谁?”（英文“who am I”，简称 WAI）这样的问题自问自答，因其形式上是自由书写 20 种回答，故也被称为二十句测验（Twenty Statements Test）。WAI 法始于 20 世纪 50 年代（Kuhn & McPartland，1954），以“我”字开头的 20 空行，并印有 1 至 20 的序号，要求被试针对“我是谁”这样的问题，用 20 种相异的回答，说明头脑中浮现的关于自己的想法。

黄希庭曾对 76 名大学生（其中男 42 名，女 34 名）做了有关 WAI 的实验[6]。其具体实施程序如下：①WAI 测试。向被试团体或个人发放 WAI 问卷，要求被试按指导语的说明完成。被试用时约 18 分钟。②WAI 反应的分类。将被试的 20 种回答一一制成卡片。在 WAI 测试约一周后，要求被试对其"涉及你好些方面"的 20 张卡片自然地进行分类，并说明"不要全部归为一组，也不要一一分散分组"。被试用时约 10 分钟。③WAI 反应的重要性排序。分类约一个月后(较长的间隔以消除分类的影响)，再行返回卡片，要求被试先将卡片分为重要的与不重要的两类各 10 张，再对重要的 10 张按相对重要性排序。被试用时约 15 分钟。表 2-3 显示了某被试的排序结果。

表 2-3　大学生的回答与分类及重要性排序结果

————第 1 组————	————第 3 组————
1 我是个大学生。	4 我奉行学就学得认真、玩就玩个痛快的主张。
2 我是一个还未独立的人。	8 我喜欢大有规范、小有灵活的生活节奏。
# 我是个女孩。	# 我无法理解不叠被、不喜欢整齐的女孩。
# 我是爸爸妈妈的包袱。	————第 4 组————
# 我是爸爸妈妈的希望。	6 我是个性格开朗但脾气古怪的人。
————第 2 组————	# 我是个喜欢无缘无故发火的人。
7 我愿意和别人交朋友。	# 我喜欢自主行动。
9 我爱看杂文及有哲理性的文章。	# 我喜欢在思想上依赖别人，但行动不愿受人支配。
10 我喜欢实践工作，不喜欢理论。	# 我顾虑太多，有时自己做的事自己都不理解。
#我喜欢玩。	————第 5 组————
#我不喜欢抒情散文。	3 我希望丰富自己的知识。
	————第 6 组————
	5 我是个凭良心做事的人。

(注：#被先行列为不重要的回答。)

黄希庭等人的调查结果表明，全部 76 名被试共得 1767 个分析单元，每个平均反应 23.25 个。由表 2-4 可见，全部反应可分为社会认同、个人属性和我他关系三大类，属下可得 41 小类，另有少量反应无法登录。从各类反应所占比例看，在被试的自我意识成分中主要是个人属性，其中又以偏好、性格、情绪和愿望等项为最；我他关系也是一个重要的方面，且主要反映在一般的人际关系上；至于社会认同则所占比例甚低，只是自我意识中属于少数的非重要部分。这反映出被试是以看重个人内在特质和独特性来界定自己的。

表 2-4　大学生回答的分类及其典型例句与出现频率

反应类别	典型例句	反应次数	
		N	%
社会认同		102	5.77
自我参照	我就是我；我叫×××；我是个大学生；	15	0.85
学校(专业)	我是学物理学的	36	2.04
年龄	我今年 20 出头	5	2.83
性别	我是个女孩；我是个男人	16	0.91
籍贯(国籍)	我出生在吉林；我是中国人	17	0.96
种族(民族)	我是有灵有肉的人；我是少数民族	13	0.74
个人属性		1196	67.69
经历(背景)	我补习过才考上大学；我出身贫寒	33	1.87
容貌(身份)	我相貌平平；我身材适中	17	0.96
健康	我身体健康	7	0.40
偏好	我对书法有兴趣；我喜欢体育运动	204	11.54
道德	我很善良	76	4.30
情绪	我心情愉快	125	7.07
性格	我是个不喜欢表现自己的人	149	8.43
能力	我动手操作能力强	43	2.43
习惯	我习惯早睡早起	21	1.19
自制性	我能控制自己；我缺乏恒心	73	4.13
自主(依赖)性	我有主见；我思想上依赖别人	55	3.11
现实(幻想)性	我考虑问题很实在；我好幻想	33	1.87
成熟(幼稚)	我还不成熟，行为幼稚可笑	10	0.57
单纯(世故)	我遇事不多，很单纯	14	0.79
自信(自卑)心	我对自己有信心；我很自卑	40	2.26
自尊(好胜)心	我自尊心强，不堪失败	34	1.92
优缺点	我的优点是建立在众多缺点的基础上的	16	0.91
愿望(志向)	我希望丰富自己的知识	107	6.06
(价值)观念	我越来越相信那些所谓的迷信	55	3.11
心理痼疾	我是有心理障碍的人	11	0.62
自我认知	我不了解自己	30	1.70
自我封闭(开放)	我很封闭自己；我的一切都写在脸上	12	0.68
自我矛盾(困惑)	我是个内心充满矛盾的人	31	1.75

续表

反应类别	典型例句	反应次数	
		N	%
我他关系		452	25.58
与社会	我对社会缺乏心理准备	14	0.79
与家庭(父母)	我很爱我的家人;我是爸爸妈妈的希望	41	2.32
与班级(同学)	我不喜欢我们班上的某些人	19	1.08
与朋友	我有很多朋友	40	2.26
与异性	我不和女生(异性)开玩笑	43	2.43
与教师	我是最易被老师记住的人	2	0.11
与不特定人	我是一个想被人重视的人	161	9.11
与学业	我的学习成绩不理想	55	3.11
与人生(生活)	我喜欢大有规范、小有灵活的生活节奏	34	1.92
与金钱	我花钱很节俭	4	0.23
与时间	我需要时间	18	1.02
镜像自我	我是个无名小辈	21	1.19
无法登录之反应	我是能拯救自己的人;我的出身是注定的	17	0.96

参考文献

[1] 黄晓京.符号互动理论——库利、米德、布鲁默[J].国外社会科学,1984(12).

[2] 李百珍,等.完善自我:积极自我意识的培养[M].北京:科学普及出版社,2006.

[3] 贝姆的自我知觉理论[EB/OL].http://wiki.mbalib.com/wiki%E8%B4%9D%E5%A7%86%E7%9A%84%E8%87%AA%E6%88%91%E7%9F%A5%E8%A7%89%E7%90%86%E8%AE%BA

[4] 哈维格斯特的发展课题论[EB/OL].http://media.open.com.cn/zhijiao/xinlijkfdy/2qinshaonxlx/online_learning/chapter2_section2_3.htm

[5] [美]吉拉德·伊根(Egan,G.).心理助人技能练习[M].8版.郑维廉,译.上海:上海教育出版社,2008.

[6] 黄希庭.心理学导论[M].2版.北京:人民教育出版社,2007.

第三章 塑造健全人格 展现人生魅力

——大学生人格发展与心理健康

人格像一棵树,而名声就像树影,我们往往以为树影就像树的样子,其实唯有树身才是真实的。

——(美国)林肯

蝎子的"本性"

法国作家让·吉罗杜说过这样一段话:从我们的幼年开始,每个人身上就编织了一件无形的外衣,它渗透于我们吃饭、走路以及待人接物的方式之中。这件外衣就是我们的人格。

从前,有一个地方住着一只蝎子和一只青蛙。一天,蝎子想过一条大河,但它不会游泳,于是就央求青蛙道:"亲爱的青蛙先生,你能载我过河吗?"

"当然可以,"青蛙回答道,"但是,我怕你会在途中蛰我,所以,我拒绝载你过河。"

"不会的,"蝎子说,"我为什么要蛰你呢?蛰你对我没有任何好处,你死了我也会被淹死。"

虽然青蛙知道蝎子有蜇人的习惯,但又觉得它的话有道理,它想,也许这一次它不会蛰我。于是,青蛙答应载蝎子过河。青蛙将蝎子驮到背上,开始横渡大河。就在青蛙游到大河中央的时候,蝎子实在忍不住了,突然弯起尾巴蛰了青蛙一下。青蛙开始往下沉,它大声质问蝎子:"你为什么要蛰我呢?蛰我对你没有任何好处,我死了你也会沉到河底。"

"我知道,"蝎子一面下沉一面说,"但我是蝎子,蜇人是我的本性,所以我必须蛰你。"说完,蝎子沉到了河底。

正如上面的故事,蜇人是蝎子的"本性",而我们每个人都有自己长时间形成、很难改变的"本性",即我们的"人格"。

(引自路西:《世界上最经典的心理学故事大全集》,中国华侨出版社,2011年,第25页。)

那么，什么是人格呢？大学生常见的人格缺陷有哪些？大学生应当如何才能发展自己健全的人格？下面便是我们要逐一展开的内容。

第一节　人格概述

一、人格的含义

人格一词源于拉丁语 Persona，原指古希腊罗马时期演员在舞台上表演时所戴的面具。心理学借用了这个词汇，使之成为一个专门的术语，用来说明人们在人生舞台上各自扮演的角色及其不同于他人的精神面貌。把人格喻为面具，是非常贴切同时又是非常耐人寻味的，它包含了两层含义：一是每个人在生活中的种种行为就像舞台表演中的种种行为一样；二是在这个面具下隐藏着真实的自我。

心理学中的人格是指构成一个人的思想、情感及行为的特有统合模式，是相对稳定、具有独特倾向性的心理特征的总和。

二、人格的特征

（一）人格的独特性

在现实生活中，有的人外向开朗，有的人内向腼腆；有的人健谈幽默，有的人沉默寡言；有的人豪爽果敢，有的人优柔谨慎；有的人冲动急躁，有的人理智沉稳。我们经常所说的“人心不同，各如其面”，就是指人格具有鲜明的个体特征，人格的差异铸就了个体千差万别、千姿百态的心理面貌。个体的人格是在遗传、成长环境及教育等先、后天多种因素交互作用下形成的。不同的遗传、生存及教育环境，会促成个体形成各自独特的心理特点。如勇敢这一人格特质，在一个于缺乏父母爱护的家庭中成长的孩子身上，极易表现为争斗；而在一个于民主型家庭中成长的孩子身上，则易表现为见义勇为。

（二）人格的稳定性

就像开篇案例中的蝎子忍不住要蛰一下青蛙，它所表现出来的就是人格的稳定性。人格的稳定性指的是对外界环境的稳定态度和习惯化了的行为方式，个体在行为中偶然表现出来的心理倾向和心理特征并不能代表其整体人格。俗话说，“江山易改，本性难移”，这里的“本性”就是指人格。当然，强调人格的稳定性并不意味着它在人的一生中是一成不变的，随着生理的成熟和环境的变化，人格也有可能产生或多或少的变化，这是人格可塑性的一面，正因为人格具有可塑性，才有可能培养和发展健康的人格。人格是稳定性和可塑性的统一。

(三)人格的统合性

人格不是人格特质的简单堆砌，而是一个整体、一个系统，即人格具有统合性。人格是由多种成分构成的一个有机整体，具有内在统一的一致性，受自我意识的调控。人格统合性是心理健康的重要指标。当一个人的人格结构在各方面彼此和谐统一时，他的人格就是健康的；否则，就可能出现适应困难，甚至出现人格分裂。

(四)人格的功能性

人格决定了一个人的生活方式，甚至能决定一个人的命运，因而是决定人生成败的关键因素之一。当面对挫折与失败时，坚持者能奋发拼搏，懦弱者会一蹶不振，这就是人格功能的表现。

三、人格的结构

(一)气质

气质是表现在心理活动的强度、速度、灵活性与指向性等方面的一种稳定的心理特征，即我们平时所说的脾气、秉性。气质是人与生俱来的一种先天的自然禀赋，是人格形成的原始材料之一。人格的形成不可能离开气质，它不仅表现在一个人的情绪活动中，而且也表现在包括智力活动等在内的各种心理活动之中，它仿佛是个人的全部心理活动都浸染的独特色彩。气质与人格的区别在于，人格的形成除了气质、体质等先天禀赋作为基础外，社会环境的影响还起着近乎决定性的作用。

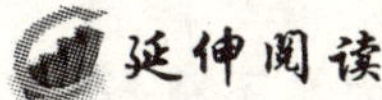
延伸阅读

截然不同的双胞胎兄弟——气质

有一对双胞胎兄弟，哥哥非常乐观，弟弟却出奇的悲观。

某一天，他们的父亲对他们进行“性格改造”。于是，他把那个乐观的哥哥锁进了一间堆满马粪的房间里，把悲观的弟弟锁进了一间放满精美玩具的房间里。

过了一个小时以后，那位父亲走进悲观孩子的房间里，发现他坐在一个角落里，一把鼻涕一把眼泪地伤心哭泣着。父亲看到悲观的孩子泣不成声，觉得很奇怪，便问：“你哭什么啊？为什么不去玩那玩具呢？”“我是很想玩的，可是我要是玩的话，它们会被我玩坏了。”孩子难过地说。

当父亲走进乐观孩子的房间时，发现孩子正在兴奋地用一把小铲子挖着马粪，把散乱的马粪铲得干干净净。看到父亲来了，乐观的孩子高兴地叫道："看，这里有这么多马粪，附近肯定有一匹漂亮的小马，我要为它清理出一块干净的地方来！这样我们兴许会成为很好的朋友，您说这是不是棒极了？"

（引自路西：《世界上最经典的心理学故事大全集》，中国华侨出版社，2011年，第26页。）

一对双胞胎兄弟为什么会有这么大的差别呢？其实，那只是因为他们的气质不同。

被西方尊为"医学之父"的古希腊著名医生希波克拉底（公元前460—公元前377）很早就观察到人有不同的气质，他提出"体液学说"，即认为人体内有4种体液：血液、粘液、黄胆汁和黑胆汁。希波克拉底根据人体内的这4种体液的不同配合比例，将人的气质划分为4种不同的类型：①多血质：体液中血液占优势；②粘液质：体液中粘液占优势；③胆汁质：体液中黄胆汁占优势；④抑郁质：体液中黑胆汁占优势。

为了让大家更为深刻地区分这4种气质，我们将以一个小故事形象地描述在同一情境中4种不同气质类型的人的不同表现。

延伸阅读

4个不同气质类型的人去剧院看戏，同时迟到了。检票员把他们拦在门口，告诉他们不能进入，只有等到这一幕结束，幕间休息时才能进入。

多血质的人面对这样的情形，立刻明白检票员是不会让他进去的，但他猜楼上可能有小门，就跑到楼上看看能不能从小门进去。

粘液质的人看到检票员不让他进入戏院，就想："第一场大概不精彩吧！我还是暂时到小卖部喝茶，等幕间休息再来吧！"

胆汁质的人与检票员吵了起来，企图进入剧院，他争辩说戏院的表走快了，他进去不会影响到别人，并且企图推开检票员闯进剧院。

抑郁质的人则想："我老是不走运，偶尔来一次戏院，就这么倒霉。"接着就回家去了。

（引自包陶迅：《现代生活与心理健康》，辽宁教育出版社，2012年，第161页。）

通过这个故事，我们很容易便能归纳出前述4种气质的人各自具有的典型特征。

多血质:灵活性高,易于适应环境变化,善于交际,在工作、学习中精力充沛,且效率高;对什么都感兴趣,但情感、兴趣易于变化;有些投机取巧,易骄傲,受不了一成不变的生活。

粘液质:反应比较缓慢,坚持而稳定地辛勤工作;动作缓慢而沉着,能克制冲动,严格恪守既定的工作制度和生活秩序;情绪不易激动,也不易流露感情;自制力强,不爱显露自己的才能;固定性有余而灵活性不足。

胆汁质:情绪易激动,反应迅速,行动敏捷,暴躁而有力;性急,有一种强烈而迅速燃烧的热情,不能自制;在克服困难上有坚忍不拔的劲头,但不善于考虑能否做到;工作有明显的周期性,能以极大的热情投身于事业,也准备克服且正在克服通向目标的重重困难和障碍,但当精力消耗殆尽时,便会失去信心,情绪顿时转为沮丧而一事无成。

抑郁质:具有高度的情绪易感性,主观上把很弱的刺激当做强作用来感受,常为微不足道的琐事动感情,且有力而持久;行动表现上迟缓,有些孤僻;遇到困难时优柔寡断,面临危险时极度恐惧。

(二)性格

性格是一种与社会相关最密切的人格特征,在性格中包含有许多社会道德含义。有人把性格定义为个人的品行道德风格,它是人格结构的一个重要组成部分,是个人有关社会规范、伦理道德方面的各种习性的总称,是不易改变的、稳定的心理品质,如诚实、坚贞、奸险、乖戾等,可作善恶、好坏、是非等价值评价。性格包含于人格之中,它是人格结构中的一个主要成分。

案例再现

同处一室的不同性格者

大二的小李曾这样描述自己寝室的情况:一共四个人,老大很强势,说话大大咧咧,但很会逗人开心,寝室的人和班上的很多同学都喜欢他,他到哪里都会成为焦点;老二很稳重,学习很刻苦,每天很早起床,然后跑步、晨读、上课、吃饭、去图书馆看书,不怎么会开玩笑,难得见他一笑,做事情一丝不苟,是那种绝不欠别人一块钱的人;老三是那种典型的"富二代",爱睡懒觉、打电脑游戏、经常逃课,几乎每周都出去"K歌",和别人一起吃饭总是他买单,有很多朋友,他和老大关系最好;而我呢,似乎是个另类,家里经济条件很一般,肯定不会像老三那么大方,但也不像老二那么较真,又做不到像老大那么有魅力,事实上我只是一个中规中矩的人,学习成绩也中等,不怎么逃课,也不怎么玩电脑游戏，想看书又坚持不下来……寝室四个成员各有自己的特点，老大外向强势、老二内向认真、老三大方贪玩、我中规中矩。

案例解析：

这个案例里讲述的一个寝室中的四个室友之所以差别这么大，就是因为性格的不同。大千世界的人形形色色，没有任何两个人的性格会完全相同。比如寝室里的老大招人喜欢、是众人的焦点，老二努力刻苦、坚持不懈，老三出手阔绰、潇洒自在，“我”则中规中矩。既然我们理解了人和人本来就不同，我们就应该敞开心胸，不必强求别人和自己一样。且性格是在社会实践中逐渐形成的，一经形成便比较稳定，就像上面例子中的“我”，想要像老大那样招人喜欢、成为众人的焦点，或者像老二那样努力刻苦、坚持不懈，抑或是像老三那样出手阔绰、潇洒自在，似乎都比较困难，这就是性格的稳定性。

性格与气质都是构成人格的重要因素，二者相互渗透、相互影响、彼此制约。所不同的是，性格是人格中涉及社会评价的部分，更多地受到社会环境的影响，体现了人格的社会属性，反映了社会文化的内涵，即性格具有社会评价的意义，有好坏之分；而气质更多地受生理上和心理上的特点制约，虽然在后天的环境影响下也有所改变，但与性格相比，它更具有先天性、稳定性，变化比较缓慢。个体之间的人格差异的核心是性格的差异。

四、人格类型

(一)荣格的人格类型学说

荣格认为，在与周围世界发生联系时，人的心灵一般有两种指向(定势)。一种指向个体内在世界，即内倾；另一种指向外部世界，即外倾。内倾者的性格是安静的、富于想象的、爱思考的、退缩的、害羞的和防御性的，对人的兴趣漠然；外倾者则爱交际、好外出、坦率、随和、乐于助人、轻信和易于适应环境。

同时，人思考问题有四种方式：①感觉：指明事物存在于什么地方，但不说明它是什么东西；②思维：指明感觉到的客观物体为何物，并给它命名；③情感：反映事物是否可为个体所接受，决定事物对个体有何价值，与喜欢和厌恶有关；④直觉：在没有理性思维介入的前提下，对对象事物作出直接的推断。

根据上述两种态度和四种思想功能的组合，荣格提出了八种人格类型。

思维外倾型：按固定规则行事，客观冷静；善于思考，但固执己见；感情受压抑。

情感外倾型：极易动感情，外界的细小变化都可能导致情绪波动，多愁善感；寻求与外界的和谐，爱交际；思维受压抑。

感觉外倾型：寻求享乐，无忧无虑，社会适应性强；不断追求新异感觉经验，情感浅薄，沉溺于各种嗜好；直觉受压抑。

直觉外倾型：做决定不是根据事实，而是凭预感，异想天开；喜怒无常，好改变主意，富于创造性，对自己许多潜意识的东西了解很多；感觉受压抑。

思维内倾型：离群索居，沉溺于幻想；缺乏实际判断力，社会适应性差；智力高，但忽视日常实际生活；情感受压抑。

情感内倾型：安静，有思想，感觉敏感；情感深藏在内心，沉默寡言，态度既随和又冷淡，属于那种所谓“水静则深”的人；思维受压抑。

感觉内倾型：沉浸于自己的主观感觉之中，对外部世界淡漠寡味，了无兴趣，不关心人类事业，只顾身旁刚发生的东西；直觉受压抑。

直觉内倾型：偏执且喜欢做白日梦，观点新颖但稀奇古怪，苦思冥想，很少为人理解，但不为此烦恼，以内部经验指导生活。

荣格的心理类型划分理论引发了美国心理学者 Briggs 和 Myers 的注意，他们据此设计开发出一套人格测查的工具 MBTI。MBTI 共有 93 个条目，采取自陈式问答的方式。为了辨识个体偏好上的差异，在每个对应的种类问题中，都可以找到细微的差异。并且，所有条目都是采取迫选的方式。这种方式使得被测试者在两种相近的喜好或是两种相似的精神类型中必须选择出其中一个，决定在很相似的两类比较之下他会更喜欢哪一个。通过这样的手段，我们就可以更清楚地得到想要的结果，从而进行更细致的划分。MBTI 广泛应用于人才测评领域。

(二)艾森克的特质理论

艾森克认为，人格结构可以分为四个层次和三个维度。四个层次是类型、特质、习惯反应和特殊反应四级，即人格层次的四个模块。特殊反应是个体对一次实验性试验的反应或在日常生活中所表现出来的一些最基本的“个别反应”，这种反应只经过一次，可能是个体特征，也可能不是个体特征。习惯反应是在相同环境中导致再次发生的特定反应，即相同的实验情境和相同生活情境中所产生的相同特质。特质是在观察一些不同习惯反应而具有共同联系的基础上得出的。类型则是在观察一些不同特质而有共同联系的基础上得出的。类型最抽象，其次是特质，再其次是习惯，而特殊反应则是现实生活中千姿百态的人的个别反应。

三个维度即指外倾—内倾、神经质—稳定性和精神质—超我机能。每个人在这些维度上都有不同程度的表现，而极少有单纯类型的人。例如某人可能表现得非常外倾，有些神经质和极少精神质；而另一个人则表现出极少外倾，有些神经质和较高精神质。大多数人的人格特征在人格维度的平均值范围内，处于16%～84%，很少有人落于两个极端。

三个维度的典型行为特征如下。

外倾—内倾：是人类性格的基本类型。外倾的人不易受周围环境影响，难以形成条件反射，具有情绪冲动和难以控制、爱交际、喜社交、渴求刺激、冒险、粗心大意和爱发脾气等特点。内倾的人易受周围环境影响，容易形成条件反射，情绪稳定，好静、不爱社交、冷淡、不喜欢刺激、深思熟虑，喜欢有秩序的生活和工作，极少发脾气等特点。

神经质—稳定性：这一维度表明从异常到正常的连续特质，情绪不稳定的人表现为高焦虑。这种人喜怒无常，容易激动。情绪稳定的人，情绪反应轻微而缓慢，并且容易恢复平静，不易焦虑，稳重温和，容易自我克制。

精神质—超我机能：这一维度表明从异常到正常的连续特质，高分精神质者具有倔强固执、凶残强横和铁石心肠等特点，这种人有强烈愚弄和惊扰他人的需求。低分精神质者具有温柔善良的特点。

艾森克设计的人格问卷(EPQ)是测定人格维度的自陈量表。经过多年发展增订，1957年确定命名为EPQ，分为成人及幼年两种形式。EPQ包括4个量表，共88个问题，主要测量E(外内倾)、N(神经质)、P(精神质)、L(掩饰)四维。

艾森克的三个人格维度不但经过许多数学统计的和行为观察方面的分析，而且也得到多种实验室内心理学实验的考察，被广泛应用于医学、司法、教育等领域，适合各种人群测试。

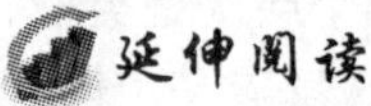

延伸阅读

气质类型测验[1-2]

每个人的气质类型各不相同，你想知道你是什么气质的吗？下面的气质类型测验有60个题目，请你按照自己的真实情况作答，回答没有对错好坏之分。

完全一致(或完全赞成、完全符合等，2分)；比较一致(1分)；一致与不一致之间(0分)；不太一致(－1分)；很不一致(－2分)。

注意：做题时，不要累计加分，每题记每题得分。

1. 做事力求稳妥，不做无把握的事。

2. 遇到使你生气的事就怒不可遏。

3. 宁肯一人干事，不愿意和很多人在一起。
4. 到一个新环境很快就能适应。
5. 厌恶那些强烈的刺激，如尖叫、噪音、危险镜头等。
6. 和人争吵时，总想先发制人，喜欢挑衅。
7. 喜欢安静的环境。
8. 善于和人交往。
9. 羡慕那些善于克制自己感情的人。
10. 生活有规律，很少违反作息制度。
11. 在多数情况下情绪是乐观的。
12. 碰到陌生人觉得很拘束。
13. 遇到令人气愤的事，能很好地自我克制。
14. 做事总是有旺盛的精力。
15. 遇到问题常常举棋不定，优柔寡断。
16. 在人群中不会过分拘束。
17. 情绪高涨时，觉得做什么都有趣；情绪低落时，又觉得干什么都没意思。
18. 当注意力集中于一件事物时，别的事很难放到心上。
19. 理解问题总比别人快。
20. 碰到危险情况时，有极度恐怖感。
21. 对工作、学习、事业有很高的热情。
22. 能够长时间做枯燥、单调的工作。
23. 符合兴趣的事，干起来劲头十足，否则就不想干。
24. 一点小事就能引起情绪波动。
25. 讨厌那种需要耐心细致的工作。
26. 与人交往不卑不亢。
27. 喜欢热烈的活动。
28. 喜看感情细腻的描写人物内心活动的文学作品。
29. 工作学习时间长了，常感到厌倦。
30. 不喜欢长时间谈论一个问题，愿意实际动手干。
31. 宁愿侃侃而谈，不愿窃窃私语。
32. 别人说我总是闷闷不乐。
33. 理解问题常比别人慢。
34. 疲倦时只要短暂地休息就能精神抖擞，重新投入工作。
35. 心里有话宁愿自己想，不愿说出来。

36. 认准一个目标就希望尽快实现，不达目的，誓不罢休。
37. 学习工作一段时间后，常比别人更困倦。
38. 做事有些鲁莽，常常不考虑后果。
39. 老师讲授新知识时，总希望讲解慢些，多重复几遍。
40. 能够很快地忘记那些不愉快的事情。
41. 做作业或完成一项工作总比别人花的时间多。
42. 喜欢运动量大的剧烈体育活动，也喜欢参加多种文艺活动。
43. 不能很快地把注意力从一件事情转移到另一件事情上去。
44. 接受一个新任务后，就希望把它迅速解决。
45. 认为墨守成规比冒险强些。
46. 能够同时注意几件事物。
47. 当我烦闷的时候，别人很难使我高兴起来。
48. 爱看情节起伏跌宕、激动人心的小说。
49. 对工作认真、严谨，持始终一贯的态度。
50. 喜欢复习学过的知识，重复做已经掌握的工作。
51. 和周围的人的关系总是相处得不好。
52. 喜欢变化大、花样多的工作。
53. 小的时候会背的诗歌，长大了我也比别人记得更清楚。
54. 别人说我“出语伤人”，自己并不觉得这样。
55. 在体育活动中，常因反应慢而落后。
56. 反应敏捷，头脑机智。
57. 喜欢有条理而不甚麻烦的工作。
58. 兴奋的事情常使我失眠。
59. 老师讲的新概念，我常常听不懂。
60. 假如工作枯燥无味，马上就会情绪低落。

评分标准：

气质类型量表评分标准

典型气质类型得分表	题号	总分
胆汁质	2 6 9 14 17 21 27 31 36 38 42 48 50 54 58	
多血质	4 8 11 16 19 23 25 29 34 40 44 46 52 56 60	
粘液质	1 7 10 13 18 22 26 30 33 39 43 45 49 55 57	
抑郁质	3 5 12 15 20 24 28 32 35 37 41 47 51 53 59	

气质类型的诊断：

多血质：多血质一栏超过20分，其他三栏得分均较低，为典型多血质。多血质一栏得分在10～20分，其他三栏得分较低，为一般多血质。

胆汁质：胆汁质一栏得分最多，其他三栏相对较低。

粘液质：粘液质一栏得分最多，其他三栏相对较低。

抑郁质：抑郁质一栏得分相对较高，其他三栏相对较低。

混合气质：其中两栏得分显著超过另外两栏，而且分数比较接近。如胆粘、血胆、血粘、粘抑等，为两种气质的混合。

如有一栏得分较低，其他三栏相差不大，则为三种气质混合型。

第二节　大学生常见的人格缺陷与调节

一、大学生常见的人格缺陷

大学时代既是学习、掌握知识的黄金时代，也是人格发展的重要阶段。但大学生在人格发展中，会受到诸多因素的影响，可能会出现一系列的问题，甚至造成人格障碍。

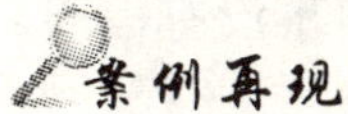

浑浑噩噩的大学生活

启明是机电学院大三的学生，现已经“挂科”四门，对此，学校已经给予其警告。最近启明经常旷课，上周只上了两节课，其余时间都是在寝室里上网或者睡觉。启明好像对所有的事情都没有热情，提不起兴趣。寝室同学聊八卦也没兴趣，上课也不听讲，不想学习。仔细想想，启明几乎所有的时间都花在上网和睡觉上。每天至少要睡到十一点多，醒了就是开电脑。上网也就是玩玩“英雄杀”，看看“QQ空间”里别人的更新，逛逛“淘宝”。要么就是拿着手机躺在床上，玩游戏、看电视剧，一躺就是一整天，后半夜两三点睡觉。启明每天头脑昏昏沉沉的，现在感觉就是离不开电脑，虽然上网也没有什么可做的。启明还很懒散，比如他吃饭经常都是同学带，有时寝室没有人带饭了，自己又懒得买，他就干脆不吃饭继续睡觉。其实这样生活启明也不快乐，但除了这些，启明什么都不想做。

其实，刚上大学的启明也是有目标的，比如大学期间过英语四六级、拿奖学金、入党、参加“挑战杯”大赛等，也曾对未来充满了憧憬。可是，启明只有心动没有行动。他总是看别人成功时幻想自己也会一样，有时自己也订了计划，但是坚持不了多久就放弃了。过着浑浑噩噩的日子时，他的心里又会有一种负罪感。

(一)无聊

大学生从高中进入大学，相较于高中的紧张氛围，大学里有充足的时间由学生自己支配，从而让自己度过一段充实的大学生活。然而，有些大学生会抱怨自己的大学生活很无聊、空虚，感觉不到自我存在的意义与人生的价值，上述案例中的启明就是最好的例证。启明的无聊、空虚是因为没有目标或定了目标却不能践行，一旦失去目标的牵引，生活就没有了动力，就会出现茫茫然混日子的现象。启明在空虚无聊的同时还爱幻想，他在对自己浑浑噩噩的生活状态不满意时看到别人成功却又幻想着自己也是成功的，深究其原因，他这是对责任的恐惧和逃避。

(二)懒散

懒散是指一种慵懒、闲散、拖拉、疲沓、松垮的生存状态。懒散的主要表现在启明身上得到充分体现：什么也不想做，没有计划，随波逐流；无法将精力集中在学业中，无法做自己喜欢的事，百无聊赖，心情不爽，情绪不佳，犹豫不决，顾此失彼，做事磨蹭；还常为自己的懒散寻求合适的解释，做事一误再误，无休止地拖延下去，虽下决心改正，但不能自拔，不接受教训，对任何事没有信心，没有欲望。

(三)退缩与偏狭

退缩是指在困难面前表现出怯懦与畏难的心理恐惧、选择逃避与后退。主要表现是：在困难面前缺乏勇气和信心，不表明自己的态度，不敢承担责任，回避困难，逃避责任等。偏狭是人们常常说的“小心眼”，主要表现为心胸狭窄，耿耿于怀，挑剔、嫉妒。偏狭是一种有百害而无一利的人格特征。偏狭人格多出现在性格内向者身上，尤其是女性。个案中的启明对自己的现状不满意，却宁愿忍受痛苦而不主动去改变。看到别人成功时，他心中不是不羡慕的，但只是羡慕，却没有行动，在困难面前选择了退缩。

(四)虚荣与嫉妒

虚荣是指过分看重荣誉和他人的赞许，自以为是。虚荣心往往与自尊心、自卑感紧紧相连。没有自尊心，就没有虚荣心，也就没有自卑感。虚荣心是自尊心与自卑感的混合产物。虚荣心强的人一般性格内向，情感脆弱，自尊而敏感，虽然有些自卑，又担心别人伤害自己的尊严，过分介意别人的评论与批评，与人交往的防范性强，喜欢抬高自己的形象，他们捍卫的是虚假的、脆弱的自我。虚荣与嫉妒常常相伴出现在大学生的生活中，嫉妒往往伴随我们常说的“酸葡萄心理”，嫉妒的人很容易眼红别人，见不得别人比自己优秀，看到别人比自己优秀时，心里很不是滋味，甚至会采取攻击性行为。

（五）孤僻人格

孤僻，俗称不合群。一般有两种表现形式，一种是喜欢安静、独处，不好交往、不善言谈的性格表现。形成的原因多为不谙人事，缺少沟通交流的意识和能力，缺乏与他人进行思想、感情、言语的交流，将自我封闭起来与所处环境相隔绝。如有的大学生，大学四年很少和别人说话，甚至和同寝室住了四年的室友也很少谈话，每天都是一个人上课、看书、吃饭，几乎不参加任何班级活动，也不参加任何社团活动，独来独往，几乎没有朋友，是典型的“独行侠”。由于与同学缺乏交流，其内心充满孤独感和寂寞感。另一种表现为孤芳自赏、自命清高，似乎万人皆醉我独醒、不屑于与他人交往。即使有时想“迁就”一下，“屈驾”、“俯就”他人，也显得极不自然。

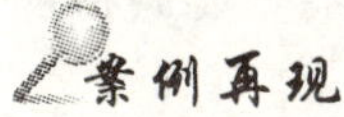

案例再现

孤独的公主

微微才貌双全，能歌善舞，在家中一向被视为父母的掌上明珠。进入大学后，能力超群的她很快便被辅导员任命为班干部，管理班级日常事务。不知不觉中她感觉自己能力无人可及，变得妄自尊大，目空一切，和同学之间的矛盾也日益凸显。在大二新学期开学初班级组建新班委前，辅导员向她征询有关几个候选人的意见时，她不是摇头就是撇嘴，说这个组织能力不强，那个语言表达水平差，全班同学竟没有一个人能让她看上眼的。她这样自高自大，引起同学们的普遍反感，最后在班干部投票选举时，她竟然以低票落选。面对这一结果，微微不能理解，更不能接受，痛哭流涕。

后来，微微对为什么会出现这样的结果进行反思，认识到是因为自己太自负，自负心理让她觉得自己了不起，且容不得别人超过自己。在这种自我概念的支配下，所以她越来越以自我为中心、自以为是，和周围同学的距离也就越来越远，久而久之自己的行为不被周围环境和他人所接受与认可，并引起了周围同学的反感与不满。

（六）自卑与完美主义人格

自卑是由不适当的自我评价所引起的自我否定、自我拒绝的心态。奥地利心理学家阿德勒认为，人容易因在幼年时期体验到的渺小感和无助感而产生自卑情结，并且能够延续下来。在个人成长过程中，由于各种主客观因素交互作用，这种自卑情结在某些人身上被重新唤起，就逐渐形成了自卑人格。

具有自卑人格的人，常常会因低估自己的能力而舍弃合理的竞争，从而在大学期间失去了许多表现的机会和得到肯定的机会。我们有些大四的同学，看到其他同学拿着一堆大学期间获奖的证书去参加职业应聘，非常羡慕，就很后悔自己大学四年里轻易地放弃了很多机会。可见，我们可以有适度的自卑，但不能放弃尝试和行动。

完美主义是一种稳定的追求高标准的人格特质。完美主义者力求尽善尽美地完成任务并伴随批判性的自我评价倾向。完美主义者所追求的通常又是脱离了现实的"理想我"状态。

自卑和完美主义是密切相关的。通常，完美主义人格的人，会对自己严格要求，给自己设定很高的标准，力求事事达到完美、表现得比别人优秀。如果达不到完美的要求，就会开始否定自己，认为自己是很差的、一无是处，出现自卑心理。完美主义人格的人常有强迫倾向，明明知道有些事情不需要做得那么完美无缺，但就是无法控制，无止境地自查、修正、完善。

不少心理学家研究了自卑与完美主义的积极方面，阿德勒(1956)认为自卑能激发主体超越自我的动力，能催人上进；追求优越或完美也是人发展的内在动力，是克服劣势需要的反映。但是消极的完美主义是追求过高的标准，积极的完美主义则是追求合理的、现实的标准，并从中获得满足和自尊。调整自卑人格，需要学习正性、客观地评价自己，接受自己的不足。

二、大学生易出现的人格障碍

(一)偏执型人格

偏执型人格又叫妄想型人格，指以极其顽固地固执己见为典型特征的一类变态人格，表现为对自己的过分关心，自我评价过高，常把挫折的原因归咎于他人或者推诿为客观原因所致。

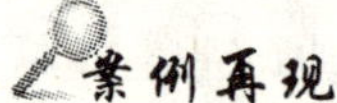

为何如此多疑

某大三男生，24岁，在外面开有公司，并靠自己赚的钱买了房子。半年多来，他经常失眠，晚上要开着灯或者电视才能入睡；对公司的下属要求很严格，不信任他们，觉得他们只是为了赚工资，早晚有一天会背叛自己；对女朋友也是如此，经常怀疑她会背叛自己，其实两人是高中同学，感情非常好。

偏执型人格的人常表现为对周围的人或事物敏感、多疑、不信任，容易把别人的好意当恶意；经常无端怀疑别人要伤害、欺骗或利用自己，或认为别人有针对自己的阴谋，因此过分警惕与抱有敌意；遇挫折或失败时，则埋怨、怪罪他人，推诿于客观原因，强调自己有理，夸大对方的缺点或失误，易与他人争辩、抗争；常有病理性嫉妒观念，怀疑恋人有新欢或伴侣不忠；易记恨，对自认为受到轻视、侮辱、不公平待遇等耿耿于怀，引起强烈的敌意，常有回击、报复之心；易感委屈，评价自己过高，自命不凡；总感自己怀才不遇、不被重视、受压制、被迫害，甚至上告、上访，不达目的不肯罢休。偏执型人格的人对他人的过错很难宽容，固执地追求不合理的利益或权力；忽视或不相信与其想法不符的客观证据，因此很难以说理或用事实来改变其想法。

偏执型人格形成的原因可能有：童年生活缺乏关爱，不被信任、常被拒绝、经常被指责和否定；成长中受到过很多打击和挫折；自我要求过高，又不能达成自己的标准；某些异常的处境也使人偏执，如家庭不幸的人拒绝谈论家庭、怕人知道自己的情况。

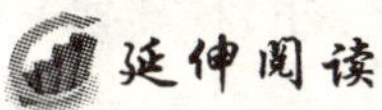延伸阅读

《DSM-Ⅳ-TR》对偏执型人格障碍的诊断标准

(1)过分敏感。无充分依据就预期自己会招人伤害和摧残。

(2)疑心重。未经证实便怀疑朋友或同事的忠诚与诚实。

(3)嫉妒心强。从温和的评论和普通的事件中，看出的往往是羞辱与威胁的倾向。

(4)认知能力不强。对嘲笑与羞辱绝不宽恕。

(5)不愿信任别人。原因是无端害怕别人会利用自己的信任来反击自己。

(6)无端自卑。很容易感到自己受轻视，并立即报以恶言与反击。

(7)主观性强。未经证实便怀疑配偶和朋友的忠实。

以上七点特征只要满足了其中四点，临床上就可诊断为偏执型人格障碍。

(二)边缘型人格

边缘型人格是一种在人际关系、情绪表现与自我形象诸方面都显得不稳定的人格障碍。最近研究显示，大学生中具有边缘型人格特点的人占1%～2%。一些大学生总是感觉别人会伤害自己，与人相处关系紧张；有的同学总是幻想被亲人抛弃、被朋友背叛，因而选择逃避；又如有的人在恋爱中常常会用主动背叛的方式去测试对方对自己的忠诚度，使对方感情受到伤害。

边缘型人格的人多见于童年有不幸经历的人，如遭受家庭暴力或其他的极大创伤、童年与家人分离、被忽视、双亲有冲动和忧郁的特质等。因为有过被抛弃的经历，他们变得敏感，总担心自己会被再次抛弃；情绪很不稳定，容易生气，乱发脾气(主要指不合时宜的怒气)；自我认同紊乱，生活在矛盾与痛苦之中，找不到自己的方向；经常会因为各种恐惧、人际关系紊乱带来的孤独、长时间的空虚等而出现自杀的念头甚至选择采取自杀行为。

边缘型人格的人社会适应普遍不佳，需要得到专业的心理咨询与治疗的帮助。

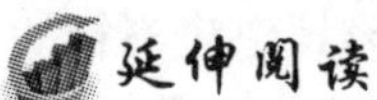
延伸阅读

《DSM-Ⅳ-TR》对边缘型人格障碍的诊断标准

(1)疯狂努力以避免真实或想象中的被放弃。

(2)不稳定且紧张的人际关系模式，特征为变换在过度理想化及否定其价值两端之间。

(3)认同障碍：自体形象(self image)或自体感受(sense of self)持续明显不稳定。

(4)至少有两方面可能导致自我伤害的冲动行为。

(5)一再自杀的行为、姿态、威胁，或自残行为。

(6)由于心情过度易于反应，情感表现不稳定。

(7)长期感到空虚。

(8)不合时宜且强烈的愤怒，或对愤怒难以控制。

以上八点特征只要满足了其中五点，临床上就可诊断为边缘型人格障碍。

(三)依赖型人格

依赖型人格是一种以依赖和顺从为主要特点的人格障碍，依赖型人格的大学生表现为：缺乏独立性，经常感到自己无助、无能和缺乏精力；害怕被他人遗弃，过分顺从他人的意志，为博取他人的好感而去做让自己不愉快或不符合自己身份的事；当与他人的亲密关系终结时有被毁灭的体验；有一种将责任推给他人来对付逆境的倾向。

(四)反社会型人格

反社会型人格也称为攻击性人格，是一种以行为不符合社会规范为主要特点的人格障碍。反社会型人格的大学生表现为：行为表现无所畏惧，不顾一切，爱挑起或参与争端，时常表现出仇视，恶意中伤；反复挑起斗殴、反复违反家规或校规、虐待动物或弱小同伴等；不能维持持久的工作或学习，有不符合社会规范的行为；易激怒，并有攻击行为；行事鲁莽，无视自己或他人的安全；不诚实，经常撒谎，为了获得个人的利益或快乐而欺诈他人；缺乏羞耻心和罪责感，危害别人时无内疚感，屡受惩罚也不能吸取教训。

（五）表演型人格

表演型人格是用一种过分感情用事或夸张言行以吸引他人注意为主要特点的人格。表演型人格的大学生表现为：表情夸张像演戏一样，情感体验肤浅；暗示性强，很容易受他人的影响；自我中心，强求别人符合自己的需要和意志，不如意就给别人难堪或强烈不满；经常渴望表扬和同情，感情易波动；十分关心自己是否引人注目，言行方面竭力表现自己以吸引他人，若没受到关注，就会不愉快；说话夸大其词，自吹自擂，掺杂幻想情节。

（六）强迫型人格

强迫型人格是一种以要求严格和完美为主要特点的人格。强迫型人格的大学生表现为：做任何事情都要求完美无缺、按部就班；主观、固执，比较专制，要求别人也要严格地按照自己的方式做事，否则心里就不痛快，往往对他人做事不放心；遇事常犹豫不决，推迟或避免做出决定；常有不安全感，反复考虑计划是否得当，反复核对检查，唯恐疏忽和差错；拘泥细节，甚至生活小节也要程序化，不遵循一定的规矩就感到不安或要重做；完成一件工作之后常缺乏愉快和满足的体验，相反容易悔恨和内疚；对自己要求严格，过分沉溺于职责义务与道德规范，无业余爱好，拘谨吝啬，缺少友谊。

（七）自恋型人格

自恋型人格是一种以自我为中心为主要特点的人格障碍。自恋型人格的大学生变现为：自我评价过高，主观自我高于客观自我，因而在生活中爱听表扬，忌听批评，且具有高度幻想性，特别是过高的自我评价带来虚幻的成功体验；过度自信，希望引起别人的重视；喜欢指使他人，要他人为自己服务；坚信自己关注的问题很独特，需要特别的对待与了解；缺乏同情心，不能体会、谅解他人的感受。一般而言，这类大学生天赋较好，一直处于被关注的中心，自信心与自尊心都较强，缺乏失败的生活经历与体验，因而生活在理想世界中，当面临挫折甚至失败时，因无法面对而导致心理崩溃。

有人格缺陷的同学可以通过自己的努力与专业心理咨询教师的帮助来改变自己。但改变是一个缓慢的过程，过程中经常会反复，自己要坚持。此外，改变过程中更需要周围同学的理解和帮助。许多意识到自己有人格缺陷的同学，他们很想改，却又看不到自己的问题到底出在哪里，自己做得不好自己也不知道，最终还是不受环境的认可。这就需要周围的同学有宽容心和耐心，能够理解他们，帮助他们。现实中，如果有同学们热情帮助的氛围，这些同学的转变会很明显。

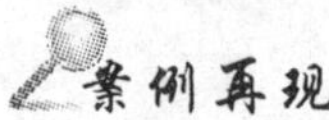

蜕变的新雅

新雅，个性胆小内向，经常觉得很孤独。见到同寝室的三个同学总结伴而行，不招呼自己，她感到很受伤。她不知道为什么会这样，一直问自己是不是有什么地方做错了，平时与她们相处更加谨慎。有次三个室友又一起出去了，回来时才知道她们去逛街买衣服了。见她们在房间里开心地试衣服，新雅心里非常难过。她到咨询室对老师说，我也想和她们一起去逛街买衣服啊，我从来不说她们坏话，为什么她们不理我？在咨询室里，她向老师回忆了上街前一天在寝室里的情景——一个女生大声说：下午我们去买衣服哦！第二个女生说：好啊，好开心啊！另一个女生说：不知道买什么呢，我陪你们吧！第二个女生说：谁衣服买得最多谁出车费。新雅回忆，自己没有说话，是因为不会那样大声说话，那样有些难为情，但自己一直看着她们，希望她们会问自己一声。老师建议新雅和自己一起模拟上述情景，让新雅扮演先发话的同学，老师扮演当时的她。一场练下来，新雅明白了，当时自己没有表情，人家不知道自己也愿意上街，而会以为她心里不同意。这时她又想到，室友晚上从图书馆回来，一进门就很热闹，而自己进门后没人理，也是因为自己什么态度也没有。她决心改变自己，就在咨询室里大声地练习向朋友问候的常用语，感觉并不太难。但是她又担心自己突然表达大家会不接受，该怎么办？心理咨询老师建议她可以告诉大家自己想改，这是老师布置的心理作业。后来她用短信告诉老师，咨询后当天晚上就回寝室照样表达了，现在感觉很好。

第三节　大学生的人格发展

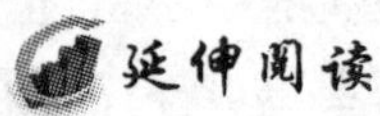

人格是最高的学位

有一个秋天，北大新学期开始了，一个外地来的学子背着大包小包走进了校园，实在太累了，就把包放在路边。这时正好一位老人走来，年轻学子就拜托老人替自己看一下包，而自己则轻装去办理手续。老人爽快地答应了。近一个小时过去，学子归来，老人还在尽职尽责地看守。谢过老人，两人分别。

几日后是北大的开学典礼，这位年轻学子惊讶地发现，主席台上就坐的北大副校长季羡林正是那天替自己看行李的老人。

一、健全人格的含义

健全人格是指各种良好人格特征在个体身上的集中体现，国内外学者关于健全人格都作了相应论述。

早在1952年，Havingurst[3-4]就综合多位心理学家的观点，形成个体具有以下9种有价值的心理特质即为心理健康的理论：①幸福感，这是最有价值的特质；②和谐，包括内在的和谐及环境的和谐；③自尊感；④个人的成长，即潜能的发挥；⑤个人的成熟；⑥人格的统整；⑦与环境保持良好接触；⑧在环境中保持有效的适应；⑨在环境中保持相对的独立。

人本心理学家罗杰斯提出"潜能充分发挥型人"的特征：①接受自身体验的意愿；②对自我的信任；③自我依赖；④继续成长的意愿。

阿尔伯特提出人格健康的6条标准：①力争自我的成长；②能客观地看待自己；③人生观的统一；④有与别人建立和睦关系的能力；⑤人生所需的能力、知识和技能的获得；⑥具有同情心和对一切有生命的生物的爱。

这些阐述都是判断人格健全的相关标准与尺度，生活中有很多人达不到这些标准，但它们却为我们健全人格的培养提供了一种范式。我们认为，大学生健全人格应包括五个方面的内容。

(一)和谐的人际关系

人际关系最能体现一个人人格健康的程度。人格健康的大学生乐于与他人交往，并与他人建立良好的关系；与人相处时，尊重、信任等方面的态度多于嫉妒、怀疑等消极态度。健康的人常常以诚恳、公平、谦虚、宽容的态度尊重他人，同时也受到他人的尊重与接纳。

(二)良好的社会适应能力

社会适应能力反映了人与社会的协调程度。人格健康的人能够和社会保持良好密切的接触，以一种开放的态度主动关心社会、了解社会；在认识社会的同时，使自己的思想、行为跟上时代的发展，与社会要求相符合，能很快适应新的环境。

(三)正确的自我意识

自我意识是个体对自己和他人、与周围世界关系的认识。具有健康人格的人对自己有恰如其分的评价，充满自信、扬长避短，在日常生活中能够有效调节自己的行为并与环境保持平衡。缺乏正确的自我意识的人常常表现出自我冲突、自我矛盾，或者自视清高、妄自尊大，做力所不能及的工作，或者自轻自贱、妄自菲薄，甘愿放弃一切可能努力得到的机遇。

(四)乐观向上的生活态度

积极的人生态度是人类在社会实践中获得的本质力量的表现。乐观的人常常能看到生活中的阳光，对自己所从事的工作抱有浓厚的兴趣，并在其中发挥自身的智慧和能力。即使在遇到困难和挫折时，也能不畏艰险，勇于拼搏。大学生的主要任务是学习，因而对学习的兴趣如何可以反映出生活态度的基本倾向。人格健康的学生对学习怀有浓厚的兴趣，表现出观察敏锐、注意力集中、想象力丰富、充满信心、勇于克服困难，通过刻苦、严谨的学习过程，获得学习的满足感和成就感。我们很难相信对学习和生活缺乏兴趣、整天精神不振的学生的人格是健康的。

(五)良好的情绪调控能力

情绪标志着人格的成熟程度。人格健康的人情绪反应适度，具有调节和控制情绪的能力；经常保持愉快、满意、开朗的心境，并富有幽默感；当消极情绪出现时，能合情合理地宣泄、排解、转移和升华。

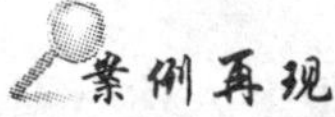

一位老师和女同学小静的对话

小静：我看周围的男生，都不成熟，不可靠，所以我选择与同班的男友分手，也不想和其他在校男生建立恋人关系。

老师：你认为男生哪些地方不成熟、不可靠呢？

小静：遇到事就发慌，不沉着……还有到现在也不知道自己的发展方向是什么，我怎么能依靠他呢？

老师：你认为怎样才算成熟呢？

小静：他应该有勇气对待困难，不是一直向我抱怨，他应该有责任感，会认真考虑我们的未来，知道怎样和我的父母说话，他应该……

老师：你心里可有理想的榜样了？

小静：我看来看去，就是三十多岁的男人更有魅力。

老师：你知道这些男性是怎么成熟的吗？

小静：……

老师：要达到这样的成熟水平，要经历过什么呢？

小静：没想过。

(讨论：许多成熟的男性，原来可能就像你身边的男生，他们冲动、幼稚，不太有责任感，可是他们经历了事业压力的磨砺、婚姻关系的处理、子女养育的体验，让他们懂得了更多，态度与行为发生了改变，使他们再遇到挫折而不惊，再遇到困难能冷静应对……）

老师：你希望找一个有过这些经历的人一起生活，让你心理上和生活上都很安全无惊；还是找一个男生，和你一样长大、一起经历风雨、一起体验初为父母、最后一起成熟、在年老时有一段共同的回忆？

小静：……我要好好想想……

社会上流传的"男孩要穷养"的观念，意思是在男孩的成长中，如果有较多的磨砺，就更有助于他们形成抗压能力和责任感，才能给其未来的家庭成员带来安全感，这是有一定道理的。

很多同学对自己的人格特点不满意，那么健全的人格是怎样的呢？健全人格目标也就是心理健康的理想目标。我国心理学家黄希庭教授把健全人格看成是各种优秀人格特征的有机整合，它与个人内心世界的和谐发展互为因果，即能以正面的态度对待世界，他人和自己，过去、现在和未来，顺境和逆境，具有自立、自信、自尊、自强、正直、诚信、爱心、乐观、信念、毅力等特点。

二、人格发展

人格发展，是根据自己已有的人格特点和发展志向来调整自己，包括态度和行为习惯。

人格具有相对稳定的特点，形成之后是不是就无法改变了呢？事实并不完全如此。我们知道，人格形成的影响因素包括遗传因素和环境因素（社会文化环境、家庭环境、早期童年经验、学校教育、自然物理环境、自我调控因素等），先天遗传因素决定了一个人的整体框架，而后天环境因素可以有一定的塑造，因此人格是相对稳定的，但并不是一成不变的。

对大学生来讲，其他因素都是客观存在的，个人没法改变，但是自身因素是可以改变的，即自我调控。大学生处在人格成熟的后期，有很大的发展空间。想要改变自己人格的某些特质，使其更好地适应社会的话，可以更多地发挥自我的调控作用，制订适合自己的人格发展计划，塑造出自己的理想人格。

（一）人格发展的原则

1. 重在践行

人格特质本身无所谓好坏，只是在特定的情境中是否适用。因此，人格的发展完善重在践行，在特定的社会实践中发展完善人格，即做当下年龄应该做的，做当下情境应该做的。

2. 重在坚持

人格的健全与完善，不是做一两件事就能起效的，正如人格的养成也是从小到大受各种因素影响的结果。所以，需要的是持之以恒的坚持。

3. 重在心态

很多同学遇事总是抱消极的态度，看到的世界总是灰色的。其实我们知道任何一件事情总是有积极和消极这两面，塞翁失马，焉知非福？如果我们尝试用积极的眼光看待世界，眼中的风景就会明媚很多。

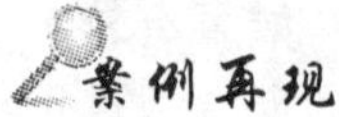

眼中的世界

有位女生，原来遇事总看不好的一面，喜欢批评指责，看什么都不顺眼，养成一种像“愤青”般愤世嫉俗的特点，和同学关系处得不好，经常感到孤独。后来经和心理咨询中心的教师交流讨论，开始学习用积极的心态评价事情，从积极的角度看待事情，学会在冲动之前调整一下情绪。在坚持了好几个月后，她渐渐地感觉自己真的变了，变得与周围同学的关系融洽了，心情也开朗了。

(二)人格的塑造

1. 自强人格的塑造

现在的“官二代”、“富二代”、“星二代”层出不穷，对这种现象，有的大学生可能会有这样的想法：我一出生就输在了“起跑线”上，比别人差也是情理之中的事情；还有一些曾经有过不幸遭遇如父母离异、被虐待、遭受性侵犯、亲人亡故等的大学生，则选择自暴自弃。就算向他们讲述一些出身不好或遭遇过不幸而仍然取得了较大成就的人的例子，他们也会觉得与自己没多大关系。

心理学家研究过这样一种现象，同样经历过重大灾难、童年不幸等创伤的人，有一部分出现了较重的身心问题，而有一部分人则适应良好，心理学家把这种适应能力叫做复原力(resilience)，也称之为心理弹性、坚韧性等。要想自己变得更加坚强，提升自身的心理复原力水平，培养自强的人格，我们可以从以下四个方面提高自己：

一是学会管理自己的情绪，遇到困难和挫折时出现情绪低落的情况很正常，但自己要学会调整和宣泄，可以找别人倾诉、哭泣、运动等。

二是学会面对问题、解决问题，在情绪有所调整之后，还是要直接面对问题，一直逃避是不可取的。

三是学会寻求社会支持的帮助，个人的能力是有限的，有些问题可能超出了我们的能力范围，这时就需要外部支持来给我们提供信息、解决策略或者直接的帮助。

四是适当调整认知，对于有些问题暂时无法找到应对策略的，我们接受现实、承认暂时的不成功也是可以的，别忘了，任何事物都具有两面性。

2. 爱心的培养

爱心与同情心、亲和、利他、感恩、孝顺等人格特点有关。富有爱心的人比缺乏爱心的人更有幸福感，心理与身体健康状况也更好。然而，在现实生活中，对困难漠视不救的现象也不少，甚至发生了室友投毒、杀害室友等让人触目惊心的案例。许多心理学研究表明，家庭和童年经历对于一个人的影响非常深远，许多被遗弃和缺少爱的人很容易出现各种心理问题，前文中讲到的很多人格障碍，多数也是由于缺少爱和经历过童年创伤而遗留下来的。

我们在此给出一些关于培养爱心的建议：

第一步，用心体验被爱。家庭是一个人体验到爱的力量的最重要的港湾，从呱呱坠地起，我们无时无刻不在爱的呵护下成长。回想一下，你是不是也会因为母亲的唠叨和叮咛而心烦、为父亲的管教而气愤呢？请你用心体会父母叮咛的动机与愿望，他们是用自己的方式在表达对你的爱。我们接受爱的同时，也要会表达爱，对爱我们的亲人、朋友、同学说一声“谢谢”！

第二步，学会爱自己。古人云，“身体发肤，受之父母，不敢伤毁”。也许，你会说爱自己太自私，但是一个不爱自己的人是不会真正懂得爱别人的。我们要把自爱和那些盲目、自私的爱区分开。学会爱自己不仅是要会欣赏、肯定自己，还有很重要的一点，是要接纳自己的缺点，我们应接纳自己的全部，爱最好的自己。

第三步，学会爱他人。社会上有批评说我们年轻人缺乏爱心，事实上不是我们缺少爱，是我们还没有学会如何去爱。学会爱他人，首先要学会理解他人，尊重他人，理解别人言行所传达的信息；其次要学会正确地评价他人、接纳他人，包括优点和缺点，如不必因为室友将电脑音箱声音开大了就否定相处四年的情谊。

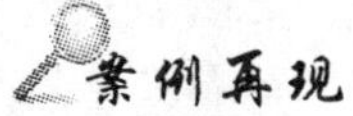

案例再现

爱的界限

大三的欢欢最近不爱说话了，情绪很低落，干什么事情都提不起精神，感觉怪怪的。最近欢欢来到大学生心理健康中心找心理咨询老师倾诉,原来是一个室友以前和自己很好、几乎形影不离,现在那个室友和另一个女生成为好朋友,欢欢觉得自己被疏远了,有些受伤,欢欢很矛盾要不要再和室友做好朋友。老师问了欢欢这样的问题:好朋友是什么样的?你认为我们应如何处理和好朋友之间的关系?欢欢逐渐意识到,即使是好朋友,可以很亲密但不可能无间,之前和室友的交往是自己没有注意朋友之间的界限,以至自己过度沉溺其间。经过老师的开导,欢欢也懂得了交朋友的时候需要尊重朋友的隐私和自由,给朋友一定的空间。

参考文献

[1] Buss, H., Plomin, R. Temperament: Early Developing Personality Traits[A]. In Hillsdale N. J. Erlbaum, et al. (eds.). The Psychoanalytic Study of Society, London: Analytic Press, 1984, p. 5.

[2] [美]伯格. 人格心理学[M]. 陈会昌,等,译. 北京:中国轻工业出版社,2004.

[3] 李祚山. 大学生健全人格特征的内隐观研究[J]. 心理科学,2005,28(6).

[4] 黄希庭,郑涌,李宏翰. 学生健全人格养成教育的心理学观点[J]. 广西师范大学学报:哲学社会科学版,2006,42(3).

第四章 我的情绪我做主 快乐生活伴我行

——大学生情绪管理

做自己情绪的奴隶比做暴君的奴隶更为不幸。

——(古希腊)毕达哥拉斯

凡事只要看得淡些,就没有什么可忧虑的了;只要不因愤怒而夸大事态,就没有什么事情值得生气的了。

——(俄国)屠格涅夫

别让"苍蝇"走近你

1965年9月7日,世界台球冠军争夺赛在美国纽约举行。路易斯·福克斯的得分一路遥遥领先,只要再得几分便可稳拿冠军了。就在这个时候,他发现一只苍蝇落在主球上,便挥手将苍蝇赶走。可是,当他俯身击球的时候,那只苍蝇又飞回到主球上来了。他在观众的笑声中再一次起身驱赶苍蝇。这只讨厌的苍蝇破坏了他的情绪,而且更为糟糕的是,苍蝇好像是有意跟他作对,他一回到球台,它就又飞回到主球上来,引得周围的观众哈哈大笑。路易斯·福克斯的情绪恶劣到了极点,终于失去理智,愤怒地用球杆去击打苍蝇。球杆碰动了主球,裁判判他击球,他因此失去了一轮机会。接下来,路易斯·福克斯方寸大乱,连连失利,而他的对手约翰·迪瑞则越战越勇,赶上并超过了他,最后夺走了冠军。第二天早上,人们在河里发现了路易斯·福克斯的尸体,他投河自尽了!

一只小小的苍蝇,竟然击倒了所向无敌的世界冠军!这是一件不该发生的事情。其实,路易斯·福克斯完全可以采取另一种做法,那就是:击你的球,不要理它。当你的主球飞速奔向既定目标的时候,那只苍蝇还站得住吗?它肯定不撵自走,飞得无影无踪了。

在我们的生活中,也常常能见到这样的"苍蝇":当你真诚与人相处,找到你认为志同道合的朋友时,却突然发现,你并不是他的知心朋友;当你在课堂上高谈阔论,而且论述得头头是道的时候,却突然听到同学堆里几声闲言碎语……于是，有人为某人的不真诚而放弃付出真心，封闭自己，甚至出现信任危机；有人放下了本该有的对学业的思考和研究，把精力用到对付闲言碎语上……这些人的心态和做法跟路易斯·福克斯没有什么两样——盯住芝麻忘了西瓜，事情的结果肯定不妙。

处于青春期的大学生，情绪的起伏波动大，生气、愤怒、郁闷、浮躁、紧张等不良情绪常常不期而至。请学会不让“苍蝇”走近你，做好情绪调控和管理，你的生活品质会超乎你的想象。

每一天我们都在表达着我们对情绪的兴趣。我们经常问别人，有时也问问自己：“今天感觉怎么样？”有时我们也会被新闻里、电影里、音乐里的许许多多的片段所触动，我们尝试去分辨那些难言的感觉是什么。有时我们甚至会停下自己前行的脚步去思考：“什么是爱？”“什么是孤独？”“什么是悲伤？”“什么是快乐？”确实，如果我们没有情绪，那么我们的“需求”或“好”也就不存在了。正如 Antonio Damasio (1999)所写的：“毫无疑问，情绪同善良与邪恶的观念无法分离。”

下面，就让我们一起走进情绪。

第一节 情绪的含义

一、情绪是什么

这个问题也困扰了很多心理学家，不知道是否也困扰着你。1884 年美国心理学的奠基人威廉·詹姆斯写了一篇题为《情绪是什么》的文章。一个多世纪以来，心理学家们一直在探索这个问题。与其他几个重要的心理学概念一样，我们明明知道哪些东西是情绪但却很难精确地对情绪加以定义。在谈到情绪的时候人们作了几乎雷同的表述：“遗憾的是，关于情绪，曾经提到的最重要的事情之一可能是——我们不需要给情绪下定义，因为人人都知道它是什么。”

美国心理学家罗伯特·普拉切克(Robert Plutchik) 从要素的角度给出了他的定义：“情绪是推论出的对某一刺激所作出的复杂反应，包括认知评估、主观变化、自主的和神经的唤起、行动的冲动以及准备用来对引发这一系列复杂反应的刺激施加影响的行为。”不要被这么一长段话吓到，下面我们就来进行具体的阐释。

1. 情绪的推论性

情绪是推论出来的而不是观察到的。这是强调情绪本身是内在的，看不见摸不着的，你可以感受到自己的喜怒哀乐，但你只能通过推论得出别人的情绪。比如你看到你的室友晚上回来后不说话，也不打招呼就坐在自己的椅子上，脸色苍白，目光呆滞，这与他平时一贯开朗的性格不符，你便可以初步判断他的心情很糟，于是你上前去了解到底发生了什么并且安慰他。从对话中你知道他刚刚接到电话说他的爷爷过世了，接着你就不难进一步推断他很悲伤。从这个例子中我们可以看出，对于他人情感的理解证据往往是非常间接的，结果是推论得到的。

2. 情绪的反应性

根据普拉切克的定义，每一种情绪都是对刺激的反应。这一点很容易为我们日常生活中的经验所支持，通常我们察觉到自己明显情绪体验的时候往往前面都会出现一个很明显的刺激。如有学生在情人节之夜独自待在宿舍中用电脑看网络节目打发时间，他可能就会产生孤独与悲伤的情感，在这里，“情人节之夜”便是一个具有代表性的刺激，而孤独与悲伤就是紧随其后的情感体验。

3. 情绪的构成

每种情绪都包含三个方面的要素：认知、感受和行为倾向。认知包括评估人们对一个情境或事件进行解释的方式，如“我感觉到危险”；感受是有何感想体验，它是一种感觉；行为倾向是以某种方式准备行动的冲动，即使你可能抑制了这种冲动。这三者通常是同时发生的，它们很难区分。下面这个例子将带领你认识这三个成分：假如你像贝尔·格里尔斯(网称“贝爷”)般迷失于巴拿马丛林，已经饿了三天，而面前是那富含蛋白质每条“价值”140 卡路里的橡皮虫幼虫，你告诉自己你要吃下去，这时一种恶心欲呕的感觉翻涌而来，特别是当你看到它白色的身躯正在蠕动——这是感受；你意识到“我感觉这个东西很恶心，我存在厌恶的情绪”——这是认知；你想扔开这只幼虫，但考虑到饥饿的处境，你抑制住了自己扔掉它的冲动，又将它攥回手里——这是行为倾向。

延伸阅读

看图片——测认知与情感

事实上你的认知是会影响你的感受和行为倾向的，最近进行的一项相关研究是个很好的例证。心理学家让年轻的异性恋男子对《体育画报》泳装特刊上的每位女性的吸引力进行评估(当然是以科学的名义进行的)，他们在实验前就佩戴好了测量心跳的仪器。在这个过程中，他们将听到一些声响，这些声响实际上是随机的声音。其中一些被试被如实告知这些是随机的声音，但另外一些被试被告知这是他们自己心跳的声音的回放。最后实验的结果是那些认为听到了自己心跳的被试无论在查看哪张图片时都给予了很高的评价，同时他们自己的心跳也倾向于增加(Crucian et al.，2000)。对实验结果最有力的解释是，当他们听到自己的心跳时会认为："哇！我的心跳在加快！她是多么漂亮啊！"同时这种认知进一步诱发了喜欢的情感，进而被试的心跳会真的加快。

4. 情绪的功能性

情绪是功能性的，换言之它对于我们的生存是有用的。而且这些有用的情绪不仅仅只包括爱、喜欢、共情、愉悦等积极的情绪，还包括抑郁、焦虑、悲伤、自卑、愤怒、难受……后面这些"不良"的情绪怎么还有用呢？从进化论的角度而言，人类在进化的过程中会逐渐抛弃那些不能够适应环境的部分，如此看来这些情绪是不利于我们的，那为什么它们还会在漫长的进化过程中留存呢？因为在大多数情况下，情绪能引导我们做出迅速而有效的反应。例如，当我们感到害怕时，这种情感会迅速激发身体的潜能；当有人冒犯我们时，我们感到愤怒，这种情绪帮助我们蓄积力量回击。所以无论是怎样的情绪，只要它不过度，都是我们身体适应环境的产物。无须为你的消极情绪苦恼，因为它是你作为一个有机体与环境互动过程中的一个必要组成部分。

二、情绪的种类

(一)基本情绪

从生物进化角度来看，人的情绪可以分为基本情绪和复合情绪。

基本情绪是人与动物所共有的，在发生机制上有着共同的原型和模式，它们是先天的、不学而能的。每一种基本情绪都有独立的神经生理机制——内部体验和外部表现，并有不同的适应功能。

我国最早的情绪分类思想源于《礼记·礼运》，其中记载人的情绪有"七情"，即喜、怒、哀、乐、爱、恶、欲；另据《白虎通·情性》，将情绪分为"六情"，即喜、怒、哀、乐、爱、恶；在近代的研究中，常把快乐、愤怒、悲哀、恐惧列为情绪的基本形式。

在现代心理学中，快乐、愤怒、悲哀、恐惧被看做单纯的情绪，称为基本情绪或原始情绪。

快乐是指所期待的目标得以实现或需要得到满足之后，内心的紧张状态解除时所产生的一种轻松、满意的情绪体验。正如刚进大学的新生，经过高中末期紧张的备考、纠结的填报志愿、焦急的等待提档等各种焦虑情绪，终于等来了录取通知书，此刻对快乐的理解或许是最真切的。引起快乐的最主要的情境条件是一个人经过自己的努力达到了追求的目标，但快乐的程度还取决于多种因素，包括所追求目标价值的大小、在追求目标过程中所达到的紧张水平、实现目标的意外程度等。

愤怒是由于外界事物或对象过度妨碍和干扰，个人的愿望受到压抑、目的受到阻碍以致遭受挫折而累加起来的紧张情绪。愤怒的程度取决于干扰的程度及挫折的大小。愤怒情绪的产生很大程度上依赖于对障碍的意识程度。脸部皮肤发红、眼睑处增宽、嘴唇和下巴收缩变紧、拳头紧握、嗓子发紧，甚至声音都会颤抖，这些都是愤怒情绪的外部表现。如果你身边的人有上述表现，那他很可能就是处在愤怒情绪里。

悲哀，也称悲伤。它是指由于失去自己所喜欢或热爱的对象或者因所期盼的东西的毁灭而产生的一种情绪体验。一谈到失去，我们便会想到我们所爱的人的离去。然而，引起我们悲伤的事情不仅包括我们与所爱者诀别和分离，而且还包括我们意识到或未意识到的浪漫梦幻、不能实现的期望、自由权利和安全的丧失，以及那曾被认为是永不衰朽、坚强有力和长生不老的年轻自我的丧失。这些都会引发悲伤的情绪。

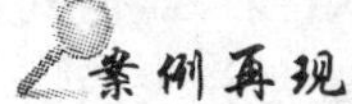

走出那段“伤不起”的日子

有一位大一女生，父母只有她和她妹妹两个孩子，两人年纪相差不到两岁。妹妹从小身体不太好，故只读到初中就没有再读书了。姐妹二人关系一直很好，每次放假回家都同吃同睡，无话不谈。但在大一第一学期末，寒假过完，她回到学校，情绪一直很低落，最后在同学的建议和帮助下来到心理咨询室。咨询师得知原来是妹妹病情恶化，不幸离开了人世，于是她陷入悲伤的情绪一直难以自拔，整日哭泣、失眠，并想要退学。最后经过专业老师的辅导，她走出了那段悲伤的日子。

所以当你悲伤到不能自我调节时，一定要学会求助。

恐惧是一种企图摆脱危险情境的逃避情绪，常见的反应有退缩、回避等，表现为心慌、发抖、毛发竖立、惊叫等。引起恐惧的关键是个体缺乏处理可怕情境的力量或能力。大学生常见的恐惧包括社交恐惧、考试恐惧、新环境恐惧等。

(二)情绪状态

1. 心境

心境是一种比较微弱而持久的情绪状态,主要有两大特点:弥散性和长期性。心境的弥散性是指当人具有某种心境时,这种心境表现出的态度体验会朝向周围的一切事物。当你在课堂上被老师表扬,觉得心情愉快,于是你见到同学会兴高采烈,走在路上也会觉得天高气爽;而当心情郁闷时,你会情绪低落、无精打采,甚至见到五颜六色的花朵时都会懒得多看一眼。古语有云,“忧者见之而忧,喜者见之而喜”,就是这种心境的弥散性的表现。

心境的长期性是指心境产生后在相当长的时间内主导人的情绪表现。虽然基本情绪具有情境性,但心境中的喜悦、悲伤、生气、害怕却要维持一段较长的时间,有时甚至成为人一生的主导心境。如有的人一生历尽坎坷,却总是豁达、开朗,以乐观的心境去面对生活;有的人总觉得命运对自己不公平,或觉得别人都对自己不友好,结果抑郁愁闷的心境伴随自己一生。

形成心境的原因也是多方面的,如学习上的顺逆、工作上的成败、人际关系的亲疏、健康状况的好坏、生物节律的起伏、天气晴雨的变化等。

2. 激情

激情与心境相反,是一种短暂而猛烈的情绪状态。谈到激情,或许每个人都会回忆自己的某次异常疯狂的经历,可能我们回忆更多的是欣喜若狂,但其实诸如悲痛欲绝、暴跳如雷、惊恐万状等也是猛烈的情绪体验。一般诱发激情的是重大事件的强烈刺激,如巨大的成功、严重的挫折、莫大的羞辱等。激情的主要特点为爆发性和冲动性。

所谓爆发性,是指整个激情的发生过程十分迅猛,大量心理能量在极短时间内喷薄而出,强度极大。所谓冲动性,是指个体处于激情状态时,往往失去意志力对行为的控制。

激情的发展包括三个阶段:一是意识控制减弱,人的行为服从体验到的情绪;二是失去对意志的控制,人的行为完全超出平常的反应;三是激情平息,感到异常平静、乏力、冷漠,有时甚至会出现精力衰竭、精神萎靡的情形。

激情也有积极和消极之分。激情的积极表现,可以使人的情感完全卷入当前的活动,产生相应的情感效应,并能成为激发人的潜能投入行为的巨大动力。激情的消极表现则具有很大的破坏性和危害性。不少年轻的大学生正是因处在激情中,一时冲动失去理智而导致“一失足成千古恨”。

3. 应激

应激是一种高度紧张的情绪状态，它往往伴发于出乎意料的危险情境或紧要关头。应激源有三类：

(1)外部物质环境。包括自然的和人为的两类因素。属于自然环境变化的有寒冷、酷热、强光、雷电、地震等，可以引起伤害甚至丧失生命的反应。属于人为因素的有大气、水、食物及射线、噪声等方面的污染等，严重时可引起疾病甚至导致残疾。

(2)个体的内环境。包括机体内部各种必需物质的产生和平衡失调，如内分泌激素增加、酶和血液成分的改变等。内、外环境的区分是人为的。内环境的许多问题常来自于外环境，如营养缺乏、感觉剥夺、刺激过量等。

(3)心理社会环境。大量证据表明，心理社会因素可以引起全身适应综合征，具有应激性。生活中引起应激的因素有很多，心理社会因素既可引起良性应激，如中奖、提升；同时也可以引起劣性应激，如竞争失败、丧失亲人。尤其是亲人的病故或意外事故常常是重大的应激源，因为在悲伤过程中往往会伴有明显的躯体症状。应激对健康具有双重作用，适当的应激可提高机体的适应能力，但过强的应激(不论是良性应激还是劣性应激)则使适应机制失效而导致机体的功能障碍。

应激具有超压性和超荷性。所谓超压性，是指在应激状态下，个体往往会在心理上感觉到超乎寻常的压力；所谓超荷性，是指在应激状态下，个体必然会在生理上承受超乎寻常的负荷，以充分调动体内的各种机能资源去应付紧急、重大事变。

由应激产生的心理障碍包括急性应激障碍和创伤后应激障碍(PTSD)。在灾害事件发生时，幸存者会很快出现极度悲哀、痛哭流涕，进而出现呼吸急促，甚至短暂的意识丧失。幸存者初期为"茫然"阶段，以茫然、注意狭窄、意识清晰度下降、定向困难、不能理会外界的刺激等表现为特点。随后，幸存者可以出现变化多端、形式丰富的症状，包括对周围环境的茫然、激越、愤怒、恐惧性焦虑、抑郁、绝望，以及自主神经系统亢奋症状，如心动过速、震颤、出汗、面色潮红等。这种异常的心理反应，就是急性应激障碍。

而创伤后应激障碍就没有那么激烈，但是对人的心理影响却远远超过急性应激障碍，如人在遭遇或对抗重大压力后，其心理状态产生失调后遗症。这些经验包括生命遭到威胁、严重物理性伤害、身体或心灵上的胁迫。这类事件包括战争、地震、严重灾害、严重事故、被强暴、受酷刑、被抢劫等。PTSD发病多数在遭受创伤后数日至半年内出现，而且较难调适。对于这个问题若觉得难以理解，想想电影《唐山大地震》里的小登这个人物吧，或许是最好的诠释。

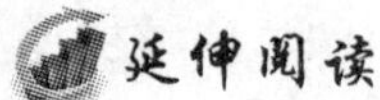

《唐山大地震》心理分析：不回避才是真正面对
——卫生部国家危机干预技术组组长、心理专家吕秋云教授专访

看过未必会受伤

粗略统计了一下，表示不会去看这部影片的人，主要有三种理由：一是影片被定位为"灾难片"，因为对地震时楼塌地陷、死人无数的惨烈场景从心理上接受不了；二是认为电影的功能主要是娱乐大众，觉得一部号称让人"从头哭到尾"的影片不太值得看；三是一些经历过唐山大地震的人，因为害怕电影会再次揭开他们心中愈合已久的伤疤而不敢去看。曾经历过大地震的唐山人王先生就坚决地表示他不会去看，因为"不愿意让自己的伤痛成为别人的一种娱乐"。

然而，大部分看过这部电影的人却表示，电影并不会对心理造成太大的伤害。7月23日，记者采访了多位刚从电影院走出的观众，他们大多哭红了眼圈，但觉得心理上还可以承受，而且看完后，感觉会更珍惜目前所拥有的亲情。

地震可能影响一辈子

对于人们面对电影的不同心态，吕秋云认为，都很正常。她告诉记者，曾经遭遇地震、飓风、火灾等巨大天灾的人，都会经历"急性应激反应"和"慢性应激反应"两个阶段，在后一阶段，经历者会尽量"回避"灾难场景，表现为抑郁、不想说话，甚至采取自杀的方式来逃避。调查显示，地震后，有10%左右的人会留下心理创伤。对于慢性应激障碍，女性平均四年左右可以平复，男性平均一年可以平复，但如果处理不好，有些人可能几十年、一辈子都会存在一定的心理阴影。

"灾难中，越是人为因素多，或和孩子有关，人们受到的心理伤害越大。"吕秋云说，比如1994年年底，她第一次接触灾后心理干预，是克拉玛依火灾。284个不满18岁的孩子被烧死，在火灾起因和后期救援过程中，都有一些人为的不利因素，这让1/4的死难孩子家属在一年后仍存在心理障碍。"那些不愿看这部电影的唐山人，可能在地震中失去过至亲，内心深处仍然有着很深的伤痛，怕被触发；对于那些没经历过地震也不愿意看的人来说，也许他们小时候，内心深处有过其他创伤。"

她分析，心理学中有一种"扳机"作用，形容某种刺激触及心灵创伤后引发的强烈反应，如果强迫仍有心理创伤的人去看《唐山大地震》，也许这部电影就会成为一个“扳机点”,引发一定的心理反应。“不想看是出于一种自我保护,说明他还有没解决的心理问题。适当的自我保护是有必要的,最好尊重本人的选择,不想看就别看,单位也不应用组织的方式强迫大家去看。”

不回避才是真正面对

对于那些已经能够走出伤痛、正常谈论曾经发生的灾难的人来说,吕秋云认为,他们重温灾难,虽比别人的感受更深一些,却并不会造成心理上的不良影响。她并不反对像《唐山大地震》这样以真实灾难为背景拍摄的电影,因为“灾难性事件每天都在发生,对于真正存在心理问题的人来说,不是这个电影,也可能是一次车祸、一次矿难揭开他们的心理伤疤”。相反,她觉得,电影和音乐是很好的抒发情感的方式。对于一个悲伤的人来说,放快乐的音乐不一定能让他们快乐起来,反而是放悲伤的音乐或电影,可能让他们更快地抒发出心里的悲伤。

“有时候,回避并不是件好事。”吕秋云说,美国1942年波士顿音乐厅曾发生一场大火,有研究表明,两年后,凡是能正常哀悼、诉说,经历过一个痛苦蜕变过程的人,都较早地走出了悲痛,反而是那些不敢面对的人,心理久久不能痊愈。不过,她提醒,如果看完这部电影以后,出现精神一蹶不振、不想活等心理状态,一定要马上看医生,说明你的心理存在某种没有意识到的痛点还没有愈合,需要专业人士的帮助。

三、情绪的功能

情绪情感对于人们的认知过程具有影响作用。大量研究表明:适当的情绪情感对人的认知活动具有积极的组织功能,而不当的情绪情感对人的认知活动具有消极的瓦解功能。

(一)促进功能

良好的情绪情感会提高大脑活动的效率,提高认知操作的速度与质量。耶尔克斯—道森定律说明了情绪与认知操作效率的关系,不同情绪水平与不同难度的操作任务有相关关系。不同难度的任务,需要不同的情绪唤醒的最佳水平。在困难复杂的工作中,低水平的情绪有助于保持最佳的操作效果;在中等难度的任务中,中等情绪水平是达到最佳操作效果的条件;在简单工作中,高情绪唤醒水平是保证工作效率的条件。总之,活动任务越复杂,情绪的最佳唤醒水平也就越低。我们了解了情绪与操作效率之间的关系,就能更好地把握情绪状态,使情绪成为我们认知操作活动的促进力量。

(二)瓦解功能

情绪对认知操作的消极影响,主要体现在不良情绪对认知活动功能的瓦解上。一些消极情绪,如恐惧、悲哀、愤怒等,会干扰或抑制认知功能。恐惧情绪越强,对认知操作的破坏就越大。考试焦虑就是一个典型例子,考试压力越大,考生考砸的可能性就越大。一般来说,中等程度的紧张是考试的最佳情绪状态,过于松弛或极度紧张都会在一定程度上影响学生的认知功能,不利于考生正常水平的发挥。当一个人悲哀时,会影响到他的工作或学习状态,导致注意力不集中、易分神、思维流畅性降低等。由此可见,情绪的调控功能是非常重要的。情绪的好坏与唤醒水平会影响到人们的认知操作效能。

(三)健康功能

人对社会的适应是通过调节情绪来进行的,情绪调控的好坏会直接影响到身心健康。常听人们叹息“人生苦短”,在一般人的情绪生活中,常是苦多于乐。在喜、怒、哀、乐、爱、惧、恨中,正面情绪占 3/7,反面情绪占 4/7。情绪对健康的影响作用是众所周知的,积极的情绪有助于身心健康,消极的情绪会引起人的各种疾病。我国古代医书《黄帝内经》中就有“怒伤肝,喜伤心,思伤脾,忧伤肺,恐伤肾”的记载。有许多心因性疾病与人的情绪失调有关,如溃疡、偏头痛、高血压、哮喘、月经失调等。有些人患上癌症也与其长期心理压抑有关。一项长达 30 年的关于情绪与健康关系的追踪研究发现,年轻时性情压抑、焦虑和愤怒的人患结核病、心脏病和癌症的比例是性情沉稳的人的 4 倍。所以,积极而正常的情绪体验是保持心理平衡与身体健康的前提条件。有句英国谚语说:一个小丑进城,胜过一打医生。这就非常形象地说明了情绪对人身体健康的影响。

(四)信号功能

情绪是人们社会交往中的一种心理表现形式。情绪的外部表现是表情,表情具有信号传递作用,属于一种非言语性交际。人们可以凭借一定的表情来传递情感信息和思想愿望。心理学家研究了英语使用者的交往现象后发现,在日常生活中,55%的信息是靠非言语表情传递的,38%的信息是靠言语表情传递的,只有 7%的信息才是靠言语符号传递的。表情是比言语产生更早的心理现象,婴儿在不会说话之前,主要是靠表情来与他人交流的。表情比语言更具生动性、表现力、神秘性和敏感性。特别是在言语信息暧昧不清时,表情往往具有补充作用,人们可以通过表情准确而微妙地表达自己的思想感情,也可以通过表情去辨认对方的态度和内心世界。所以,表情作为情感交流的一种方式,被视为人际关系的纽带。

四、情绪与情商

(一)有关情商

就像前文提到的，情绪的“名声”并不好，在书店的自助类书籍的封面上我们能轻而易举地找到大量诸如“不要让你的情绪影响你”、“摆脱情绪的左右”、“做个理智的人”这样的话语。但正如前文所论述的，情绪也可帮助我们快速地做出通常是有效的决定。

你也许会问：“有时情绪是帮助我们做决定的，有时过度的情绪会有破坏性。那么我如何知道什么时候应该跟着感觉走，什么时候应该超越我的情绪呢？”这确实是个问题，没有人能给出精确的回答。但有一点可以肯定，对于这个问题有一些人比其他人知道得更加清楚。如果你明白何时跟随你的情绪，何时压抑它们，那么你就拥有了一种智力——情商。心理学界认为，情商是一种能够理解情绪的意义、处理情绪间的关系以及懂得在推理和问题解决中有效使用情绪的能力(Mayer, Caruso, & Salovey, 2000)，主要是指人在情绪、情感、意志、耐受挫折等方面的品质。一般来讲，人与人相比，其情商并无明显的先天差别，更多是与后天的培养息息相关。

延伸阅读

处理下面这些情境时，情商也许会很重要：

当你走在校园里，你注意到樱花大道边有一个你不是很熟的同学在独自哭泣。你停下来看着她，她快速地抬头看了你一眼，简单地说了句“你好”，然后埋下头继续哭泣，你应该走过去帮忙呢，还是应该让她自己待一会儿？

如果你现在已经上班，你很着急去赴约，你同事答应开车送你。但他磨磨唧唧的，你已经很着急了，你是应该去催促他还是让自己平静下来呢？

你的室友刚讲了一个让你感觉到屈辱的笑话，你会指出他冒犯了你，还是仅仅以不笑来提示他，你对此很不高兴？

你和一个约会了几个月的情人静静地坐在一起，你正在想一些浪漫的事，而不知道你的他(她)正在想什么。现在是一个说“我爱你”的好机会，还是说“咱们分手”的预兆呢？

以上每一个例子的参考答案明显都是“不一定”。第一个例子中，在你做出决定是上前还是沉默前，你也许会考虑她的面部表情、肢体动作、语气等一切你可以搜集到的信息再去作出判断。也许她倾向于向一个比她大一些、更加成熟的女性倾诉，而不是男性或比她小的同性。同样，在其他情境中你也会去评价整个情境的状态，这个评价的能力就取决于我们的情商了。

"情商"这个被经常使用的术语到底是什么呢？通常我们的答案包括以下三个重要成分(Mayer et al.,2000)：

第一，理解面部表情、音乐、艺术中的情绪，即情绪理解。

第二，针对他人的情绪，能够理解情绪并作出推理。

第三，控制情绪，如使自己平静下来或使其他焦虑的人放松下来。

丹尼尔·戈尔曼在谈到情商的概念时，提出情感智商包含五个主要方面。

1. 了解自我

监视情绪时时刻刻的变化，能够察觉某种情绪的出现，观察和审视自己的内心世界体验，它是情感智商的核心，只有认识自己，才能成为自己生活的主宰。

2. 自我管理

调控自己的情绪，使之适时适度地表现出来，即能调控自己。

3. 自我激励

能够依据活动的某种目标，调整情绪与心态，从而使人走出生命中的低潮，重新出发。

4. 识别他人的情绪

能够通过细微的信号，敏锐地感受到他人的需求与欲望，是认知他人的情绪、与他人正常交往，从而实现顺利沟通的基础。

5. 处理人际关系

调控自己与他人的情绪反应的技巧。

从这几个方面来看，情商在我们生活中的作用确实是不容小觑的，我们每天都在处理自己的情绪、识别他人的情绪中度过，合理地认知并调控情绪是至关重要的。

(二)情商的重要性

从某种意义上讲，情商甚至比智商更重要。随着未来社会的多元化和融合度的日益提高，较高的情商将有助于一个人获得成功。而在现代社会，家长往往过于重视孩子的智商发展，却相对忽略孩子的情商发展，其实早期的情商教育尤为重要，如果一个孩子从小性格孤僻、不易合作、自卑、脆弱，不能面对挫折，急躁、固执、自负，情绪不稳定，那么就算他的智商再高，也很难取得成就。反之，情商高的孩子会有很好的自我认知，积极探索，从探索中建立自信心，控制自我情绪和培养抗挫折能力，喜欢与人交往，愿意分享合作，为日后成功做准备。婴幼儿早期情商的发展与父母的教养方式有密切关联,父母的教养方式又与父母能否正确辨识自己孩子的自身气质有关联,父母教育方式和孩子自身气质相符有利于孩子情商的培养。

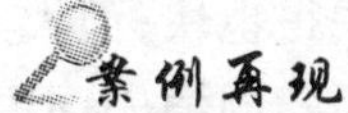

恋爱中的苦楚

姗姗和枫(均为化名)是一对情侣,确定恋爱关系已经两年。近日来,两人总为一些小事争吵不休,甚至大打出手。枫在发火时没有办法控制自己的情绪,总是用极其恶毒的语言伤害姗姗,当气消了以后又用各种方式道歉并发毒誓,以争取姗姗的原谅;姗姗在愤怒至极的时候会主动出击,打骂成了家常便饭。在如此对抗中分分合合,两人都极度痛苦,但都舍不得放下彼此。经了解,姗姗从小被妈妈严厉地管教,导致固执自负;而枫的父亲脾气暴躁,对他要求严格,导致他情绪不稳定,不能正确地宣泄和调适。

从案例中,我们是否能感觉到情商的重要性,我们到底应该如何去提升自己的情绪管理"能力"呢?不要急,这些将在第三节揭晓,在此之前我们先一起来看看我们大学生的情绪是怎样的。

第二节 认识我们的情绪
——大学生情绪特点及影响

一、大学生情绪的一般特点

1. 冲动性与爆发性

用血气方刚来总结处于成年初期的大学生们的心理状况是十分恰当的。大学生情绪能量大,同时大学生正处于"半成熟状态",这也决定了他们不具备足够的技能去调控自身的情绪,所以这个时期的情绪往往难以控制,也就有了冲动性和爆发性的特点。

2. 波动性与两极性

大学生的情绪年龄正处于未成年人与成年人的转变阶段,在情绪状态上反映着两种情绪并存的特点。一方面,相对于中学阶段,大学生的情绪趋于稳定和成熟;而另一方面,与成年人相比,大学生的情绪则带有明显的起伏波动性,容易从一个极端走向另一个极端。有时情绪会表现为大起大落、大喜大怒的两极性。

3. 延迟性与心境化

情绪的心境化，是大学生情绪的重要特点，中学时代的青少年的情绪特点往往是受制于外界情境，随着情境的变化，情绪反应来得快，消失得也快；而大学生的情绪反应的发生，往往不会随着外界的刺激环境的改变而随即消失，而是表现为一定的延迟性，趋向于心境化。如果情绪是一幅画的话，心境就是它的底色。

4. 外显性和内隐性

大学生对于外界环境的反应较灵敏，会将自己的感受表达出来，具有外显性的特点，同时，大学生也会有意识地去掩饰自己的情感，压抑自己的真实感受，这样情绪活动也就有了内隐性的特点。外在表现与内在体验并不完全一致，这也无形中给同学之间的相互交流带来障碍，使一些学生出现孤独和苦闷的情感困惑。

5. 矛盾性与复杂性

大学阶段正是大学生面临着多种心理冲突的时期，常常会呈现出一种矛盾和复杂的情绪状态，例如希望自己具有独立性与希望依赖于他人的需要同时存在、对自己不满又不想承担责任、既希望得到他人的理解又不愿意接受他人的关心等复杂矛盾的心态。

6. 丰富性与逐渐成熟

大学阶段学生的重要心理变化是自我意识的不断发展，各种社会的高层次需求不断出现且强度增加，大学生的自主意识逐渐形成，这一发展在情绪上的表现为情绪的对象内容的丰富化，大学生出现较多的自我体验。

二、大学生情绪健康的标准

虽然如上文所说，每一种情绪都是有意义的，每一种情绪都是有功能的，但总会有一些状态下的情绪会让我们感觉更舒服而另外一些不会。下面呈现的就是那些会让我们感觉舒服的状态。

根据心理学家 T. A. Ringness 等的观点，如果你能满足以下 6 个标准中的多数的话，你会比大多数人过得更好。

第一，发展某些技巧以应对挫折情境。

在我们的生活中，挫折的出现是不可能避免的，无端的逃避只能使我们陷入一个个恶性循环之中，那么应对挫折情境的技巧就显得尤为重要了。

第二，能重新解释和接纳自己与情绪的关系，不会一直自我防御，能够避免挫折并安排替代的目标。

这句话很复杂，不过下面的一个例子可以用来很好地解释它。某同学“裸考”英语六级，结果没过，情绪低落，沮丧之感萦绕不散。这时为了保护自己的内心，自我防御出现了，他很自然地告诉自己，这次考试没考好是因为“没复习好，老师没讲清楚，试卷太难了……”通常这些东西被称为“借口”。但它们确实很有用，至少在某些瞬间让他感觉沮丧的情绪消散许多。但长久的自我防御是不利的，因为这一自我防御会蒙蔽这位同学对自身的“我不努力，我粗心，我的能力不够”也是没考好的原因的分析与接受。如果“改变”要发生的话，首先必须要重新解释和接纳沮丧与自己的关系。在认清关系后，这位同学定下了另外一个目标，“俺先把四级过了”。

第三，知觉某些情境会引起挫折，可以避开并寻找替代目标，以获得情绪满足。

在我们与他人进行比较时，现实生活中很多情境都会引发挫折感。这时，盲目硬撑的结果往往是把自己推入更为沮丧的深渊，而明智的做法是转换目标，如当咱们去不了马尔代夫，咱们可以去海南，是不是?

第四，找出方法，缓解生活中的不愉快。

面对生活中的种种不良情绪，调节它们永远是我们最直觉的反应。而“到底怎么调节?”“怎么调节会更有效?”这将直接影响我们的生活。

第五，能够认清各种防御机制的功能，包括幻想、退行、投射、合理化、补偿、反向形成等。

这样可以避免养成错误的习惯，不至于防卫过度，造成情绪困扰。

第六，能寻求专家的帮助。

遇到巨大困难时，求助也是一种勇敢的行为，这意味着你有勇气去面对自己的弱点，甚至将它们展现给一些人。而这些人都是自己可以求助的对象，如各院系的辅导员、学校的心理健康教育中心的工作人员。

从另外一个角度来说，大学生情绪的健康表现为：第一，情绪基调是积极、乐观、愉快稳定的；第二，对不良情绪具有调节、控制的能力；第三，情绪反应适度；第四，高级社会性情感得到良好发展。

其实以上的内容可浓缩成一个问题就是“你幸福吗?”虽然我们可以用“我不姓福，我姓×”这样的语句调侃一下，回避这个让我们为难的问题，但在此笔者还是希望大家能在看完这一章后好好思考一下。这个问题没有绝对的答案，同时这也是个可以问自己一辈子的问题。

第三节 大学生常见的不良情绪及调节方法

是给出最后建议的时候了，与其等待不幸找上门时再去应付，倒不如提前认识问题并调整成积极的心态来面对生活。

一、大学生常见的情绪困扰

1. 焦虑

考试前的焦虑几乎是每个学生都曾经历过的，焦虑情绪本身并非是一种情绪困扰，这里所说的是指自身的焦虑程度已经构成了对学习和生活的不良影响或干扰。应该说，适度焦虑有益于个人潜能的开发。如果一个人没有焦虑或是焦虑不足，就会出现注意力分散、工作学习效率低下的状况。所以，无论是上课还是课余时间，都需要保持一定的焦虑。但是过度的焦虑也往往会使人因过度紧张而出现注意力分散和工作学习效率降低的情况。

产生焦虑情绪的原因是多方面的，焦虑情绪可分为情境性焦虑、情感性焦虑和神经性焦虑。情境性焦虑又称反应性焦虑，指包括由于面临考试、担心学业、当众演说等外界的压力所造成的焦虑情绪；情感性焦虑是指由于对预期要发生的事的担心、对自己的过错感到自责等引起的焦虑反应；神经性焦虑则是指由于情绪紊乱、恐慌、失眠、心悸等心理和生理原因引发的焦虑。

延伸阅读

心理学家韦格纳(Daniel Wegner)曾做过这样一个有趣的实验：让一些大学生作被试，事先规定，要求他们在实验的5分钟时间内，谁也不能想到白熊。如果谁想到了，就必须按眼前的电铃按钮。结果在实验开始后的5分钟内，这些大学生被试们几乎都在不停地按响电铃。因为这些大学生被试在排斥自己的心理活动的过程中，也正在关注和强化着这些观念和感受。这个实验解释了为什么一些学生越是惧怕考试时紧张，结果考试过程中反倒越紧张；越是担心自己在与陌生人交往时出现畏惧情绪，当与陌生人接触时就越会产生担心和恐惧感；也是一些人感到自己的情绪难以控制的原因所在。造成这种情绪困扰的内在原因是多方面的，比如过于追求完美、不良的心理定势、由于早年负性事件所造成的阴影、神经性焦虑等。对此类型的情绪困扰的解决方法，一是要尝试着接受自己的情绪状态，二是让自己学习不追求完美。

2. 忧郁

在心理学课上，老师让每位学生写出近一周来自己每天的情绪状况，然后进行课堂小组的交流与讨论。讨论结束时，一名学生谈了自己上完此课的感受："我这一周情绪都特别的不好，很郁闷；只有今天，我感到很轻松。因为我听到了小组中很多同学都和我同样郁闷，所以我感到轻松了……"他的话还没讲完就引起了全班学生的哄笑。

忧郁是一种烦闷、苦楚的心境，表现为没有激情、忧心忡忡、长吁短叹、话语减少、食欲不振等生理和心理反应。忧郁在大学生群体中表现得较为普遍。例如，有些学生因为长期与同学关系处理不好，孤单无助而陷入忧郁的情绪状态，表现为对生活、学习失去兴趣，无法体验到快乐，行为活动水平下降，回避与人交往，严重者还伴有心境恶劣、失眠，甚至有自杀倾向。需要特别指出的是，忧郁情绪与抑郁症(depression)相互既有联系又有质的区别。前者属于一种不良情绪困扰，需要心理上的调整；而后者则属于精神疾病，需要及时到医院就诊。

3. 冷漠

冷漠是情绪反应强度不足的表现，它主要表现为对人对事漠不关心的消极状态。处于冷漠情绪中的大学生，在行为上常表现为对生活没有热情和兴趣；对学习漠然置之，无精打采；对周围的同学冷淡、淡漠，甚至对他人的冷暖无动于衷；对集体活动漠不关心，麻木不仁。日本心理学家松原达哉教授形容此情绪状态的学生是无欲望、无关心、无气力的"三无"学生。冷漠是一种对环境和现实的自我逃避的退缩性心理反应。它本身虽然带有一定心理防御的性质，但是它会导致当事者萎靡不振、退缩躲避和自我封闭，并严重影响一个人的身心健康。克服冷漠情绪，首先要从培养责任意识入手，逐步建立起自己的生活目标，同时应开展人际的交往，积极投入到生活和学习之中。

4. 自卑

自卑是一种不能自助和软弱的复杂情感。有自卑感的人轻视自己，认为无法赶上别人。A. 阿德勒对自卑感有特殊的解释，称其为自卑情结。这些感觉你有没有体验过呢？比如："我不会打篮球"、"我踢球的姿势没他那么帅"、"她一上台这么能说，轮到我怎么就慌了神了"……大学生为自己没有一技之长等缺陷而感到自卑，女生甚至因为自己不会打扮、"怎么都不像个女生"而抬不起头来。其实，同学们真正的苦恼在于担心自己没有特长而不能引起老师、同学尤其是异性的关注。自卑感无疑是十分折磨人的，它是对人生兴奋、乐观、积极的最大抑制，自卑不利于身心健康，不利于人际交往，更不利于个人成长。克服自卑最重要的是要正确评价自己，了解自卑的深层次原因并予以解除，找到自己擅长的领域并予以强化和自我暗示。

5. 抱怨

抱怨是一种心理不平衡的反应，是一种追求完美的心理和情绪化心态的外在表现。抱怨会加剧不良情绪，使人失去奋斗的激情。经常有大学生抱怨："老师的课讲得太差"、"食堂的伙食无法下咽"、"同学对自己不够关心"、"凭什么有活动不邀请我参加"，等等。他们常常感到事事不公平，被生活的琐事搞得疲惫不堪，对老师、同学甚至亲人的要求苛刻，没有意识到别人没有责任和义务满足自己的一切要求，更没有意识到我们每个人都不可能主宰环境和他人。如果处于抱怨中的大学生能够克服依赖心理，纠正自己的错误观念，正确认识外部事物，不以自我为中心，不怨天尤人和过于偏激，积极乐观地看待生活中的不如意，那么我们的大学生活必将更加精彩。

6. 愤怒

愤怒是基本情绪之一，更是时时困扰大学生的情绪。说到它的表现形式大家可能立刻会想到几个关键词：怒目而视、杏眼圆睁、勃然大怒、乱摔乱打，等等。有些学生因为别人的想法和做法与自己不一致就会怒不可遏，那一刻"糟透了"、"烦死了"等思想占据了我们的内心，以致我们无法抑制内心的愤怒。或许我们可以这样想想：一路走来，我是不是获得了太多的赞许和纵容呢？是不是我们的父母屏蔽了太多能够引起我们愤怒情绪的信息呢？所以当我自己去处理生活的种种时，就会发现一切都那么不可理喻。如果你总是被愤怒的情绪所困扰，请试着改变自己的认知模式。当你愤怒时尝试分辨这些想法：愤怒的时候有哪些行为是情不自禁的？处理愤怒的唯一方法是发泄它们吗？挫折感是无法忍受的吗？同时去思考所有可能引起这个事件的原因，而不是把原因唯一化——她/他就是想冒犯我。与此同时，我们也要善于理解那些愤怒的人，相信他们在愤怒时候的所作所为不是出自他们的本意。

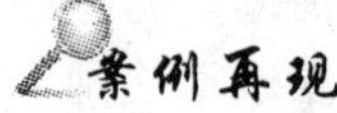

生活中不能承受之"烦"

某大一女生蓉蓉与同一寝室的三个同学闹矛盾的故事：脱离高中的学习"苦海"后，蓉蓉想好好享受一下睡懒觉的幸福，然而这一愿望并没有实现。同寝室的一个女生每天都会在6点起床开始其晨读计划，噼里啪啦的声响总会让蓉蓉从睡梦中惊醒。蓉蓉试图用翻身等方式委婉地提醒室友其行为吵醒了她，然而这些委婉的提示并没有发挥任何作用。蓉蓉本不想在大一时就破坏和谐的寝室关系，但持续的压抑让她对那位室友越来越不满，从早起这一件事渐渐泛化到更多琐碎的小事，与此同时蓉蓉也因另外两位对此事漠不关心的室友感到愤怒。终于有一天，愤怒爆发的导火索出现了——由于晚上熬夜而早上本想多睡一会的蓉蓉，却再次被室友踢到洗脸盆的声音惊醒，压抑的愤怒在那一刻爆发，蓉蓉大声向室友宣告，责备她的行为。争吵发生了，而生活还是要继续，不是吗？随之而来的是生活被打乱，寻求和解……

案例解析：

试着想想，如果蓉蓉和她的室友好好聊聊，正确解决了吵到她睡觉的这个冲突，因之而生的愤怒也就没有存在的根基了。所以解决问题很重要。

二、情绪控制与调节的方法——合理情绪理论

1. 什么是合理情绪理论

合理情绪理论是调节情绪的一个很不错的理论，又称为“ABC”理论，由美国临床心理学家艾里斯(A. Ellis)提出。艾里斯认为，在人们情绪产生的过程中有三个重要的因素，这就是诱发情绪发生事件(activating events，简称“A”)，人们对诱发事件所持的相应的信念、态度和解释(beliefs，简称“B”)以及由此引发的人们的情绪和行为的结果(consequences，简称“C”)，情绪并非是由导致情绪发生的诱发事件直接引起的，而是通过人们对这一引发事件的解释和评价所引起的。即并非是事件引起了情绪，而是人们对事件的认识引起了情绪。

延伸阅读

两个业务员到非洲去卖鞋，发现非洲人都不穿鞋。一个业务员说，非洲人不穿鞋子，这里没市场；而另外一个业务员则说，不对，非洲人都没鞋子穿，这里的市场一片大好。两个业务员的态度和解释即“B”不同，最后导致结果即“C”的不同。你会是哪个业务员呢？

2. 合理情绪理论的意义

合理情绪理论认为，对事件正确的认识一般会导致适当的行为和情绪反应，而错误的认知往往是导致不良情绪产生的直接原因。人们对事件发生错误的认识，往往是由某些不合理的信念所致，艾里斯称其为非理性观念。非理性观念会使人陷入情绪的逆境中而不能自拔。如学生提出了“人活着是为了

快乐"并没错，但是提出"人怎样才能快乐？当然就是没有烦恼和痛苦……"这个关于快乐的诠释本身包含有不合理的部分。因为没有痛苦与烦恼并不等于快乐(有的人并不痛苦，但是也不快乐)，而有了痛苦和烦恼，也不能说就一定没有快乐。

合理情绪理论认为，改变不合理的观念，建立合理的观念，就会产生积极的情绪反应。该理论通过对引起不良情绪的非理性观念的纠正，从而达到情绪改善的目的。

3. 合理情绪理论的应用

第一，将引发不良情绪的事件和认识一一列出来。

第二，找出引发不良情绪的非理性观念。有以下几种：

(1)过分绝对化。即对什么事物都怀有认为必须或不会发生的信念。这种特征常常表现为日常生活中"应该"、"必须"、"一定"、"绝对"等用语上。具有绝对化非理性观念者，在生活和人际交往中，刻板僵化，总是在苛求完美，很容易陷入不良情绪的困扰中。如"我对你这么好，你必须对我好"，"我生病了，你应该来看我"等。

(2)过分概括化。即以偏概全的思维方式，这种非理性认知认为世界上的事物只有两类，要么正确，要么错误。只因一次的工作失误，整个人就被认为是无可救药了；朋友失约一次，就被认为是再也不可信了。

(3)糟糕至极。常会表现为"一旦出现了……即天就要塌了"，"再没有比这更可怕的了"，等等。例如，有的大学生因一次恋爱受挫，就认为自己没有爱的能力了。

第三，理性认知，建立合理的信念，最后达到情绪感受的改变。

例如，一位大学生叙述了一次被朋友"伤害"的经历："在我的朋友遇到困难时，我主动帮助了他，而当我遇到困难时，他却视而不见，为此我感到被欺骗了，很愤怒。"通过对该学生认识的分析，找出了其不合理观念是"我帮助了他，他就应该帮助我"。通过讨论，该学生将"应该"改成了"希望"，对事件的认识变成了：我的朋友遇到困难时，我帮了他，是我主动而且愿意的，并且我也希望当我遇到困难时，他同样会帮助我；但后来，当我真的遇到了困难，他却没帮我，我为此感到遗憾，虽然不很高兴，但我不会为此感到生气。

掌握合理情绪的理论和方法，当我们遇到情绪困扰时不仅可以帮助我们认识和摆脱不良情绪的困扰，更重要的是它能使我们保持一种客观正确的认知心态，避免不良情绪的发生。

三、消除负性情绪

(一)积极的心理训练

消除负性情绪是有方法的,积极心理学对这个问题的解决作出了不小的贡献,它不针对特殊事件,但针对你的整个大学生活。它可以被看做是一种指导,也可以被看做是一种有效的生活方式,用来帮助你更加积极地去生活,并且为自己和他人构筑一个更加积极的心理空间。所以我们强调持续的、积极的心理训练。

1. 减少对自己的负性评价

在对自己的不快乐进行探索时将焦点放在那些在将来一周内可以采取行动改变的事情上。只给自己和他人以建设性的批评——"下次应该采取怎样不同而有效的方法行事?"而不是"你这样做是不对的,你是个'loser'"。

2. 寻找最适宜的方法

将自己对于生活中刺激的反应、感受和想法与你的朋友、家人、同事以及其他重要的人的想法作比较,从而使你可以估计出自己行为的适宜性以及你的反应同适宜的社会规范之间的关系。注意这里比较的目的不是分个优劣,只是寻找更适宜的方法。

3. 结交并维持一定的密友关系

你可以和他人分享彼此的感受、忧愁、快乐和成就,并致力于拓宽你自己的社会支持网络。据一项研究表明,拥有更多社会支持的癌症患者从实验开始平均存活时间为 36 个月,而控制组只有 18.9 个月(Fiegel et al.,1989),可见社会支持的重要性。

4. 学会时间管理

发展一种平衡时间的观点,从而可以灵活地对待工作、环境的要求和自己的需求。这也就是我们所说的时间管理。有事在手的时候请面对未来,为目标而奋斗;快乐在握的时候请珍惜现在,为自己举杯;与老友联系的时候请珍惜过去,为真情喝彩。

5. 自信并乐于分享

永远对你的成功和快乐充满信心并和他人分享你的积极感受,去了解自己独特的与众不同的特质——那些你可以提供给他人的品质。例如,一个害羞的人可以给一个健谈的人提供专注的倾听。了解了自己的个人优势,便可以对自身的资源进行有效的整合。

6. 掌握控制情绪的方法

当你感觉你就要对自己的情绪失去控制时，请暂时离开那个不快的情境，同时站在另一个人的位置上考虑一下；或者设想一下未来，使自己看到问题可能得到解决的种种情境；或者寻找一个善于倾听的朋友好好聊聊。要注意，请务必允许自己表达和宣泄自己的情绪。

7. 善于接纳自己

记住，失败和失望在很多情境中都是经过伪装的祝福。相信"吃一堑，长一智"、"失败是成功之母"这样的老生常谈无需赘言大家便都知道，但又有多少人能够真正做到呢？我们需要以更加谦和的态度和一颗更平静的心去接受自己。

8. 懂得放松

花些时间放松自己，慢跑，反省自身，收集信息，享受音乐，享受独处。警惕沉迷于酒吧、长时间玩电子游戏这样的放松方式，它们会让你感觉到你放松了，但实质上它们消耗了你太多精力，从生理的角度而言你是疲惫的，获得的只是精神上一时的欢愉。

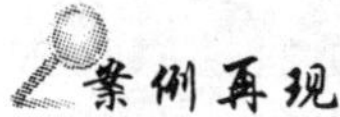

负性情绪的力量

宇宇是某专业的一个女生，平时总是给人一种很阳光活泼的感觉。最近她的室友发现她有些不对劲，以前的活泼劲儿都不见了，而且一点小事都容易触动她，整个人变得非常消极。上次做课堂实验，大家都在出主意，问到宇宇时，她一脸不耐烦地说："我的主意又不重要，不用说了。"她歌唱得不错，几个"损友"偷偷帮她报名比赛，想让她参加，她得知后既生气又沮丧："我唱得不好，比我唱得好的人太多了，再加上……反正评委们是不会喜欢我的。"而且她经常由于一些生活中的小事埋怨自己没有用。这些让室友们既奇怪又担心，不知道该怎么帮助她。她到底是怎么了？我们应该怎么帮助她呢？

(二)心理调适自助方法

每个人都有这样的时候，我们将"消极的自我对话"强加给自己。其实你仔细想想就会发现这件事很有趣，我们产生糟糕情绪的原因告诉我们，是我们自己要消极、要糟糕。其实克服消极的自我对话的首要方法就是识别它们，知道它们是什么，所以下面的清单既是你对自己的自检，也是自助的途径。

1. 我不值得

这个是对你自尊的直接攻击，当然这个也是我们最容易意识到"这不是真的”的一项。如果持续地告诉自己“我不值得，我不值得，我……”你所能得到的唯一的东西就只有一团糟的生活。

2. 我没有用

“我没用”就像一个小偷一样，它会偷走你的心理能量，给你留下一个毫无动力的内心。

3. 我做不了这个

这东西又来了，它是自信心的夭折。当然有些事我们确实做不了，但大多数时候这句话都是向我们的内心发出攻击的信号。

4. 我永远跟不上

在你开始有所行动前，这句话已经将你的失败提前写好了。我们都知道，只要选对方向，付出足够的努力，成功总有一天会到来的。在开始之前就告诉自己“我跟不上”，毫无疑问是“自废武功”的表现。

5. 大家都不喜欢我

很多时候，这是拒绝与别人交流的一个很好的防御心理。当我们到一个新的环境时如果告诉自己“大家不喜欢我”，那就很有可能成为自我实现的预言。

6. 其他人比我更好

从小我们总有一个对手是无法超越的，那就是——别人家的孩子。我们的父母会习惯性地将我们和其他的孩子做对比，而奇怪的是，他们总能发现那些比我们强的孩子。于是我们也形成了这样的思考习惯——别人总是比我好。但有时候这些会成为自我歧视的一部分。

7. 这些……还不够啊

我们中很大一部分人总是很难满足于自己对人生的索求。这种不满足感是我们前进的动力之一，但长时间持续不满足的状态是沮丧的导火索。不要强化它！

8. 我必须完美！

世界上很少有100%的事儿，但这里有个事儿一定会是100%，就是当你用完美的高标准去苛责你的人生时，那么你的失败必定会是100%。完美地拥有一个不完美的人生，对于所有的人来说，都是如此。

9. 我的观点不重要

这会降低自尊。当你对自己说这个的时候，它会让你认识到，自己绝对是个没用的人。

10. 我永远没有任何改变

我们说这些的时候就像将自己的失败写在石头上一样，不愿更改，也无法更改。这是对自己人生消极情绪的妥协，对绝望情绪的容纳。此时你唯一要做的就是对它说“不”！

面对消极的自我对话，我们要做什么呢？跟着下面的步骤去做，你将逐渐掌控自己：

1. 抓住你自己

大多时候我们都放任自己的思绪，任它们流动。是规整它们的时候了，每天定下清晰的目标去抓住那些你说过的消极的话并意识到它们的存在。

2. 标记

为那些你说过的话贴上标签，去识别那些你说过的话。

3. 套公式

抓住“刚刚……(重复你刚刚想到的消极对话)出现在了我的脑海”的话。比如我抓住了我对自己说的“我没法在课堂上举手”这个话，这时我会停下其他的事情对自己说“刚才‘我做不了’出现在了我的脑海”，明确地告诉自己，这只是一个想法。如果你不去实现这个想法的话，它永远只是一个想法。如果内化它的话，用“引狼入室”都已经无法概括你的愚蠢了。

4. 深呼吸以及继续前进

这些消极的自我对话只是你生活的插曲，无需为它花太多时间。

(三)饮食习惯与情绪调节

多年来的研究显示，某些特定的食品能影响我们大脑中某些化学物质的产生，从而改善人们的心情。

1. 全麦面包

食物中的色氨酸能提高大脑中5-羟色胺的水平，使人产生愉悦的感觉。而全麦面包能帮助色氨酸的吸收。在吃富含蛋白质的肉类、奶酪等食品之前，先吃几片全麦面包，可以保证色氨酸能进入大脑，而不至于被其他氨基酸“挤掉”。

2. 咖啡

早上喝一杯咖啡确有提神醒脑的作用。咖啡因能使血压暂时略有升高，并阻断使我们感到瞌睡的化学物质的传递。但每天喝3杯以上的咖啡，则反而可能使人烦躁、易怒。

3. 水

水的重要性是不言而喻的，每天应喝足够的水，防止因缺水而感到萎靡不振。不能用咖啡或其他含咖啡的饮料代替水，也最好少喝或不喝各种饮料。

4. 香蕉

紧张与镁缺乏密切相关，所以，生活忙碌的人在食谱中应补充富含镁的食品，而香蕉恰恰是含镁较多的食物。

5. 橙和葡萄

每天150毫克剂量的维生素C(约两只橙)就可以使紧张、易怒、抑郁的不良情绪得到改善，这是个听上去不错的主意，大家不妨多尝试，享受美味的同时为自己的幸福生活添彩。

6. 辣椒

辣椒中含的辣椒素能刺激口腔神经末梢，使大脑释放出内啡肽。这种物质能引起短暂的愉快感。

7. 巧克力

许多女生，尤其是当她们受到经前期综合征或不良情绪困扰时，特别想吃巧克力。这是由于巧克力具有镇定的作用，所以当你感到很糟的时候，不要考虑与肥胖有关的问题。

8. 牛肉

为了降低胆固醇完全忌吃牛肉，往往引起缺铁，使人感觉疲劳，心情抑郁。实验表明，每天吃3盎司牛肉(约85克，一个小汉堡包中的分量)的人比完全素食的人可多吸收50%的铁。

延伸阅读

心理测试：你的情绪是稳定的吗

1. 我有能力克服各种困难

A. 是的　　B. 不一定　　C. 不是的

2. 猛兽即使是关在铁笼里，我见了也会惴惴不安

A. 是的　　B. 不一定　　C. 不是的

3. 如果我能到一个新环境，我要

A. 把生活安排得和从前不一样　　B. 不确定　　C. 和从前相仿

4. 整个一生中，我一直觉得我能达到所预期的目标

A. 是的　　B. 不一定　　C. 不是的

5. 我在小学时敬佩的老师，到现在仍然令我敬佩

A. 是的　　B. 不一定　　C. 不是的

6. 不知为什么，有些人总是回避我或冷淡我

A. 是的　　B. 不一定　　C. 不是的

7. 我虽善意待人，却常常得不到好报

A. 是的　　B. 不一定　　C. 不是的

8. 在大街上，我常常避开我所不愿意打招呼的人

A. 极少如此　　B. 偶尔如此　　C. 有时如此

9. 当我聚精会神地欣赏音乐时，如果有人在旁高谈阔论我会

A. 仍能专心听音乐　　B. 介于 A,C 之间　　C. 不能专心并感到恼怒

10. 我不论到什么地方，都能清楚地辨别方向

A. 是的　　B 不一定　　C. 不是的

11. 我热爱我所学的知识

A. 是的　　B. 不一定　　C. 不是的

12. 生动的梦境常常干扰我的睡眠

A. 经常如此　　B. 偶尔如此　　C. 从不如此

13. 季节气候的变化一般不影响我的情绪

A. 是的　　B. 介于 A,C 之间　　C. 不是的

计分与结果解释：

计分：1、4、5、8、9、10、11、13 题选 A、B、C 分别计 2、1、0 分，2、3、6、7、12 题选 A、B、C 分别计 0、1、2 分。

结果解释：

★17～26 分：情绪稳定

你的情绪稳定，性格成熟，能面对现实；通常能以沉着的态度应付现实中出现的各种问题；行动充满魅力，有勇气，有维护团结的精神。

★13～16 分：情绪基本稳定

你的情绪有变化，但不大，能沉着应付现实中出现的一般性问题。然而在大事面前，有时会急躁不安，不免受环境影响。

★0～12 分：情绪激动

你的情绪较易激动，容易产生烦恼；不容易应付生活中遇到的各种阻挠和挫折；容易受环境支配而心神动摇；不能面对现实，常常急躁不安，身心疲乏，甚至失眠等。要注意控制和调节自己的心境，使自己的情绪保持稳定。

情商分类测试

本问卷是一组综合性测试情商的问答测试题。通常将情商分为五个部分：

1. 自我情绪认知

2. 情绪调控

3. 自我激励

4. 他人情绪认知

5. 人际关系管理

测试指导语:为了得到准确的结果,请根据你的实际情况与真实想法答题。

1. 与人共事懂得不能"争功于己,诿过于人"?

A. 从不　　B. 有时　　C. 总是

2. 觉得没必要要求自己什么,自己做不到的事不如干脆放弃?

A. 从不　　B. 有时　　C. 总是

3. 一次想做很多事,因此显得不够专心?

A. 从不　　B. 有时　　C. 总是

4. 与人交往时知道怎样去了解和尊重他人的情感与意愿?

A. 从不　　B. 有时　　C. 总是

5. 与人相处能够"严于律己,宽以待人"?

A. 从不　　B. 有时　　C. 总是

6. 对人对事不喜欢深思熟虑,主张"跟着感觉走"?

A. 从不　　B. 有时　　C. 总是

7. 无法确知自己是在为何生气、高兴、伤心或忌妒?

A. 从不　　B. 有时　　C. 总是

8. 遇到不顺心的事能够控制自己的情绪?

A. 从不　　B. 有时　　C. 总是

9. 不认为参加社交活动是浪费时间?

A. 从不　　B. 有时　　C. 总是

10. 情绪波动起伏,往往不能自控?

A. 从不　　B. 有时　　C. 总是

11. 别人不同意自己的意见时就会表现出不满,或避而远之?

A. 从不　　B. 有时　　C. 总是

12. 与人相处时不善于了解对方的想法或正确地看待事物?

A. 从不　　B. 有时　　C. 总是

13. 有扪心自问的反思习惯?

A. 从不　　B. 有时　　C. 总是

14. 见到他人的进步和成就没有不高兴的心情?

A. 从不　　B. 有时　　C. 总是

15. 当别人提出问题时,会不知怎样回答才让人满意?
A. 从不　　B. 有时　　C. 总是
16. 受到挫折或委屈,能够保持能屈能伸的乐观心态?
A. 从不　　B. 有时　　C. 总是
17. 在意别人对自己的看法,生活无法轻松自在?
A. 从不　　B. 有时　　C. 总是
18. 对于自己该做的事,很难主动地负责到底?
A. 从不　　B. 有时　　C. 总是
19. 性情不够开朗,很少展露笑容?
A. 从不　　B. 有时　　C. 总是
20. 听取批评意见包括与实际情况不相符的意见时,没有耿耿于怀或不乐意?
A. 从不　　B. 有时　　C. 总是
21. 能够说出亲人和朋友各自的一些优点和长处?
A. 从不　　B. 有时　　C. 总是
22. 工作或学习上遇到困难,能够自我鼓励克服困难?
A. 从不　　B. 有时　　C. 总是
23. 对同学、同事们的脾气性格有一定的了解?
A. 从不　　B. 有时　　C. 总是
24. 决定了要做的事不轻言放弃?
A. 从不　　B. 有时　　C. 总是
25. 办事出了差错后自己总结经验教训,不怨天尤人?
A. 从不　　B. 有时　　C. 总是
26. 知道失信和欺骗是友谊的大敌?
A. 从不　　B. 有时　　C. 总是
27. 做什么事都很急,觉得自己属于耐不住性子的人?
A. 从不　　B. 有时　　C. 总是
28. 对自己期望很高,达不到标准时会很生气或发脾气?
A. 从不　　B. 有时　　C. 总是
29. 知道自己在什么样的情况下容易发生情绪波动?
A. 从不　　B. 有时　　C. 总是
30. 即使生气、高兴、伤心、忌妒,也不愿或不能表达出来?
A. 从不　　B. 有时　　C. 总是
31. 遇到意想不到的突发事件,能够冷静应对?

A. 从不　　B. 有时　　C. 总是

32. 对自己的性格类别有比较清晰的了解？

A. 从不　　B. 有时　　C. 总是

33. 懂得从他人言谈与表情中发现自己情绪的变化？

A. 从不　　B. 有时　　C. 总是

34. 不愿尝试所谓新事物，对自己不会的事情会感到无聊、低级趣味？

A. 从不　　B. 有时　　C. 总是

35. 对有约在先的事，无法履行兑现，或草率了事？

A. 从不　　B. 有时　　C. 总是

36. 不敢担任新的职责，因为怕自己会犯错？

A. 从不　　B. 有时　　C. 总是

37. 担心自己的意见或建议不好时，宁愿随声附和？

A. 从不　　B. 有时　　C. 总是

38. 经常留意自己周围人们的情绪变化？

A. 从不　　B. 有时　　C. 总是

39. 别人的感受是什么对我来说没有必要去考虑？

A. 从不　　B. 有时　　C. 总是

40. 精神处于紧张状态，不能自我放松？

A. 从不　　B. 有时　　C. 总是

41. 触痛别人或伤及别人的感情时自己不能察觉？

A. 从不　　B. 有时　　C. 总是

42. 很难找到表达情绪的适当方式。要么表示愤怒，要么隐忍或委屈？

A. 从不　　B. 有时　　C. 总是

43. 情绪起伏很大，自己都不了解是为什么？

A. 从不　　B. 有时　　C. 总是

44. 相信“失败乃成功之母”？

A. 从不　　B. 有时　　C. 总是

45. 觉得委曲求全是解决矛盾的好方法？

A. 从不　　B. 有时　　C. 总是

46. 对单位、学校及家庭既定的规章制度不能照章行事？

A. 从不　　B. 有时　　C. 总是

47. 在人生道路上的拼搏中，相信自己能够成功？

A. 从不　　B. 有时　　C. 总是

48. 不知道自己的感情是脆弱还是坚强?

A. 从不　　B. 有时　　C. 总是

49. 没有不愿同他人合作的心态?

A. 从不　　B. 有时　　C. 总是

50. 出现感情冲动或发怒时,能够较快地“自我熄火”?

A. 从不　　B. 有时　　C. 总是

计分与结果解释:

计分:1、4、5、8、9、13、14、16、20、21、22、23、24、25、26、29、31、32、33、38、44、47、49、50 题选 A、B、C 分别计 0、1、2 分,2、3、6、7、10、11、12、15、17、18、19、27、28、30、34、35、36、37、39、40、41、42、43、45、46、48 题选 A、B、C 分别计 2、1、0 分。

结果解释:

★81～100 分

EQ 水平较高,情绪稳定,乐观自信,客观冷静,人际交往、处理问题及社会适应能力较强,是一种积极健康的心理状态。

★41～80 分

EQ 水平居中,尚需保持和发扬优势面,克服不足,不断提高。

★40 分以下

EQ 水平偏低,情绪常波动起伏,人际交往、处理问题及社会适应能力欠缺。但也勿需恐惧,应当找出薄弱环节,有针对性地加强自我修养和锻炼,以不断提高自己的情商水平与综合素质。

参考文献

[1] 彭聃龄. 普通心理学[M]. 北京:北京师范大学出版社,2004.

[2] [美]丹尼尔·戈尔曼. 情商:为什么情商比智商更重要[M]. 北京:中信出版社,2010.

[3] 包陶迅. 现代生活与心理健康[M]. 沈阳:辽宁教育出版社,2012.

[4] 路西. 世界上最经典的心理学故事[M]. 北京:中国华侨出版社,2011.

[5] 孟昭兰. 情绪心理学[M]. 北京:北京大学出版社,2005.

[6] 郭瑞增. 做最好的情绪调节师[M]. 天津:天津科学技术出版社,2008.

[7] 江光荣. 心理咨询的理论与实务[M]北京:高等教育出版社,2005.

第五章　少年既知勤学苦
老来不悔读书迟

——大学生学习心理

学习这件事不在于有没有人教你，最重要的是在于你自己有没有觉悟和恒心。

——(法国)亨利·法布尔

爱因斯坦的故事

有一次，爱因斯坦在一所大学演讲，一位女生站起来问："你被誉为科学界的巨人，你认为自己是巨人吗?"

爱因斯坦微笑着说："巨人并不是长得高大的人，大家看我如此瘦小，怎么能有巨人的形象呢？也许我看得远一些，那也只是因为我站得高一些而已!"

一个男生接着问："您提到比别人站得高一些，我想起不久前您在阿尔卑斯山的高峰之巅曾和一位女士长谈过一次。我不想问您谈话的内容，只想知道站在山顶的那一刻，您有没有意识到在科学史上自己也已站成一座山峰呢?"

爱因斯坦仔细地看了看发问的人，问："你看我像一座山峰吗？我这个人的身高不管怎么站都成不了山峰。而且，没有一座高峰不是被人征服的，我们不要做高峰，而要做登上山顶的人!"

说着，他拿起粉笔在黑板上写下一行字：站在山顶，你并不高大，反而更加渺小!

"最后我可以告诉大家一句话，这句话也是我在阿尔卑斯山绝顶之上对那位女士讲的最后一句：任何一座高峰都是可以征服的，世上从无巨人，只有站得更高的人!"

台下掌声一片。当年在阿尔卑斯山聆听爱因斯坦说话的那位女士，正是居里夫人。

(引自"耕耘者"网站，http://www.gengyunz.com/gushi/mingren/3127.asp)

显然，我们在大学里的学习与之前中学阶段的学习是截然不同的，我们有

了更多的时间去学习那些我们似乎真正“感兴趣”的知识、似乎真正“有用”的知识，那么，如何才能征服知识的高峰？

第一节　大学生学习心理特点

一、大学生学习特点及心理机制

（一）什么是学习

在我国古代，早已有智者对学习进行了深刻而精辟的论述。子曰：“学而时习之，不亦说乎？”意思是说，学了之后及时地、经常地进行温习，不是一种很快乐的事情吗？这里的“学”和“习”是既有联系又有区别的两个概念：“学”就是模仿，即获得知识、技巧和能力；“习”就是练习，即训练、实践之意也。《中庸》中把学习分成五个步骤：学、问、思、辨、行。

在近代，学习是心理学中的一个术语，它有广义、次广义和狭义之分。广义的学习是指人和动物在生活中获得经验的过程。在这个定义中，有四个值得注意的要点：①学习是动物和人共有的心理现象；②学习不是本能活动而是后天习得的；③任何学习都将引起适应性的行为变化；④学习带来的变化不是短暂的而是长久的。可以说，凡是获得经验、引起持久的行为变化都可以称为学习。如动物园里老虎骑马、黑熊玩呼啦圈、猴子做算术等都是学习的结果。次广义的学习是指人类的学习，包括学校中的学习和社会实践中的学习。相对于动物的学习，人类的学习具有三大显著特点：①它除了获得个体的行为经验之外，还要掌握人类所积累下来的社会历史经验，即科学文化知识；②它总是在改造客观世界以及人际交往中进行，是以语言为中介掌握人类社会历史经验的过程；③它是一种自觉、积极和主动的过程。狭义的学习是指学校中学生的学习。在校学生的学习是按照教育目标的要求，在教师指导下，有目的、有计划、有组织、有系统地进行的，是一种特殊的认识活动，具有计划性、间接性、高效性等特点。其学习内容大致分为三个方面：①知识和技能的获得与形成；②智力因素和非智力因素的培养与发展；③道德品质的提高和行为习惯的养成。

因此，学习是每个社会及其成员生存和发展的重要前提，是动物和人类生活中普遍存在的现象。

（二）大学生学习的特点

大学里的学习也许是许多人人生中最后一次系统学习的机会。有人戏言

“大学就是大概地学”，有人则表示“大学就是要大量地学”。毋庸置疑，学习始终是大学生的主要任务，大学生正处于智力发展的高峰期，记忆力、观察力、思考力、逻辑思维能力与创造性都有很大的发展。但大学生的学习既不同于中小学生的基础学习，也不同于社会人员的在职学习，表现出其自身独有的特点。

1. 学习内容的专业性

在基础教育阶段，中小学生的学习是不分专业而是按年级划分的，各年级开设的主要课程基本相同只是程度有异，学生对开设的各门课程都要学习。大学生的学习则是在确定了基本专业方向后进行的，学习的职业定向性较为明确，是为将来走上工作岗位、适应社会需要所进行的学习，大学生对自己的专业是否有兴趣会直接影响学习热情，进而影响最终的学习成效；专业与学科群的划分也将大学学习与未来职业生涯紧密联系在一起。专业学习要求大学生既要了解本专业的前沿知识与经典理论，又要掌握与专业相关的基础知识，如何正确处理基础课和专业课之间的关系是大学学习的一个中心问题。

2. 学习过程的自主性

在基础教育阶段，无论是学习内容、学习时间还是学习方式，学生能自主支配的都较少，即使是早读和晚自习，都有教师督导。大学阶段则更强调自觉性和能动性，强调个体在学习活动中承担主要角色。大学学习虽也有教师讲授，但其讲授往往是提纲挈领而不是照本宣科，因此课前的预习以及课后的理解、消化、巩固等各个环节都主要靠学生独自完成，而不会像中小学生那样由教师布置、检查、督促，这就需要较强的学习自觉性。另外，大学生对学习内容有较大的选择性，大学的课程既有公共必修课、专业必修课，还有大量的选修课、辅修课程以及第二学位课程等，学生可以根据自己的兴趣、爱好、专长及家庭经济条件自由选择。大学生选择课程要着眼于自身的知识能力基础、职业需求和社会需要，从而构建自己独一无二的核心竞争力，而不能停留于哪门课程更容易、哪位老师给分更宽松等。如计算机、外语始终是大学生学习的热点，是因为社会的建设与发展对这类知识的需要，从而日益显示出其重要性。此外，大学生自由支配的时间也较多，有的人用来学习，有的人去打工赚钱，有的人沉溺于网络游戏，有的人则无所事事，这同样需要学生发挥主观能动性，统筹安排，合理规划，以便在有限的时间里获得较高的学习效益，否则就会不得要领，忙乱不堪，或是浪费时间，收效甚微。

3. 学习途径的多样性

大学活动的丰富多彩为学生的发展提供了无限可能性。大学生在规划自己的职业生涯时，升学已不再是唯一选择，既可以选择继续深造，也可以选择就业或创业，每一种选择意味着学习的侧重点会有所不同。信息时代几乎无处不在的网络开启了学习的革命，获取知识的多元化带动学习方式的变迁，教师不再是知识的中心，课堂教学虽然还是大学生学习的主要途径，但已不是唯一途径，其他诸如学术报告和专家讲座、科研立项和学术研究、社会实践实习和调查、世界名校公开课以及咨询服务等各种各样的学习途径都为学生的成长成才提供了良好的条件。

4. 学习目的的探索性

探索性是指大学生在学习过程中对书本结论之外的新观点、新理论进行深入的钻研和探索。大学学习不仅仅在于掌握所学的知识，更在于探究知识的形成过程与科学的研究方法，了解学科发展状况、存在的问题及解决的可能性，培养独立思考、探索创新的精神。大学的课堂教学已从阐述既定结论，逐步转变为介绍各学派理论争鸣、最新学术动态等；学生的学习思维方式也逐渐从死记硬背、正确再现教学内容，向汇集众家所长、确立个人见解的方向转变。目前，高等学校普遍在课程设置、课程安排、课程衔接上突出学生的主体地位，加大学生实践环节的培养，旨在提高大学生的创新能力。不少学生通过参与全国大学生“挑战杯”竞赛、数学建模竞赛、电子设计竞赛以及参与教师的科研项目、撰写论文和调查报告等，已逐步形成良好的研究习惯、提高了实践技能，并取得一定的科研成果。

(三)大学生学习心理机制

心理机制是指人的心理的构成因素及发挥作用的方式。在学习过程中，有两种心理因素在起作用：一是智力因素，它是以思维能力为核心构成的认知系统，包括注意力、观察力、记忆力、思维能力、创造力，直接影响学习效果；二是非智力因素，它是以学习动机为核心构成的动力系统，包括兴趣、情感、意志、动机、性格、需要等，对学习起着维持、调节、强化的作用。

1. 认知与学习

“认知”是近几十年来由心理学家提出的一个描述人的认识能力的新概念，它有广义和狭义之分。其广义的含义等同于“智力”，狭义的含义等同于“思维”。认知心理学家布鲁纳认为，学习的实质是一个把同类事物联系起来并把它们组织成具有意义的结构的过程，即知识的学习就是在学习者头脑中形成知识结构。

哈佛大学的心理学家加德纳通过对人类智力潜能的大量研究，提出在美国教育界产生重大影响的“多元智能理论”。根据加德纳的观点，个人在有些智力上表现出高水平，在有些智力上则表现出低水平，这些智力相互独立，从而使个体表现出能力上的差异。每个人都拥有的8种智能是：言语—语言智能、逻辑—数理智能、视觉—空间智能、身体—动觉智能、音乐—节奏智能、人际智能、内省智能、自然观察智能。其理论要点为：①每个人同时拥有这8种智能。一些人看起来在所有智能方面或大部分智能方面处于极高水平，如德国诗人、政治家、科学家、哲学家歌德；而另一些除在某些智能方面有较高水平外，基本上不具备其他智能的特征；大多数人则只是介于这两个极端之间——在某些智能方面有适度发展，在另一些智能方面则未开发。②多数人都是有可能将任何一种智能发展到令人满意的水平的。如果提供丰富的环境与指导并给予适当的鼓励，实际上每个人都有能力将所有8种智能发展到一个相当高的水平，如在铃木艺术教育项目中就得到了验证。③每一种智能类别存在多种表现形式。如同样具有较高言语—语言智能的人，其中一个可能是文学家，而另一个可能是文盲，但他有很好的口头表达能力；两个同样具有较高身体—动觉智能的人，其中一个可能在运动场上有出色的表现，另一个却可能因为动作不协调根本上不了运动场，但可以是一个出色的外科医生。

加德纳多元智能理论对大学生学习的启示：我们每个人都有不同的智力特点、不同的优势领域，呈现着明显的个性化特征，我们可以有意识地对自己加以客观而恰当的自我评估，采用多样化的学习方式，以充分发挥我们的智力潜能，使自己达到最佳的发展。

2. 大学生非智力因素与学习

心理学的研究表明，影响大学生学业成绩的主要因素是非智力因素。学习中的非智力因素主要是指兴趣、情感、意志、性格、态度等方面对学习的影响。

兴趣是人的需要得到满足时在情绪上的表现。它始于好奇心，进一步发展为爱好，对人的知识的增长、情感的调动、品格的形成、潜能的发挥等都起着巨大的作用。钱锺书之所以能取得那么大的文学成就，就因为他年轻时曾立下“横扫清华图书馆”的志向，把所有的时间都用到了读书上。可见兴趣和努力是大学生成才的两个重要方面，努力是通往成功的必经之路，而兴趣使这条路走得更顺利。兴趣与努力互相促进，大学生才能取得预期的学业成就。

情感是推动学习的强大的动力，是一个人取得学业成就大小的先决条件，在学习活动中，适当的激情、良好的心境、饱满的热情是学习的重要心理品质。大学生要学会用理智支配情感，做情感的主人，以克服消极情感对学习产生的负面影响。大学生要明确学习目的，培养合理正当的需要以形成自己高尚的情操，使自己的较为低级的情操服从较为高级的情操，使自己的需要受到这种高尚情操的支配和调节。

意志在大学生的学习中起着重要作用，大学生差别最小的是智力，差别最大的是毅力。荀子曾说："骐骥一跃，不能十步；驽马十驾，功在不舍；锲而舍之，朽木不折；锲而不舍，金石可镂。"人是自己意志的创造者，大学生应有意识地培养自己和锻炼自己的意志，但意志的培养不是一蹴而就的，必须从最简单的事情入手，艰苦历练，持之以恒，才能成为一个意志坚强的人。

一个具有优良性格特征的学生，可确保其具有正确的学习动力、稳定的学习情绪、持久的学习行为和顽强的学习意志，提高心智活动水平，获得学业成功。陶行知先生认为良好的性格特征主要表现为四个方面：①努力奋斗，"奋斗是成功之父"；②实事求是，"知之为知之，不知为不知"；③独立意识，"独立的意志，独立的思想，独立的生计与耐劳的筋骨"；④创造精神。

学习态度是指学生在学习情境中表现出来的比较稳定的心理倾向。大学生的学习态度直接影响其学习行为和学习效果。

二、大学生常见学习心理障碍及调适

学习是一个全面的、系统化的过程，会受到社会环境、学校教育、家庭背景、身体状况、智力因素和非智力因素等方面的综合影响，任何方面的缺陷或不足都需要其他方面的补充以达到整个结构的平衡，否则就会形成学习障碍。大学生学习障碍的形成并不是单纯的生理障碍或一时的学习松懈，往往源于长期形成的复杂心理，需要从心理层面给予疏导和调适。

（一）专业情结及调适

"情结"是精神分析学派的一个主要概念，指的是一群重要的无意识组合，或是一种藏在个人神秘的心理状态中，强烈而无意识的冲动。它是个体内心的认识或情感上经过一段时间形成的较顽固、有清晰固定的来源、较难化解的一类问题，如恋母情结、完美情结、成功情结等。这里用"情结"来形容大学生的专业困惑，是因其很有代表性而且不易解决。

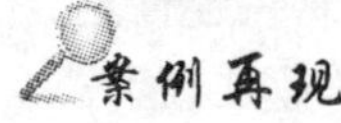

难圆英语教师梦

龚莉是一名大一女生，因为高考填报志愿时对大学专业一无所知，糊里糊涂就读了一所师范院校的教育技术学专业。后来，通过职业生涯规划课，发现自己的人生理想是做一名英语老师，想转英语专业，报考相关研究生。本来，入学报到时，有一次转专业的机会，但当时初来乍到不了解情况。现在，既懊悔没有及时申请转专业，难圆自己的英语教师梦；又极其不喜欢所学专业，甚至连走进机房上专业课都痛苦，感觉离自己的梦想越来越遥远。

案例解析：

龚莉同学的情形就是较为典型的专业情结，把自己的未来完全寄托在所学专业上。

大学生的专业情结可以概括为三种具体表现：①游离不定型。这类同学对专业的态度时好时坏，容易受外界的影响。别人说专业有前途，就会学习热情高涨；别人说专业不好，就会动力全无。有的想通过考研改行，又担心考研不成反而耽误了本专业的学习，内心矛盾重重；还有的随着专业学习的深入，觉得本专业较为成熟很难突破，于是又想改换专业。这样情绪不稳，学习状态自然大打折扣，学习成绩也会时好时坏。②排斥厌弃型。这类学生阴差阳错进了一个最不喜欢的专业，上专业课就头痛。在这种排斥心理作用下，以“学不好”此专业的结果，作为自己“不应该”学此专业的判断，从而更厌弃该专业，只能混个 60 分，等将来一有机会就改行，甚至不等毕业就退学重新参加高考。③委曲求全型。这类学生属于可塑性较强的个体，试图努力学好专业。如果他们的“委曲”得到了获得较好学习成绩的相应回报，当然皆大欢喜；如果“委曲”还是不能“求全”，他们很可能又回头找专业的毛病，把自己未消化好的“委曲”全部列举出来，作为无法继续努力的借口。

大学生要化解学习中的专业情结，可以从三个方面进行自我调适：①培养专业情感。一般来说，每个专业既然能成立必然有其独特的重要性和迷人之处，低年级学生接触专业有限，就“先入为主”地厌弃该专业多少有失偏颇。大学生要有意识地培养自己对专业的了解和热爱：如通过入学教育的专业介绍、院系参观、师生交流等了解本专业的地位和作用从而树立专业自豪感；通过搜索本专业名人大家的成长经历和社会贡献从而给予自己正面引领、示范和激励。②学会灵活机变。首先，要改变“专业定终身”的传统观念，现代社会的大学毕业生只有不到 30％从事与自己专业紧密相关的工作，更多的是从事邻近专业或与原专业毫无关联的工作；其次，要充分利用学校政策，尽量满足自己的专业理想，如退学复读、转校转系转专业、双学位、辅修、考研等，与此同时，要头脑清醒，在赢得变化之前先适应当前的现实生活；第三，要认识到事物的发展是曲线上升的，专业不如意的同学只要保持心中的理想，一直奋发努力，终究是会有“殊途同归”的机会的。③勇敢应对挫折。心理学上的挫折包括“挫折情境”和“挫折感”，它不讨人喜欢，却极难避免。大学生要增强自我的抗挫能力，明确战胜挫折的意义，为自己的行为和将来负责，即使专业不如意，也不是自己消极颓废、停滞不前、浪费青春的理由。

(二)考试焦虑及调适

焦虑是由紧张、焦急、忧虑、担心和恐惧等感受交织而成的一种复杂的情绪反应。考试焦虑(test anxiety)是指因考试压力过大而引发的系列异常生理心理现象，包括考前焦虑、临场焦虑(晕考)及考后焦虑。有研究表明，我国大学生中，考试焦虑程度较高的比例已达20%之多，成为大学生当中最普遍的学习心理障碍之一，它不但会降低学习效率、影响考试成绩，还会损害学生的身体健康。

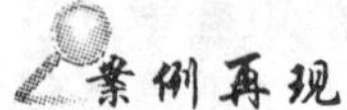

任何声音都无法忍受

乌洁是一位英语专业的大二女生，在家庭所在地的一所高校就读。走进心理咨询室，她愁云满面，眉头紧锁，自述每次考试都很紧张，考场上老师走动的脚步声、考生借用文具的声音、窗外的鸟叫声等，对自己都是巨大的干扰，常常感到无法忍受，有一种放弃考试、冲出考场的想法，需要极其痛苦地忍耐着才能做完试卷。每晚9点就得上床睡觉，因为无法忍受室友的吵闹声，每天都乘车1个多小时回家睡觉。英语四级考了560多分，还认为没考好，且认为没考好的原因就是受考场上那些声音的干扰；寒假在家因感冒学习断断续续，现在距6月15日的英语六级考试还有24天，又开始紧张，感觉自己什么也没准备好。

案例解析：

乌洁的考试焦虑已严重影响到她的心态和正常的生活，而她焦虑的一个很大的原因与个人期望值过高密切相关。

考试焦虑产生时，会伴随一系列的生理反应和心理反应，突出表现在三个方面：①躯体异常。包括失眠多梦、头晕头痛、恶心呕吐、面色苍白、四肢发凉、胸闷气短、食欲减退、肠胃不适、频繁小便等。②心理异常。包括紧张、担心、恐惧、忧虑、注意力差、记忆力减退，学习效率下降，情绪抑郁、缺乏自信和学习热情减退，过度夸大失败后果，常有大难临头之感。③行为异常。包括拖延时间、逃避考试、坐立不安、怕光怕声，考试时思维混乱，手抖出汗，视力模糊，常草草作答，匆匆离开考场。

考试焦虑的调控措施多种多样，可从五个方面入手：①调整期望值，树立合理的目标。期望值是自我确立的结果能达到的预期值和目标，期望值是否适度，直接影响动机程度、情绪状态和临场水平的发挥。如果期望值超过自身能力，就会在考前过分担忧而失去信心、分散注意，造成较强的心理压力，形成考试焦虑。②端正考试观，正确评价考试成绩及意义。考试只是检验获得知识的手段，考试成绩也只是对阶段性学习成效的反馈，并不是决定终身命运的"生死战"。大学生只有改变对考试的刻板性认识，才不至于因考试背负思想包袱，考试焦虑自然会减轻或消失。③做好考试准备，形成良好的考试状态。包括掌握应试技巧，注意充足的睡眠，进行适当的体育锻炼，多吃富含蛋白质和维生素的食物，在考试的前一天就准备好考试证件、文具用品、交通工具、手表等，避免由于准备不足诱发考场上的焦虑。④控制怯场。怯场是学生在考试过程中，在考试情境与考试本身的强烈刺激下，使心理活动暂时中断或失调的现象，它是考试焦虑最典型的一种表现。要顺利度过这一危机，必须掌握必要的技巧，如做题遵循先易后难的原则，采用"调整呼吸法"、"积极心理暗示法"等进行自我调节等。⑤其他方法。包括系统脱敏法：就是在考试前，反复想象诸如"在家复习准备、教师宣布考试、我被第一道题难住了、时间几乎快到了但我根本做不完"等备考、应考场景，如果想象后出现心慌头晕、手抖出汗，立即做深呼吸20～30次，一般很快就能平息不安的情绪。如此反复多次(每2天进行1次，每次3～5分钟)，考试焦虑就会有所缓解。还有宣泄倾诉法：当你感到压力过大，内心的焦虑无法排解时，找个值得你信任的人把焦虑说出来。在宣泄自己负面情绪的同时，你会惊奇地发现，原来考试焦虑的不只自己一个人，很多同学都有，从而恢复心理平衡。

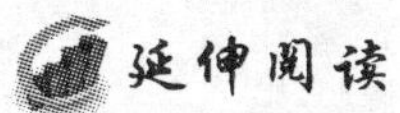
延伸阅读

自我放松训练

目的：使身心放松，降低焦虑。

操作：坐在感觉舒适的椅子上，微闭双眼，全身放松，按下列步骤进行：

(1) 紧握拳头——放松；伸直五指——放松。

(2) 收紧小臂——放松；收紧大臂——放松。

(3) 耸肩向后——放松；提肩向前——放松。

(4) 保持肩部平直转头向右——放松；保持肩部平直转头向左——放松。

(5) 曲颈使下颌接触胸部——放松。

(6) 张大嘴巴——放松；闭口咬紧牙齿——放松。

(7) 使劲伸长舌头——放松；卷起舌头——放松。

(8) 舌头用力顶住上颚——放松；舌头用力顶住下颚——放松。

(9) 用力睁大双眼——放松；闭紧双眼——放松。

(10) 深呼吸——放松。

(11) 胳膊顶住椅子,弓背——放松。

(12) 收紧臀部肌肉——放松;臀部肌肉用力顶住椅子——放松。

(13) 双腿并拢抬高15～30厘米——放松。

(14) 尽可能地收缩腹部——放松;绷紧并挺腹——放松。

(15) 伸直双腿,脚趾上翘——放松。

(16) 屈趾——放松;翘趾——放松。

休息2分钟,再做一遍。

注:考试焦虑者在考试期间,每晚睡眠前都按上述要求做两遍。

(引自"百度文库",http://wenku.baidu.com/view/e0e0251755270722192ef7e3.html)

(三)注意力不集中及调适

注意力是指人的心理活动指向和集中于某种事物的能力,是智力的五个基本因素之一,是记忆力、观察力、想象力、思维能力的准备状态,被称为心灵的门户。注意力不集中,即所谓的不专心,是一个在大学生中较为普遍的现象。研究显示,英国大学生上课听讲时,集中注意力的平均时间只有10分钟。高校心理咨询老师也常遇到学生倾诉注意力无法集中,导致学习时间浪费、学习成绩下滑的情形。

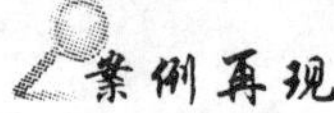

"神游"在课堂之外

田沫是一位大三女生,自述从高三持续至今,上课老是精神不集中,常常幻想着从没发生的事或是将要发生的事,记笔记虽能帮助集中注意力,但上课时也不是总有笔记要记,况且胡思乱想的时候又常常会忽略笔记。这样几次分神后,老师讲的常常会听不太懂,导致后来每次上课习惯于坐在教室最后一排,甚至在寝室睡觉不去上课,美其名曰自己学。但即使是真正课外自习也只能集中注意力很短的时间,就会不知不觉地想一些与学习无关的事情。虽然自己很努力,学分绩点还是很低,还有2门必修课、2门专业选修课不及格。

案例解析:

田沫同学这种无可奈何、无法控制的"神游",就是注意力不集中的典型表现。

大学生在学习时注意力不集中,常常有四种具体表现:①容易走神。注意力不集中的大学生,在学习时不能有效控制自己的心理活动,常想一些与学习毫无关系的事情，思维远离当前的学习内容而且很难收回。②易受干扰。注意力不集中的大学生，在学习时容易被外界的环境因素如噪音、偶然事件及新、奇、特刺激等吸引，有时甚至是很微弱的刺激也能引起他们的注意力分散，偏离当前的学习活动。③无关动作增多。注意力不集中的大学生，在学习时往往伴随一些与学习无关的动作，如说话、玩手机、东张西望、摆弄笔杆、摸东翻西等，始终不能控制注意力在学习上。④效率低下。注意力不集中的大学生学习效率很低，他们通常给人的印象是花在学习上的时间很多，却毫无成效。如有的学生一个晚上都在看书，却可能一页都没有看完。

改善大学生注意力不集中，可以从五个方面进行：①明确学习目标。大学生不妨扪心自问："我为什么要学习？我的人生目标是什么？"只有真正明确了学习的意义和目的之后，才能建立起一种责任感，使学习成为发自内心的需要，变被动学习为主动学习。再根据目标制订详细的学习计划，每次都带着任务进行学习，这样就不容易分心。②激发学习兴趣。兴趣包括直接兴趣和间接兴趣，前者是指对活动的内容和过程本身感兴趣，它往往同无意注意相联系，是无目的的、轻松的、短暂的、不需要意志努力的；后者是指对活动过程和内容本身并不感兴趣，而是对活动的结果和意义感兴趣，它与有意注意紧密相连，是有目的的、强迫的、持久的，而且是需要付出意志努力的，它较之直接兴趣是一种高级的、复杂的心理活动过程。对于所学习课程体系来说，有些你会对它们发生直接兴趣，而对有些貌似枯燥的课程，则要求认真思索学习它们的重要意义，培养对它们的间接兴趣，这样有助于克服注意力走神。③掌握学习技巧。有意注意是一种复杂的脑力劳动，时间长了会引起大脑疲劳，导致注意力涣散或分心。大学生掌握学习技巧有助于提高学习效率，如做好课前预习，了解老师讲课的重、难点；听课时根据讲课进度，调整心理状态，重点问题集中精力，次要问题适度放松；带着问题听讲，通过问题发现不同点，从而保持听课兴趣；努力追寻老师讲课的思路，找出自己的疑难点，积极提问；及时复习，广泛阅读，开阔视野。④排除干扰因素。在学习过程中，建立强大的心理屏障，坚定学习信念，任何与学习无关的因素都"视而不见，听而无闻"，自觉排除诸如声音、景物、意外事情等的干扰；创造一个安静、舒适、熟悉的学习环境，这样可避免接受新异的刺激。⑤注意劳逸结合。现代生物医学的研究证明：进行适当的活动，可以使神经中枢兴奋起来，使人的思维活跃，更有利于记忆和学习。闻一多曾说过："要玩就玩个痛快，要学就学个踏实。"列宁也有一句名言："不会休息的人就不会工作。"每天花一小时进行体育锻炼和娱乐活动，要比整天埋头学习的效率高。大学生要学会合理安排学习时间，注意劳逸结合。

⑥其他训练方法。诸如分神记录法、卡片提醒法、情境想象法、顺其自然法、自我奖惩法、自我减压法、放松训练法等。

(四)学习动机不当及调适

动机(motivation)是激发、维持并使行为指向特定目的的一种力量，对个体的行为和活动有引发、指引、激励功能。学习动机是直接推动大学生学习的一种内部动力，是激励和指引大学生学习的一种内在需要。根据耶基斯—多德森定律(简称倒"U"曲线)，动机的中等程度的激发或唤起，对学习具有最佳的效果。同时，根据该定律，最佳的动机激起水平与作业难度密切相关：任务难度的系数不高，效率随动机的提高而上升；任务难度系数增加，动机的最佳激起水平呈逐渐下降的趋势。大学生学习动机过弱不能激发学习的积极性，动机过强也会造成学习效率的降低，都需要进行有效的心理调适。

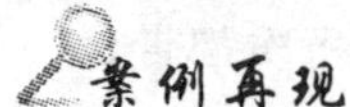

我的前途在哪里

英美霞是一位大二女生，来自甘肃农村家庭，就读中部地区一所二本高校的数学专业，本人自述学习没有动力，对专业没有兴趣，认为上二本高校没有前途，毕业就是失业，因此每天得过且过；自己也知道这样混不好，又无法管住自己，不知道为什么要努力学习。还有一位中部地区"985"高校的男生，自述家庭贫寒，没有钱供自己出国留学，于是拼命学习，连上厕所也拿着书在学习，希望获得国家奖学金等高额奖金或保研资格，但强中更有强中手，希望越大失望也就越大，于是竞争失利后一蹶不振。

案例解析：

上述两位学生在学习动机上走了两个极端，前者动机过低，后者动机太强，都不利于保持良好的学习状态。

大学生学习动机不当具体表现在两个方面：①动机缺乏。这类学生在大学期间没有明确的目标、没有具体的计划、没有求知的兴趣，对学习敷衍了事、漠不关心，把主要精力放在娱乐以及与学习无关的活动上。②动机过强。这类学生往往学习过于刻苦、对成就渴求过于强烈、精神过度紧张、自我认同感差，他们将所有精力都用在学习上，非常看重考试成绩和排名，长期处于巨大的压力和超负荷的学习之中，对自己的要求不断加码，不断自我否定，即使成功也很少喜悦之情。

对于大学生不当的学习动机，需要从两个方面进行调适：①动机缺乏的调适。这类学生需要明确学习的目的和意义，从根本上调动学习的积极性、主动性和自觉性;设置适当的学习目标,可以根据时间确立长期、中期、短期目标,也可以根据内容确立具体的课程学习目标,还可以随着情况的变化及时调整目标;培养专业学习兴趣,适应大学的学习特点,增强学习成就感等。②动机过强的调适。这类学生需要正确认识自我,既不要妄自菲薄,也不宜好高骛远;正确对待奖惩,不要过于计较一时的荣辱得失;妥善处理外部压力,不要把家长的期望变成自己的包袱,踏实学习,问心无愧即可。

(五)学习效能感不强及调适

学习效能感源于班杜拉的自我效能感理论,指个体对自己控制学习行为和利用学习能力的一种主观判断,是对自己能否利用已拥有的能力或技能去完成学习任务的自信程度的评价。从学习效能感水平可以预测学生的学业成就水平。学习效能感低的大学生对自己的学习结果缺乏控制感,表现出各种消极行为,有必要进行心理调适。

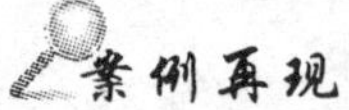

文科生学不好理科课程吗

尹立是一位大三男生,高中读的是文科,大学就读经济学类。因为该专业是文理兼收,必修课有一些理科的课程,如高等数学、线性代数、概率论、计量经济学等,尹立学起来很吃力。原以为大学学习很轻松,没想到考试及格都困难,特别是那些理科的课程,要么勉强及格,要么补考一次还不能及格。尹立认为自己是文科学生,无论怎么努力,也学不好这些理科课程;眼看即将大四,感觉顺利毕业都危险,对学习也越来越厌弃。

案例解析:

尹立同学将自己学习困难的原因归结为高中的文科背景,其实就是学习效能感低的表现。既然是文理兼收专业,就说明这个专业在设置之初,就考虑到了其课程安排是既适合于文科,又适合于理科的,何况这个专业招收文科学生不是第一次也不是他一个人,其他文科生能学好理科课程,他也能学好,只要方法得当,努力学习,顺利毕业应该不是问题。

大学生学习效能感低主要表现在两个方面:①认知上自我否定。他们往往给自己贴上自我否定的标签,如“我缺乏学习天赋”、“我怎么也学不好”等,从而产生强烈的心理暗示作用,导致在学习过程中自暴自弃。②情绪上消极被动。这类学生往往有许多不良的情绪反应,如绝望、沮丧、害怕、退缩、抑郁、神经过敏等,充满焦虑和恐惧,甚至出现生理紧张反应,造成极大的身心伤害。

提高大学生的学习效能感,可以从两个方面进行:①正确归因。归因是对学习结果做出解释或推测的过程，归因方式是影响学习效能感的重要因素。如果把学习失败归因于脑子笨、能力低这类稳定而不可控的内因，学生往往会产生耻辱感，丧失自信，破罐子破摔；如果将其归因于不稳定的可控因素，如学习策略不当、努力不够，那么学生在遭受挫折后往往能通过调整学习策略、付出更大努力行为等以提高学习效能。因此，对于学习效能感低的大学生，要学会正确的成败归因。②纵向比较。许多大学生学习效能感低，往往是因为将自己与别人进行横向比较，认为别人比自己学习成绩好、比自己学习效率高，总以超越别人为目标而又无法实现，从而陷入烦恼和自卑的恶性循环。因此，大学生要学会以他人为参照的榜样、以自己为超越的目标，通过对自己的纵向比较，力争今天的自己比昨天的自己有进步，不断为自己喝彩和打气，来增强学习效能感。

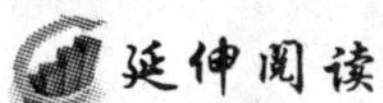

考试焦虑量表

如果你想了解自己是否有考试焦虑，以及这种焦虑的程度如何，是否已严重到了影响自己的考试成绩和神经功能的地步，请你做一下下面这个测验。测验时间最好能安排在一次较重要的考试刚结束之后。

说明：下面有32道题，每道题都有4个备选答案，请根据自己的实际情况，在题目后面圈出相应字母，每题只能选择一个答案。

A——很符合自己的情况

B——比较符合自己的情况

C——较不符合自己的情况

D——很不符合自己的情况

1. 在重要的考试前几天，我就坐立不安了。

A　　B　　C　　D

2. 临近考试时，我腹泻了。

A　　B　　C　　D

3. 一想到考试即将来临，身体就会发僵。

A　　B　　C　　D

4. 在考试前，我总感到苦恼。

A　　B　　C　　D

5. 在考试前，我感到烦躁，脾气变坏。

A　　B　　C　　D

6. 在紧张的复习期间，常会想到："这次考试要是得到个差分数怎么办？"

A　　　　B　　　　C　　　　D

7. 越临近考试，我的注意力越难集中。

A　　　　B　　　　C　　　　D

8. 一想到马上就要考试了，参加任何文娱活动都感到没劲。

A　　　　B　　　　C　　　　D

9. 在考试前，我总预感到这次考试将要考砸。

A　　　　B　　　　C　　　　D

10. 在考试前，我常做关于考试的梦。

A　　　　B　　　　C　　　　D

11. 到了考试那天，我就不安起来了。

A　　　　B　　　　C　　　　D

12. 当听到开始考试的铃声响了，我的心马上急跳起来。

A　　　　B　　　　C　　　　D

13. 遇到重要的考试，我的脑子就变得比平时迟钝。

A　　　　B　　　　C　　　　D

14. 看到考试题目越多、越难，我越感到不安。

A　　　　B　　　　C　　　　D

15. 在考试时，我的手会变得冰凉。

A　　　　B　　　　C　　　　D

16. 在考试时，我感到十分紧张。

A　　　　B　　　　C　　　　D

17. 一遇到很难的考试，我就担心自己会不及格。

A　　　　B　　　　C　　　　D

18. 在紧张的考试中，我却会想些与考试无关的事情，注意力集中不起来。

A　　　　B　　　　C　　　　D

19. 在考试时，我会紧张得连平时滚瓜烂熟的知识都一点也回忆不起来。

A　　　　B　　　　C　　　　D

20. 在考试中，我会沉浸在空想之中，一时忘了自己是在考试。

A　　　　B　　　　C　　　　D

21. 考试中，我想上厕所的次数比平时多些。

A　　　　B　　　　C　　　　D

22. 考试时，即使不热，我也会浑身出汗。

A　　B　　C　　D

23. 在考试时，我紧张得手发僵，写字不流畅。

A　　B　　C　　D

24. 考试时，我经常会看错题目。

A　　B　　C　　D

25. 在进行重要的考试时，我的头就会痛起来。

A　　B　　C　　D

26. 发现剩下的时间来不及做完全部考题，我就急得手足无措、浑身大汗。

A　　B　　C　　D

27. 如果我考了个差分，家长、教师会严厉地指责我。

A　　B　　C　　D

28. 在考试后，发现自己会做的题没有做对时，就十分生自己的气。

A　　B　　C　　D

29. 有几次在重要的考试之后，我腹泻了。

A　　B　　C　　D

30. 我对考试十分厌烦。

A　　B　　C　　D

31. 只要考试不记成绩，我就会喜欢考试。

A　　B　　C　　D

32. 考试不应当在像现在这样的紧张状态下进行。

A　　B　　C　　D

33. 不进行考试，我能学到更多的知识。

A　　B　　C　　D

统计你所圈各个字母的次数，每圈一个 A 得 3 分、B 得 2 分、C 得 1 分、D 得 0 分，总得分＝3×圈 A 的次数＋2×圈 B 的次数＋圈 C 的次数。

0～24 分属“镇定”，说明该学生一般来说能以较轻松的态度对待考试，若分值很低，说明其对考试毫不在乎。

25～49 分属“轻度焦虑”，说明该生面临考试虽有点惶恐不安，仍属于正常现象，轻度焦虑会有助于考试成绩的提高。

50～74 分属“中度焦虑”，说明该生面临考试心情过于激动，焦虑感过高，难以考出实际水平，这对身心健康会有损害。

75～99 分属“重度焦虑”，反映该生患有“考试焦虑症”，每逢考试来临便会不由自主地产生莫名其妙的恐惧感，考试时往往会发生“怯场”，严重影响学习水平的正常发挥。

威廉斯创造力倾向测量表

这是一份帮助你了解自己创造力的练习。在下列的句子中，如果发现某些句子所描写的情形很适合你，则请你在答案纸（请自备）上“完全符合”的圆圈内打“√”；若有些句子仅是在部分时候适合你，则在“部分符合”的圆圈内打“√”；如果有些句子对你来说根本是不可能的，则在“完全不符合”的圆圈内打“√”。

注意：每一题都要做，不要花太多的时间去想。所有的题目都没有“正确答案”，凭你读每一句子后的第一印象作答。虽然没有时间限制，但应尽可能地争取以较快的速度完成，越快越好。切记，凭你自己的真实的感觉作答，在最符合自己情形的圆圈内打“√”。每一题只能打一个“√”。

(1)在学校里，我喜欢试着对事情或问题作猜测，即使不一定都猜对也无所谓。

(2)我喜欢仔细观察我没有看过的东西，以了解详细的情形。

(3)我喜欢听变化多端和富有想象力的故事。

(4)画图时我喜欢临摹别人的作品。

(5)我喜欢利用旧报纸、旧日历以及旧易拉罐等废物来做成各种好玩的东西。

(6)我喜欢幻想一些我想知道或想做的事。

(7)如果事情不能一次完成，我会继续尝试完成，直到成功为止。

(8)做功课时我喜欢参考各种不同的资料，以便得到多方面的了解。

(9)我喜欢用相同的方法做事情，不喜欢去找其他的新的方法。

(10)我喜欢探究事情的真假。

(11)我不喜欢做许多新鲜的事。

(12)我不喜欢交新朋友。

(13)我喜欢想象一些不会在我身上发生的事情。

(14)我喜欢想象有一天能成为艺术家、音乐家或诗人。

(15)我会因为一些令人兴奋的念头而忘记了其他的事。

(16)我宁愿生活在太空站，也不喜欢在地球上。

(17)我认为所有的问题都有固定的答案。

(18)我喜欢与众不同的事情。

(19)我常想知道别人正在做什么。

(20)我喜欢故事或电视节目中所描写的事。

(21)我喜欢和朋友一起分享我的想法。

(22)如果一本故事书的最后一页被撕掉了,我就自己编造一个故事把结局补上去。

(23)我长大后,想做一些别人长大从来没想过的事情。

(24)尝试新的游戏和活动,是一件有趣的事。

(25)我不喜欢太多的规则限制。

(26)我喜欢解决问题,即使没有正确的答案也没关系。

(27)有许多事情我都很想亲自去尝试。

(28)我喜欢没有人知道的新歌。

(29)我喜欢在班上同学面前发表意见。

(30)当我读小说或看电视时,我喜欢把自己想象成故事里的人物。

(31)我喜欢幻想两万年前人类生活的情形。

(32)我常想自己编一首新歌。

(33)我喜欢翻箱倒柜,看看有些什么东西在里面。

(34)画图时,我很喜欢改变各种东西的颜色和形状。

(35)我不敢确定我对事情的看法都是对的。

(36)对于一件事情先猜猜看,然后再看是不是猜对了,这种方法很有趣。

(37)玩猜谜之类的游戏很有趣,因为我想要知道结果如何。

(38)我对机器有兴趣,也很想知道它里面是什么样子,以及它是怎样转动的。

(39)我喜欢可以拆开的玩具。

(40)我喜欢想一些点子,即使用不上也无所谓。

(41)一篇好的文章应该包含许多不同的意见和观点。

(42)为将来可能发生的问题找答案,是一件令我兴奋的事。

(43)我喜欢尝试新的事情,目的只是为了想知道会有什么结果。

(44)玩游戏时,通常是有兴趣参加,而不在乎输赢。

(45)我喜欢想一些别人常常谈过的事情。

(46)当我看到一张陌生人的照片时,我喜欢去猜测他是怎样一个人。

(47)我喜欢翻阅书籍及杂志,只是想知道它的内容是什么。

(48)我不喜欢探询事情发生的各种原因。

(49)我喜欢问一些别人没有想到的问题。

(50)无论在家里或在学校,我总是喜欢做许多有趣的事。

本测验共有50题,包括冒险性、好奇性、想象力、挑战性四项;测试后可得四种分数,加上总分,可得五项分数。分数越高,创造力水平越高。

冒险性:包括1,5,21,24,25,28,29,35,36,43,44等11题。其中29,35题为反向题目。记分方法分别为:正向题目,完全符合3分,部分符合2分,完全不符合1分;反向题目,完全符合1分,部分符合2分,完全不符合3分。

好奇性:包括2,8,11,12,19,27,33,34,37,38,39,47,48,49等14题。其中12,48题为反向题目,记分方法同前。

想象力:包括6,13,14,16,20,22,23,30,31,32,40,45,46等13题。其中45题为反向题目,记分方法同前。

挑战性:包括3,4,7,9,10,15,17,18,26,41,42,50等12题。其中4、9、17题为反向题目,记分方法同前。

(引自“百度百科”,http://baike.baidu.com/view/3239581.htm)

第二节 大学生学习能力培养

一、明确人生目标,制定科学规划

目标是个人、部门或整个组织所期望的成果,人生目标是自己的人生希望达到的理想境界,不同的价值观决定不同的人生目标。大学生是中华民族伟大复兴的希望所在,是社会主义现代化建设的重要人才。大学生的学习事关个人成长、社会进步、国家昌盛。大学生只有进行科学规划,发奋学习,才能担负起实现中国梦的伟大目标。

(一)大学生的目标设定

1. 目标设定的意义

歌德说:“人生重要的事情就是确定一个伟大的目标,并决心实现它。”哈佛大学曾有一个非常著名的关于目标对于人生影响的调查,对象是一群智力、学历、环境等条件都差不多的年轻人,结果发现:25年后,3%有十分清晰的长期目标的人成为社会各界顶尖的成功人士,10%有清晰的短期目标的人成为各行各业不可缺少的专业人士,60%目标模糊的人几乎都生活在社会的中下层,27%没有目标的人几乎都生活在社会的底层。这个调查说明目标对人生具有巨大的导向作用,你选择什么样的目标,就会成就什么样的人生。大学生要深刻领会目标对人生的意义,追求远大理想,树立崇高信念,用自己的智慧和才华成就自己、报效祖国。

2. 目标设定的依据

设立目标的依据主要包括审视自我和背景分析。前者是全面、深入、客观地分析和了解自己，通过橱窗分析法、自我测试法、计算机测试法等，分析自我的性格、兴趣、特长和需求；后者是分析内外环境因素对自己目标的相关性，包括了解所学专业的发展动态、所在学校和地区可利用的学习资源、国家的形势政策和经济环境。通过对这些信息的掌握和运用，既有利于自己的目标定向和定位，又使自己的职业生涯目标符合社会潮流和发展趋势。

3. 目标设定的原则

设定目标的指导思想就是目标设定的原则，其正误直接关系到目标的优劣和成败，一般遵循五个原则：①目标要以积极、正向的方式表达。所谓“正向”就是你想“要”的是什么，而不是“不要的”是什么，如“减肥”就是以负向的方式表达，转换为正向表达就是 “塑造健美的身体”、“更加健康”等。②目标越具体越好。目标应当很清楚地以细节表示出来，而不是一个模糊的概念。③目标要有时限。必须清楚要用多长时间达到目标，如果可能的话，要有确切的日期。④目标要有及时的信息反馈。没有任何信息反馈的目标很难实现，而且反馈信息的时间越短越好，必须有一些明显的、可衡量的标志来判断目标实现与否。⑤目标要成为长远计划的一部分。你目前的目标与你的价值观或人生计划联结起来后，就会变得很有激励性。

4. 目标设立的步骤

美国耶鲁大学学者提出了确立目标的七个步骤：①列出你期望达到的目标；②列出好处；③列出可能的障碍点；④列出所需资源和信息；⑤列出可供支持的对象；⑥制订行动计划；⑦规定达到目标的期限。

(二)大学生的学习规划

1. 学习规划要长短结合

规划分长期规划和短期规划，还可分为个别项目规划和综合项目规划，长期打算和近期安排要结合运用才能达到最佳效果。一个好的学习规划要参考曾经订过的规划的利弊，要有一定的严格性以保证规划的正常执行，还要有一定的灵活性以便能及时解决新情况并随时调整。对于规划的执行，要有一定的毅力和耐心，而不能遇到挫折就轻易放弃。

2. 学习规划要定时定量

定时学习是完成规划的前提，既包括每天必须保证必要的学习时间，又包括到了学习时间就要马上学习，确保知识的日积月累。同时，还要留出机动时间用于音、体、美等其他活动。定量学习是完成学习规划的保证，学习规划是通向学习目标的道路，只有每一天都定量学习，才能取得较好的学习成绩，以量的积累实现质的飞跃。

3. 学习规划要落到实处

在执行规划的过程中，可以试着把规划列成表格、画成图形，抄在笔记本扉页或贴在床头，时时提醒和约束自己，养成“今日事，今日毕”的习惯，意志坚定地履行所定的规划。

二、掌握学习技巧，合理分配时间

学习技巧也称学习策略，是一种应用在学习上的方法和途径，通常可以使学生在学校取得优异的成绩并受益终生。对大学生来说，学习技巧和时间管理是顺利完成学业的重要手段，而掌握学习技巧和合理分配时间又是大学生学会学习的基本要素。

(一)大学生的学习技巧

1. 学习方法十六字诀

世界上没有对一切人、一切场合都通用的“最佳”学习方法，人们从四个方面用 16 个字概括出了“学习方法十六字诀”：①学要有法。学习者要有方法意识，要从理论和实践的结合上认识规律，探求高效低耗的学习方法。②学无定法。学习方法不是固定的、一成不变的，因人而异、因师而异、因课而异，因教学阶段、教学环节、学习环境而异。③我用我法。我用的学习方法要适合我的情况，要为我所掌握，为我所使用。借鉴百家，以我为主，养成习惯，化作本能。④贵在得法。方法得当，事半功倍；方法不当，事倍功半，甚至劳而无功。

2. 全程学习十法概要

“全程学习十法”是按照学习策略的分析、计划、实施、监控、调整五步骤，分析在校学习的全过程，探索各个环节的学习方法而形成的全程学习方法。它包括修学五环、自学三径，再加上计划和应考。“计划”阶段就是制订学习计划；科学的学习方法包括预习、上课、复习、作业、小结五个环节；科学的自学方法包括读书、实践、积累三种途径；根据考试结果对学习效果作出评价，及时调整学习方法，进入新的学习过程。“全程学习十法”是一个整体，是由十大要素有机结合的完整系统。缺少其中任何一项，都不是完整的学习，都会出现系统功能缺损，甚至导致学习失利乃至失败。大学生若要学会把握四年学习生涯，而不至于被动学习，就必须主动学会并运用“全程学习十法”。

(二)大学生的时间安排

1. 顺应自我时间节律

每个人的“心理时间”和“生理时间”是不相同的,只有把两者与“物理时间”进行最大的协调,才会产生巨大的成效。大学生应该知道自己的最佳学习时间、最差学习时间、最有效的学习时段等,找准自己的生物钟,了解自己一天中什么时候思维最敏捷、头脑最清醒,什么时候思维最混乱,以便集中精力学习。据报道,上午十点和下午三点学习效率最高,有必要好好利用这两个“黄金点”。

2. 科学安排学习时间

学习效果是效率与时间的乘积,如果效率系数接近于零,时间系数再大,其结果还是趋向于零。因此,单纯地延长学习时间并不是一个好办法,想要有效率地学习,既要有足够的睡眠时间使疲劳的脑细胞得到休息和恢复,还要在学习的过程中穿插一定的放松的时间以确保头脑清醒、心情舒畅、精神抖擞。单调的、永不停止的学习是不轻松的,必要的文体活动是紧张、繁重的学习生活的调节和缓冲。

3. 合理利用琐碎时间

有些小事虽然费时不多但极烦琐,如果能利用预定外的闲暇时间,不但能把小事做好,还能节约时间,甚至转换注意力、改变一下心境,从而提高学习效率。在安排学习时间表时,应以“分钟”为单位严格遵照执行,对时间控制得越精细,学习效率会越高,事情便会做得越完美,也越会赢得更多人的赞扬和肯定。

4. 时间轨迹运筹法

用 2～3 周的时间详细记录自己每天的时间轨迹(24 小时的活动内容和时间,精确到 5～10 分钟),每天、每周各做一次统计,对时间利用做适当归类。例如,分为必不可少的活动(上课、自习、睡觉、吃饭等)、必要的活动(集体活动、社会工作、体育锻炼、个人卫生等)、消遣活动、其他活动等。然后进行分析:时间分配是否合理?有哪些浪费?如何改进?这一方法不仅能减少时间浪费,增加绝对学习时间,充分提高学习效率,而且可以强化时间意识,增强时间观念,养成惜时习惯,实际上也提高了生活质量,延长了自己的生命。

三、充分利用教学环节,有效使用各种资源

大学的教学环节包括理论教学环节和实践教学环节,前者包括课堂讲授、辅导答疑、作业布置和批改、考试,后者包括实验、实习、课程设计、毕业设计

(论文)等,它们具有复杂性和多样性的特点,有内在的、本质的联系。教学资源是为教学的有效开展提供素材等各种可资利用的条件,主要包括教学材料、教学环境及教学支持系统。大学生如果充分利用各个教学环节,有效使用各种教学资源,那么即使不能学富五车、满腹经纶,也一定会首屈一指,令人刮目相看,让自己的大学生活充实而丰盈。

(一)大学的教学环节

1. 理论教学环节

大学理论教学的主要方式还是课堂讲授,它是一种传统的教学模式,通过教师描绘情境、叙述事实、解释概念、论证原理及阐明规律,引导学生同步思维,达到让学生快速高效地学习并掌握知识的目的。教师讲课的过程取向是以团体为中心,而学生是否能听懂、思维是否能跟上取决于学生的能力和听课方法。有专家归纳出三种听课方法:①归纳听课分类记忆法。学生在听课中结合教师的讲授边听讲、边思维、边归纳;课后对知识进行概括,理出纲目,记住轮廓,抓住重点,并对学过的知识分门别类,找出共同规律,抓住个别特点,以提高记忆的准确性。②对比听课法。用对比的方法掌握所授内容的异同;还可通过课前预习教材内容,将自己的理解与教师的讲授加以对比,已理解的部分在对比中加以巩固和深入,不理解的部分或错误理解的部分在对比听课中加以理解或纠正,以期准确掌握教材内容。③疑问式听课法。将听课与思维相结合,对讲授内容多提出一些"为什么",既在听课中寻求答案,也可在课后加以解决,使所学知识系统化。同时,大学生还应充分把握大学课堂的主动权,主动提出问题、分析问题、解决问题,如积极参与课堂讨论,利用提问阐述自己的观点,培养和提升自己的自学能力和思维能力。

2. 实践教学环节

大学的实践教学是深化课堂教学的重要环节,是学生把所学知识用于实际并在实际中进一步完善知识结构、提高运用知识水平的重要途径,是培养学生动手能力、创新精神以及了解和适应未来岗位需要的重要平台。

大学的实践教学包括三个课堂:第一课堂除实验、实训外,还包括课程设计、课程论文以及专业综合能力实践的毕业论文、毕业设计等实践性教学环节;第二课堂包括学生社团及各类培训、考证、考级、学科竞赛与科技活动等;第三课堂包括社会实践、专业实习、产学合作教育等。大学生要充分利用这三个课堂,理论联系实际,使自己的能力和素质实现从量到质的飞跃。

如专业实习方面,应该做到:①积极准备。平时做好理论知识的积累,广泛吸收与本专业相关的知识。②认真求知。在实际的工作和生产中找到本身知识和能力的不足，既巩固和验证所学理论，又为自身的认识向更高一级转化奠定基础。③态度谦虚。虚心诚恳地向从事实践的工作人员学习和请教。④主动适应。在实习阶段，大学生是以某种工作身份出现在社会职业的位置上，去从事一定的社会职业活动。

再如社会实践类型的选择：①大一适应期，选择劳务型勤工助学形式，以训练自己独立生活和适应环境的能力。②大二发展期，以小型社会调查、咨询服务和文化教育等活动为宜，既巩固所学知识，又提高知识的实际应用能力和自身的组织管理能力。③大三定格期，以科技扶贫、社会调查和下乡(街道)挂职为主，进一步巩固和发展专业技能、了解国情民意，增强自身的社会责任感。④大四转折期，围绕毕业设计(毕业论文)为主，辅以公益劳动(如抗洪救灾、文教服务)和社会适应训练，既检验自身的理论知识和科研能力，也有助于强化自己的社会服务精神、实际操作技能和艰苦耐劳的品德。

又如毕业论文(设计)选题的原则：①一般性原则。从专业培养目标出发并符合教学的基本要求，以专业课的内容为主，有学术价值，与人类社会生活和科学文化事业密切相关。②可行性原则。具备课题研究的物质条件，有指导教师，有必要的时间和经费，能发挥自己的业务专长，自己最感兴趣，选题宜小不宜大。③选题的基本途径和方法。从文献和资料中查找，从已学过的课程中寻找，到社会实践中寻找，从教师备选的题目中查找。

(二)大学的教学资源

1. 教学材料

教学材料是指蕴含了大量的教育信息、能创造出一定教育价值的各类信息资源，信息化教学资料指的是以数字形态存在的教学材料，包括学生和教师在学习与教学过程中所需要的各种数字化的素材、教学软件、补充材料等。比尔·盖茨曾说："怎样搜寻、管理和使用信息将决定你的成败。"大学生尤其要有效使用教材、图书馆和网络信息资源。教材是学生获取知识的主要来源和教师教学的主要依据。学生要通过课堂学习真正理解和掌握教材的基本结构(观点、关系或模式)；在每章节学习时掌握教材的基本内容，标出重点和难点，列出懂与不懂的部分，为听课做准备，做到有目的地听讲，而不至于盲目地抄笔记；课后根据教师的讲授再认真学习、钻研、掌握教材，以获得学习的主动权。高校图书馆在培养大学生获得信息的能力方面有着得天独厚的优势，大学生要有效使用；图书馆报刊阅览室、图书借阅室、电子阅览室等提供了最佳的学习环境；图书馆有各种可供借、阅的纸质文献和数字资源；有可供利用的检索体系；有一批熟悉文献资源检索利用的中高级咨询馆员。网络信息资源应成为大学生重要的知识来源，大学生既要从理论知识方面了解信息概论、现代信息技术、信息检索基础、国内外主要的系统和数据库，又要从实践能力方面提高外语水平以减少网络交流的语言障碍，熟练利用计算机进行信息检索包括二次文献检索和全文检索，熟练使用局域网上的共享资源，熟练使用各种信息服务功能，增强对信息的处理能力。如下述案例中的王同学入学伊始就充分利用学校图书馆的资源，给自己的学术梦想插上了腾飞的翅膀。

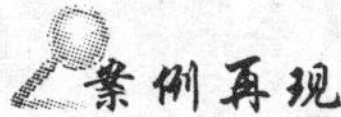
案例再现

给梦想插上翅膀

王同学是一所二本高校独立学院的大二男生，竟写出了一本近13万字的学术专著。他从大一开始，就到学校图书馆电子阅览室下载论文，自己打印出来供学习与研究，并借阅多所高校图书馆的相关书籍。专著写好后，他拿到图书馆请教相关领导和馆员，得到学术规范方面的指点和帮助。经检测，其著作相似度为1.92%，核心部分相似度为零。其所在学院得知情况后，也积极为他联系专家审阅并推荐出版。

2. 教学环境

教学环境不仅指教学过程发生的地点，更重要的是指学习者与教学材料、支持系统之间在进行交流的过程中所形成的氛围，其主要特征在于交互方式以及由此带来的交流效果。它是学习者运用资源开展学习的具体情境，体现了资源组成诸要素之间的相互作用，是教学资源概念的关系性视角。大学生要充分浸润大学校园的人文风景、学术氛围、书香气息，营造积极进取、温馨和谐、合作双赢、同舟共济的优良校风、班风和寝室风气，使自己始终能以良好的心境投入学习生活之中。

3. 教学支持系统

支持系统主要指支持学习者有效学习的内外部条件，包括学习能量的支持、设备的支持、信息的支持、人员的支持等。支持系统作为资源的内容对象与学习者沟通的途径，实现了媒介的功能，它与资源组成的构成相关联，是教学资源概念的结构性视角。大学生要善于请教学校的专家学者、教授名流以及出类拔萃的学长学姐，感受他们的言传身教；要善于利用大学校园的教育教学设施，如心理咨询、就业指导、创业培训、语音视听等；要善于获取大学校园的动态信息，如奖助学金的评审、党员发展、科研立项、社团招募、课程辅修等。

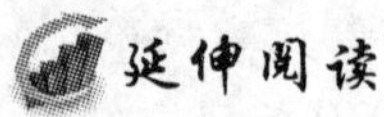

延伸阅读

生物节奏类型测定

说明:有的人早上学习效率高,有的则是下午,有的却是晚上;有人工作、学习时总是精力充沛,有人却一到工作、学习时就疲倦不堪,这是“生物节奏类型”不同的原因所致。现在请你完成下表,选出最符合你的情况的答案,按照计分表的分数来计算总分,然后你就可以判断出自己的“生物节奏类型”。

1. 如果白天的时间任你支配,你在____时起床,才能使你进入最佳学习或思考状况。

A. 早晨5:00—6:00　　B. 早晨6:00—7:00

C. 上午7:30—9:30　　D. 上午9:30—10:30

E. 上午10:30—11:30

2. 如果夜晚时间任你支配,你觉得____时入睡你才能在第二天保持最佳学习或思考状况。

A. 晚上8:00—9:00　　B. 晚上9:00—10:30

C. 深夜10:30—12:15　　D. 午夜12:15—1:15

E. 凌晨1:15—3:30

3. 早晨醒后半小时内,你的清醒程度____。

A. 非常清醒　B. 比较清醒　C. 不太清醒　D. 很不清醒

4. 晚上9点时,你感觉____。

A. 非常累　B. 比较累　C. 状态较好　D. 状态很好

5. 你将要进行一次重要的口试,你会选择____时间去应试。

A. 上午9:00—10:00　　B. 上午10:00—12:00

C. 下午5:00—6:00　　D. 晚上7:00—8:00

6. 你准备在每周进行两次体育活动,每次半小时,如果在早上7:00—7:30进行,你认为在这段时间里活动,身心将会处于____。

A. 最佳状态　　B. 一般状态

C. 活动展不开　　D. 根本不可能

7. 你将参加一次非常艰巨的考试(时间2小时),你希望在大脑生物节奏最佳状态时间进行考试,你将选择____。

A. 上午8:00—10:00　　B. 中午11:00—1:00

C. 下午3:00—5:00　　D. 晚上7:00—9:00

8. 假设你每天工作8小时,而且你对工作很感兴趣,下面这些连续工作的时间,你最喜欢的是____。

A. 上午 7:00—下午 3:00　　B. 午夜 12:00—早上 8:00

C. 中午 12:00—晚上 8:00　　D. 晚上 7:00—早上 3:00

E. 早上 5:00—下午 1:00　　F. 下午 2:00—晚上 10:00

题号	A	B	C	D	E	F
1	5分	4分	3分	1分	1分	
2	4分	4分	3分	2分	1分	
3	4分	3分	2分	1分		
4	4分	3分	2分	1分		
5	4分	3分	2分	1分		
6	4分	3分	2分	1分		
7	4分	3分	2分	1分		
8	4分	3分	2分	1分	5分	2分

总分 25～35 分属于早起型,即清晨和上午大脑工作效率高;

总分 8～16 分属于晚起型,正与早起型相反;

总分 17～24 分属于混合型,即全天用脑效率差不多。

值得注意的是,人的生物节奏可以调节,青少年学生由于学校生活的影响,不适合晚起型,应加以调整。

(引自"百度文库",http://wenku.baidu.com/view/06db597702768e9951e738df.html)

参考文献

[1] 李锦云主编.大学生心理健康辅导[M].北京:北京大学出版社,2011.

[2] 李洪玉,何一粟.学习能力发展心理学[M].合肥:安徽教育出版社,2004.

[3] 彭晓玲,柏伟主编.大学生全程全面心理辅导[M].北京:清华大学出版社,2008.

[4] 大学生学习心理[EB/OL].百度文库,http://wenku.baidu.com/view/c0803a3443323968011c9279.html

[5] Thomas Armstrong. 课堂中的多元智能[M]. 北京：中国轻工业出版社，2001.

[6] 陶国富，王祥兴主编. 大学生学习心理[M]. 上海：华东理工大学出版社，2003.

[7] 张成山，江远编. 新编大学生心理健康教育[M]. 北京：清华大学出版社，2010.

[8] 陈琴，何静春主编. 大学生心理课堂[M]. 武汉：武汉大学出版社，2011.

[9] 贺祖斌主编. 大学生入学教育[M]. 南宁：广西人民出版社，2001.

第六章 构架心灵桥梁 缔结和谐关系
——大学生人际交往

桃花潭水深千尺,不及汪伦送我情。

——李白

独学而无友,则孤陋而寡闻。

——孔子

社交剥夺实验

心理学家哈洛(H. Harlow,1959)等人曾经以恒河猴做过一个著名的"社交剥夺"实验。实验将猴子关在一个不锈钢的笼子里,其喂养工作全部自动化,隔绝猴子与其他猴子或人的沟通。结果,与有正常沟通机会的猴子相比,缺乏沟通经验的猴子明显缺乏安全感,不能与同类进行正常的交往。研究发现,将它们与正常喂养的猴子放在一起时,它们总是蜷缩在笼子的一角,表现出极大的惊恐,甚至本能的一些行为表现也受到严重的影响。

动物尚且如此,更何况是生活在现代社会中的人!

(引自林崇德、申继亮主编:《大学生心理健康读本》,教育科学出版社,2005 年,第 95 页。)

人是社会中的人,社会中的人总是处于一定的社会关系之中,人际关系就这么成为我们所避免不了的重要一课。

第一节 人际关系的意义

一位名人说过:"没有交际能力的人,就像陆地上的船,永远到不了人生的汪洋大海。"人生中的一切活动都是在人际交往中发生的,没有与他人的交往,人类就无法生存。2500 多年前,我国著名思想家老子所提出来的那种"邻国相望,鸡犬之声相闻,老死不相往来"的交往封闭状况,在当时有其产生的历史文化原因,但是在信息化高度发达的当代社会,这显然是不符合时代发展需要的。

大学生处于一种渴求交往、渴求理解的心理发展时期，良好的人际关系，是他们身心健康发展和具有安全感、归属感、幸福感的必然要求。大学阶段是大学生个性品质形成和发展极为重要的阶段，如果大学生与教师、同学、朋友、家人维持良好的人际交往，保持良好的人际关系，便会感到被人理解、被人接受，感到安全、温暖、有价值，从而会心情更加舒畅，性格更加开朗，兴趣爱好更加广泛，思维更加活跃，逐渐形成良好的个性品质。因此，了解人际关系的内涵，知道如何与他人进行良好的人际交往并掌握一定的交往技巧，是当代大学生亟待解决的问题之一。

一、人际关系概述

人际关系是人们为了满足某种需要，通过交往形成的彼此之间比较稳定的心理关系，它主要表现在人与人之间在交往过程中，所建构的交往深度、亲密性、融洽性和协调性等心理方面的联系。人际关系的好坏反映着人们心理差距的大小。人际关系实现的前提和基础是人际交往，人际关系的形成要通过人际交往来实现。

（一）人际关系的组成

1. 认识成分

指与认识过程相联系的一切心理活动，如直觉、表象、想象、记忆、思维等，其中主要是人与人之间的相互认同和相互理解。

2. 情感成分

包括与人际关系相联系的主体的积极或消极情绪状态和体验、情绪的敏感性、对人际关系的满足程度等。它们在人际关系中起着重要的作用。

3. 动作成分

指与人际关系相联系的主体的活动，包括行为举止、语言、表情、手势等。一般来说，由于人际关系的不同，对人的认识和理解、情绪体验以及各种行为可能会有所不同，反过来它们又会影响到彼此的人际关系。人际关系的三个组成成分是相互联系，不可割裂的。但是，在不同的人际关系形成中，它们所占的比重是不同的。例如，在家庭关系中情感的成分特别突出，在工作群体中认识成分较为重要，而在各项服务性行业中动作成分起着最为重要的作用。

（二）人际关系的特点

通过对人际关系的分析，不难看出人际关系有其明显的特点：

1. 人际关系是社会关系的一个侧面

人的社会关系可以分为两类：一类是社会生产关系，以及在此基础上形成的经济的、政治的、文化的关系；另一类是人与人之间的心理关系，也就是人际关系。社会关系是社会角色之间的关系，是不以人的意志为转移的客观关系；而人际关系的实质是情感上的关系，如亲子关系、夫妻关系、朋友关系、师生关系等。人际关系属于社会关系的一个组成部分，因此，不能将其简单地等同于社会关系。

2. 人际关系以情感为纽带

人际关系总是带有鲜明的情绪与情感色彩，是以情感为纽带的。人们相处中呈现出来的喜欢、亲近或疏远、冷漠甚至厌恶的情绪状态是人际关系好坏的基本评价指标。人际关系所具有的这种情绪性，使人与人之间的心理距离成为可以直接观察的心理关系。

3. 人际关系以人们的需要为基础

需要是建立人际关系的动力，人际关系主要反映了人们在相互交往中需要能否得到满足的心理状态。如果交往双方的需要能够得到一定程度的满足，就会产生喜欢、亲近的情绪反应，人们的心理距离就会缩短；反之，就会产生厌恶、憎恨等情绪反应，心理距离就会加大。因此，需要的满足是建立人际关系的心理基础。

4. 人际关系以交往为手段

人际关系是人们借助于交往，努力消除陌生感、缩短心理距离的结果。之所以如此，是因为交往是人们交流信息、消除生疏、加深了解、获得肯定或否定体验的途径。不仅如此，交往的频率还是人际关系亲疏的调节器。一般说来，交往的频率越高，人际关系越密切，交往频率越低，人际关系越趋于淡化。当交往完全不存在的时候，原有的人际关系也会名存实亡，因多年分散而中断交往的老同学等人际关系就是这样。

5. 自我暴露是人际关系深度的标志

人际关系是在人们逐渐自我暴露的过程中发展起来的。随着我们对一个人接纳程度和信任感的增强，自我暴露也会越来越多，同时也要求别人越来越多地暴露他们自己。通过了解别人自我暴露的程度，可以很好地了解别人对我们的信任和接纳的程度，了解我们同别人的人际关系状况，并且自己对别人的信任和接纳程度也可以通过自我的暴露程度来了解。因此，交往双方的自我暴露程度实际上标志着他们人际关系的深度。

(三)人际关系的功能

1. 获得信息的功能

人际交往与用书本获得信息相比，有内容更广泛、渠道更直接、速度更快等特点。随着交际范围的扩大和友情的加深，我们能认识更多的人，听到更多的事，交换更多的思想，获得更多的信息。

2. 认识自我的功能

人可以在与他人的交往中，与他人的比较中，以及他人对自己的态度和评价中认识、调整和改进自己，提高自我认识的水平。

3. 协同合作的功能

通过交往，可以相互促进、取长补短，使单独的、孤立无援的个体结成一个强有力的集体，来共同战胜困难，完成任务。

4. 身心保健的功能

那些交际面广的人往往精神活动丰富，身心也更健康些；反之，那些孤僻、不合群的人，往往产生更多的烦恼和难以排遣的忧虑，因而也会有更多的身心健康问题。

(四)影响人际关系的因素

人际关系的亲疏是由诸多因素造成的。研究表明，一般影响人际关系的因素有：

1. 个人特质

(1)人格魅力。心理学家认为，人与事情打交道主要靠能力，人与人打交道主要靠人格魅力。人的外表在初次交往和浅层次交往中对人际间的关系具有重大影响，正所谓“先入为主”，而在深层次的交往中，人格特质则更富有吸引力。人格特质所包含的内容是广泛的，通常对人际交往有较大影响的因素有：个人的知识、能力、特长、个性、才华、智慧、道德修养、工作作风等。人与人打交道时，言谈富有见地、知识丰富、反应敏捷、富有幽默感、有某种专长或有才华、性格开朗、情绪愉快、待人真诚、作风正派、有修养者，易于吸引他人，易结人缘。具有这些良好人格特征的人，若交往的对方与之相似，则会互相欣赏，由兴趣相投而互相吸引；若交往的对方弱于自己，则易受到对方的崇拜、景仰而具吸引力；若是逊色于对方，也可督促自己不断完善自己，提高交往的层次，树立更完美的形象，增强吸引力。因此，长相一般而内涵丰富、具有良好人格魅力的人赢得广泛而深厚的人际关系成为可能；相反，生活格调低下、无知、阴险狡诈、口是心非、油腔滑调、信口开河、智力低下等会引起交往中对方的排斥、反感；特别腼腆、过分内向、含而不露、戒心太重等心理品质也会妨碍人际间的相互吸引。

(2)外在形象。外在形象即我们通常所说的外表、长相、外貌等。当初次与人交往或在大众社会场合下，外表因素往往影响着人际间相互关系的建立与进一步发展。个人的长相、着装、仪态、风度都会影响人们彼此间的相互吸引,即所谓"第一印象"的作用。研究发现,最初的印象支配着一个人其后对另一个人的行为,使其作出与第一印象相一致的行为反应,反过来这又对第一印象起了强化作用。这与一般的经验也是吻合的。当个体对对方有良好的第一印象时,通常会认为对方有良好的品质、特征,因而也就会被对方所吸引。人的外表在交往中的作用存在着性别差异。在初次交往的活动中,人们对男性较多看重其风度与身高,对女性较多看重其相貌和年龄等因素。男女两性以不同侧面的外表因素影响人际间最初的相互吸引。

在这里我们必须指出的是,每个人的长相外貌等有较大的先天遗传性,个人一般来说是无法改变的,而人的交际能力是可以在后天生活实践中发展起来的。所幸的是,随着人际交往时间的延长,仪表的作用将越来越小。伴随着人们相互认识与理解的加深,人们学会了不再简单地以外表来判断人了。人际交往时所产生的吸引力将会从外在的形象逐渐转入内在深层的个性品质等因素之中。

(3)能力。钦佩在能力方面胜过自己的人,这是个体的心理倾向,所以,人们总是喜欢能力较强的人。需指出的是,那些具有一定的能力,但又有可能偶然出现某种小过失的人往往具有更大的吸引力。

2. 相似性因素

俗话说,"物以类聚,人以群分",就是强调相似性对人际吸引的作用,诸如民族、宗教、政治、社会阶层、教育及年龄等的相似性都能影响人际关系。

许多实验室研究和现场研究有力地证明,他人对我们的吸引力会随着他们的观点、兴趣、人格特点等与我们自己相似程度的增加而增加。其原因可能是,一个与我们相似的人一般更会以为我们的观点、兴趣、人格特征等是适当的、符合要求的,故表达相似的看法或兴趣等会具有增强吸引力的作用,而不相似的看法或兴趣则会起到反作用。另一种可能是,相似性为个体提供了来自另一个人的信息,从而影响了吸引。一般人们总是认为自己的看法、兴趣、人格特征等是有价值的,在这些方面与自己相似的人很自然会相互喜欢并相互吸引。

3. 需要互补

所谓互补,原则上发生在不相似的人之间,因此,两个品质特点完全不同甚至对立的人会因相互的需要而形成亲密关系。例如,一个性格急躁的人与性格文静的人相处得较好,一个具有支配性格的人愿意与具有服从性格的人交往。需要的互补有一个前提,即只有在双方相似态度基础上,互补需求才能发挥效果。

4. 接近性

在能够满足彼此需要的前提下,个体之间越接近就越会相互吸引。因为交往双方存在接近点,能使双方时空距离和心理距离缩小。相互吸引的接近点主要包括时空接近、兴趣接近、态度接近、职业接近等方面,接近为相互熟悉提供了更多的机会,为彼此在接触交往中相互了解提供了更多的机会。

延伸阅读

人际交往中六种有趣效应

一、首因效应

首因效应在人际交往中对人的影响较大,是交际心理中较重要的名词。人与人第一次交往中给人留下的印象,在对方的脑海中形成并占据着主导地位,这种效应即为首因效应。我们常说的"给人留下一个好印象",一般就是指的第一印象,这里就存在着首因效应的作用。因此,在交友、招聘、求职等社交活动中,我们可以利用这种效应,展示给人一种良好的形象,为以后的交流打下基础。当然,这在社交活动中只是一种暂时的行为,更深层次的交往还需要你的硬件完备。即在谈吐、举止、修养、礼节等各方面的素质。与之相对应的是另外一种效应——近因效应。

二、近因效应

近因效应与首因效应相反,是指交往中最后一次见面给人留下的印象,这个印象在对方的脑海中也会存留很长时间。多年不见的朋友,在自己的脑海中的印象最深的,其实就是临别时的情景;利用近因效应,在与朋友分别时,给予他良好的祝福,你会在他的心中留下美好印象。有可能这种美好印象将会影响你的生活,甚至可能使你成为一种"光环"人物,这就是晕轮效应。

三、晕轮效应

所谓晕轮效应,是指我们在对别人做评价的时候,常喜欢从或好或坏的局部印象出发,扩散出全部好或全部坏的整体印象,就像月晕(或光环)一样,从一个中心点逐渐向外扩散成为一个越来越大的圆圈,所以有时也称为月晕效应或光环效应。

多数情况下,晕轮效应常使人出现"以偏概全"、"爱屋及乌"错误,产生一个人一好百好的感觉。"旁观者清,当局者迷",我们要善于倾听和接受他人的意见,防备晕轮效应的副作用。同时也可以利用晕轮效应的影响增加自身的吸引力。与人交往时,可以采用先入为主的策略,让对方了解我们的优势,以获得以肯定积极为主的评价。晕轮是美丽的，让我们在其美丽的光环下，冷静、客观地透视人生，把握交往。

四、刻板效应

我们在认识和判断他人时，并不是把个体作为孤立的对象来认识，而总是把他看成是某一类人中的一员，使得他既有个性又有共性，很容易认为他具有某一类人所有的品质。因而当我们把人笼统地划为固定、概括的类型来加以认识时，就是刻板效应在发生作用。

刻板效应的积极作用在于简化了我们的认识过程。因为当我们知道他人的一些信息时，常根据该人所属的人群特征来推测他所有的其他典型特征。这样虽然不能形成对他人的具体印象，但在一定程度上可以帮助我们简化认识过程。但刻板效应更多带来的是负面效应，如种族偏见、民族偏见、性别偏见等。它常使人以点带面，凝固地看人，容易产生判断上的偏差和认识上的错觉。

五、定势效应

所谓定势效应，是指人们在认知活动中用“老眼光”——已有的知识经验来看待当前问题的一种心理反应倾向，也叫思维定势或心向。

在人际交往中，定势效应表现在人们用一种固定化了的人物形象去认知他人。例如：我们与老年人交往中，我们会认为他们思想僵化，墨守成规，跟不上时代；而他们则会认为我们年纪轻轻，缺乏经验，“嘴巴无毛，办事不牢”。与同学相处时，我们会认为诚实的人始终不会说谎；而一旦我们认为某个人老奸巨猾，即使他对你表示好感，你也会认为这是“黄鼠狼给鸡拜年——没安好心”。心理定势效应常常会导致偏见和成见，阻碍我们正确地认知他人。所以我们要“士别三日，当刮目相看”地看人，不要一味地用老眼光来看人处事。

六、投射效应

在人际认知过程中，人们常常假设他人与自己具有相同的属性、爱好或倾向等，常常认为别人理所当然地知道自己心中的想法，心理学上称之为投射效应。

“以己度人”、“以小人之心，度君子之腹”就是一种典型的投射效应。当别人的行为与我们不同时，我们习惯用自己的标准去衡量别人的行为，认为别人的行为违反常规；喜欢嫉妒的人常常将别人行为的动机归纳为嫉妒，如果别人对他稍不恭敬，他便觉得别人在嫉妒自己。为了克服投射效应的消极作用，我们应该正确地认识自己和他人，做到严于律己，客观待人，尽量避免以自己的标准去判断他人。对方并非如我们所想象，只有深入接触才会了解。

二、人际交往能力的重要性

人际交往能力是指人与人之间及人与团体、群体中的其他人之间和谐相处的能力。人是社会的人，很难想象离开了社会、离开了与其他人的交往，一个人的生活将会怎样。当我们走上社会的时候，就开始了与各种各样的人打交道，在与他人交往中，你能否得到别人的理解、支持、帮助，这里就会涉及自身能力的问题。我们在校学习期间，就要培养自己与同学、与教师、与领导、与职工打交道的能力。

（一）人际交往是维护大学生身心健康的重要途径

1. 人际关系影响大学生的生理和心理状况

处于青年期的大学生，思想活跃、感情丰富，人际交往的需要极为强烈，人人都渴望真诚友爱，都力图通过人际交往获得友谊，满足自己物质和精神上的需要。但面对新的环境、新的对象和新的学习生活，一部分学生由此而导致了心理矛盾的加剧。一般来说，具有良好人际关系的学生，大都能保持开朗的性格、热情乐观的品质，从而正确认识、对待各种现实问题，化解学习、生活中的各种矛盾，形成积极向上的优秀品质，迅速适应大学生活。相反，如果缺乏积极的人际交往，不能正确地对待自己和别人，心胸狭隘，目光短浅，则容易形成精神上、心理上的巨大压力，难以化解心理矛盾。严重的还可能导致病态心理，如果得不到及时的疏导，甚至可能形成恶性循环而严重影响身心健康。

2. 人际交往影响大学生的情绪和情感变化

处于青春发展期的大学生，在心理、生理和社会化方面逐步走向成熟。但在这个过程中，一旦遇到不良因素的影响，容易导致焦虑、紧张、恐惧、愤怒等不良情绪，影响学习和生活。实践证明，友好、和谐、协调的人际交往，有利于大学生对不良情绪和情感的控制和发泄。

3. 人际交往影响大学生的精神生活

大学生情感丰富，在紧张的学习之余，需要进行彼此之间的情感交流，讨论理想、人生，诉说喜怒哀乐。人际交往正是实现这一愿望的最好方式。通过人际交往，可以满足大学生对友谊、归属、安全的需要，可以更深刻、更生动地体会到自己在集体中的价值，并产生对集体和他人的亲密感和依恋之情，从而获得充实的、愉快的精神生活，促进身心健康。

（二）人际交往是大学生成长成才的重要保证

1. 人际交往是交流信息、获取知识的重要途径

现代社会是信息社会，信息量之大，信息价值之高，是前所未有的。人们

对拥有各种信息和利用信息的要求，随着信息量的扩大，也在不断地增长。通过人际交往，我们可以相互传递、交流信息和成果，丰富自己的经验，增长见识，开阔视野，活跃思维，启迪思想。

2. 人际交往是个体认识自我、完善自我的重要手段

孔子曾说过："独学而无友，则孤陋而寡闻。"人际交往，可以帮助我们提高对自己的认识，以及自己对别人的认识。在人际交往的过程中，彼此从对方的言谈举止中认识了对方；同时，又从对方对自己的反应和评价中认识了自己。交往面越宽，交往越深，对对方的认识越完整，对自己的认识也就越深刻。只有对他人的认识全面，对自己认识深刻，才能得到别人的理解、认可、关怀和帮助，自我完善才可能实现。

3. 人际交往是一个集体成长和社会发展的需要

人际交往是人与人之间的一种互动，是协调一个集体关系、形成集体合力的纽带。一个良好的集体，能促进大学生优良个性品质的形成，如正义感、同情心、乐观向上等品格都是在和睦、友爱、平等、互助的人际关系中成长起来的。良好的人际关系还能够增进学生集体的凝聚力，成为集体中最重要的教育力量。

第二节　人际交往的智慧

一、大学生人际交往特点及影响因素

(一)大学生人际交往的基本特点

1. 平等意识强

大学生随着自我意识的发展，独立和自尊的要求日益增强，于是产生了强烈的"成人感"，对交往的平等性要求越来越高，他们既能对他人平等相待，又希望他人对自己也一视同仁。所以大学生更多地选择与同辈交往而远离父母，经常回避居高临下的教训，渴望平等交往。而那些傲慢无礼，不尊敬他人，操纵欲、支配欲、嫉妒心、报复心强的人常常不受欢迎。

2. 感情色彩浓

大学生普遍希望通过交往获得友谊。对友谊的珍惜与渴求，以及青年人情感丰富的心理特点，使大学生在人际交往中十分注重感情的交流，讲求情投意合和心灵深处的共鸣。但是大学生情感不稳定，起伏比较大，表现为时而欢欣鼓舞，时而焦虑悲观，经常容易用感情代替理智。

3. 富于理想化

大学生的人际交往具有浓厚的理想色彩，比较看重思想纯洁真诚。无论是对朋友，还是对师长，都希望不掺任何杂质，以理想标准要求对方，一旦发现对方某些不好的品质就深感失望。与其他人群相比，大学生人际交往的挫折感较强，致使大学生中出现渴求交往和自我封闭的双重性。

4. 独立性较强

由于大学生之间个性差异很大，因此，每个人的交往都可能不同于他人，从而使大学生的交往活动呈现出多彩的个性特征。但是，无论是活泼好动的大学生，还是孤僻好静的大学生，在交往中都表现出一种自主性，具体表现在：首先，大学生的交往是积极主动的，他们是互为主体、互相影响的交往伙伴，因此，在心理上存在着较强的独立感；其次，大学生的交往大多是兴趣所致，意愿所使，因此，与个人的兴奋点相吻合；再次，大学生的交往外在约束力不强，绝大多数社会活动甚至集体活动参与与否基本上由个人选择，强迫或被动的成分很少。

5. 开放性趋势

大学生的交往意识很强，一般不拒绝交往，交往范围较宽。在校内，无论班级、年级，还是专业、性别等，都不会成为大学生交往的障碍，而且，大学生正努力地使自己的交往方式丰富多彩，比如各种社团以及网络交往方式的兴起。

(二)大学生中常见的人际关系类型

1. 师生关系

老师与学生，是大学校园里两大基本群体。老师是学生人际交往的重要对象，师生关系是学生人际关系的重要内容。师生关系如何，直接影响到学生在学校能否健康地学习成长，并在很大程度上决定了学校能不能对学生的身心施加符合社会要求的影响。

教师是大学生人际交往的重要对象。教师是知识的传授者，是大学生人格模仿的对象。与教师的交往也是大学生知识需求和获取人生经验的重要途径，教师与学生的平等交往也是师生共同成长的前提；与此同时，师生关系又是一种业缘关系，师生之间心理距离小，心理相容度高，教师对学生充满爱护与关爱，学生对教师尊敬与敬仰，师生关系是一种纯洁而无私的人际关系。然而，由于大学授课的流动性与课堂的扩展，师生之间缺乏直接的沟通与必要的情感交流，师生信息的对流与沟通明显不足，因而师生关系虽然是大学生的主要人际关系，却依旧需要进一步加强。

2. 同学关系

同学是大学生人际交往的基本关系，也是大学生人际交往的主要对象。

大学校园里的同学关系总体来说是和谐、友好的，同学之间的关系有亲情化、家庭化的趋势，即在日常生活、学习中创造一种如同亲人一般和谐稳固的同学关系。

大学生与同学间的交往最普遍，也最微妙与复杂：一方面，大学生年龄相仿、经历相同，兴趣爱好相近，又共同生活在一个集体，学习相同的专业，沟通与交往容易；另一方面，大学生来自不同地域、不同家庭背景，生活习惯、个性气质各异，再加上大学生交往空间距离小、交往密度高，因而自我空间相对狭小，但大学生普遍对人际交往的期望较高，一旦得不到满足，容易采取消极退避的态度。

大学同学间关系比较密集的交往领域与场合有三个，即班级内的同学关系、宿舍关系与老乡、社团等关系。班级同学交往以学习与班级活动为主；而宿舍同学交往以情感与生活活动为主；老乡交往以情感交往为主，社团关系以兴趣与工作交往为主。

人际交往是大学生生活的基本内容之一。同学之间、师生之间、老乡之间、室友之间、个人与班级以及和学校之间等错综复杂的社会交往，构成了大学生人际交往的网络系统。

(三)影响大学生人际关系的心理因素

1. 认知因素

认知因素包括对自己的认知、对交往对象的认知和对交往本身的认知三个方面。首先是对自己的认知，有无正确的自我评价，会影响人际交往中的自我表现；其次是对他人的认知；第三是对交往本身的认知。交往的过程是双方彼此满足需要的过程，如果只考虑自己的满足而忽视对方的需要，就会引起交往障碍。

2. 情感因素

情感因素包括对交往的情绪反应、人与人的情感关系以及心理距离。情绪反应是人际交往中的一个重要特征，对人的好恶决定着双方的行为、相互间的情感关系和心理距离。尤其是大学生心境易变，对人和事过于敏感，特别容易凭一时好恶改变对人的看法，使人际交往缺乏稳定性。另外，情绪反应还有一个度的问题，人际交往中的情绪表现应是适时适度的，应当与引起情绪的原因及情境相称，并随客观情况的变化而变化。若情绪变化激烈会让人觉得过于感情用事；而情绪反应冷漠，对本可引起喜怒哀乐的事情无动于衷，则会被认为麻木、无情。这些不良情绪反应都会影响交往。

3. 人格因素

人际交往中，人格因素有着至关重要的作用。所谓人格，是指人在各种心理过程中经常地、稳定地表现出来的心理特点，包括气质、性格等。人格的差异会带来交往中的误解与矛盾冲突，人格不健全可直接造成人际关系的冲突。如不同气质类型的人对同一问题的处理方式不一样，胆汁质的人常性情急躁，言谈举止不太讲究方式，这会使抑郁质的人常感委屈和不安，造成双方的互相抱怨和不满。而相同性格类型的人(同是内向性格或同是外向性格)也很难相处融洽。

人们一般都喜欢真诚、热情、友好的人，讨厌自私、奸诈、冷酷的人。不良的人格特征容易给人以不良印象、不愉快的感受乃至一种危险感，因而会影响人际交往。下面是较常见的一些不良人格因素及其对交往的影响：

(1)虚伪。人们在与虚伪的人交往时，时常会担心上当受骗，缺乏安全感。因此，虚伪者难以与人交往。

(2)自私自利。自私自利者处处只为自己考虑，只关心自己的需要与利益，而全然不顾他人的需要与利益，有时甚至还损人利己，这种人自然缺乏吸引力，更谈不上与他人建立良好的人际关系。

(3)不尊重他人。不尊重他人的人常常会伤害别人的自尊心，从而破坏了他人社会心理需求的满足，他人当然不愿与此人交往。

(4)报复心强。报复心理强的人在与他人交往时，常会使人担心万一有不慎，就会遭到报复，感到心理紧张，因此自然而然地会疏远他。

(5)嫉妒心强。嫉妒心强实质上就是企图剥夺别人已经获得的东西，这种心理一旦表现出来，就会引起与其交往的人的反感。

(6)猜疑心重。人们在与猜疑心重的人交往时，常会感到真诚坦率的艰难，并时常会感到委屈冤枉，因此尽管这种人在外表看来容易接近，但内心深处是难以亲近的。

(7)苛求于人。苛求于人者往往吹毛求疵，使与其交往者深感不快，并自感自尊心受挫，一般人都会很快结束与这种人的继续交往。

(8)过分自卑。过分自卑者在行为和语言方面总表现出无能，因此不能吸引他人与其交往。

(9)傲慢恃才。待人接物以傲慢态度相应，会使人感受到威胁，自吹自擂也会使人产生不信任，这些都会严重影响其自身的吸引力。

(10)孤独固执。人们难以和孤独固执的人和谐共事，因此孤独固执者缺乏吸引力。

4. 能力因素

人际交往能力的欠缺是影响人际交往的原因之一，对有些大学生来说，则是影响其正常交往的主要原因。这些同学想关心人，但不知从何做起；想赞美他人，可怎么也开不了口或开口则词不达意；交友的愿望强烈，然而总感到没有机会；想调解他人矛盾，没想到好心办了坏事；交往中想表现自己却出尽洋相；内心想表示温柔，言语却是硬邦邦的。人际交往的能力可以通过有意识的培养来提高，关键是要多动脑筋，多进行交往实践。

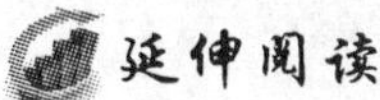

延伸阅读

人际关系测试

这是一份关于人际关系行为困扰的诊断量表，一共有28个问题，请你根据自己的实际情况，逐一对每个问题做"是"（打√）或"否"（打×）的回答。请认真完成，然后参看后面测试结果的解释。

[题目]

1. 关于自己的烦恼有口难言。（ ）
2. 和生人见面感觉不自然。（ ）
3. 过分地羡慕和妒忌别人。（ ）
4. 与异性交往太少。（ ）
5. 对连续不断的会谈感到困难。（ ）
6. 在社交场合感到紧张。（ ）
7. 时常伤害别人。（ ）
8. 与异性来往感觉不自然。（ ）
9. 与一大群朋友在一起，常感到孤寂或失落。（ ）
10. 极易受窘。（ ）
11. 与别人不能和睦相处。（ ）
12. 不知道与异性相处如何适可而止。（ ）
13. 当不熟悉的人对自己倾诉他的生平遭遇以求同情时，自己常感到不自在。（ ）
14. 担心别人对自己有什么坏印象。（ ）
15. 总是尽力使别人赏识自己。（ ）
16. 暗自思慕异性。（ ）
17. 时常避免表达自己的感受。（ ）
18. 对自己的仪表（容貌）缺乏信心。（ ）
19. 讨厌某人或被某人所讨厌。（ ）
20. 瞧不起异性。（ ）

21. 不能专注地倾听。 ( )

22. 自己的烦恼无人可倾诉。 ( )

23. 受别人排斥与冷漠。 ( )

24. 被异性瞧不起。 ( )

25. 不能广泛地听取各种意见、看法。 ( )

26. 自己常因受伤害而暗自伤心。 ( )

27. 常被别人谈论、愚弄。 ( )

28. 与异性交往不知如何更好地相处。 ( )

计分:

每回答一个"是",加1分,否则计为0分。

[结果解释]

如果你得到的总分在0～8分,那就表明你在与朋友相处上的困扰较少。你善于交谈,性格比较开朗,主动关心别人,你对周围的朋友都比较好,愿意和他们在一起,他们也都喜欢你,你们相处得不错。而且,你能够从与朋友的相处中得到许多乐趣。你的生活是比较充实而且丰富多彩的,你与异性朋友也相处得很好。一句话,你不存在或较少存在交友方面的困扰,你善于与朋友相处,人缘很好,获得许多人的好感与赞同。

如果你得到的总分在9～14分,那就表明你与朋友相处存在一定程度的困扰。你的人缘一般,换句话说,你和朋友的关系不牢固,时好时坏,经常处在一种起伏波动之中。

如果你得到的总分在15～28分,那就表明你在同朋友相处上的行为困扰较严重;分数超过20分,则表明你的行为困扰程度很严重,而且在心理上出现较为明显的障碍。你可能不善于交谈,也可能是一个性格孤僻的人,不开朗,或者有明显的自高自大、讨人嫌的行为。

二、大学生人际交往原则及技巧

(一)大学生人际交往的原则

要想成功地建立良好的人际关系,就要在社会生活中了解、遵循和掌握以下所述的人际交往的一般原则。

1. 平等原则

在人际交往中总要有一定的付出或投入,交往两方的需要和这种需要的满足程度必须是平等的,平等是建立人际关系的前提。人际交往作为人们之间的心理沟通,是主动的、相互的、有来有往的。人都有自尊自重与受人尊重的需要，都希望得到别人的平等对待。人的这种需要，就是平等的需要。

平等意味着在交往中互相尊重，一视同仁，这是和谐交往的基本前提。平等在一定程度上可以说是交往的最重要原则。萧伯纳有一次在写作休息时，和邻居的小女孩一起玩耍，当送小女孩回家时，他对小女孩说："知道我是谁吗？回家告诉你妈妈，就说和你一起玩的是萧伯纳。"小女孩天真地回应说："知道我是谁吗？回家告诉你妈妈，就说和你一起玩的是克里·佩斯莱娅。"大文豪不禁惭然。后来，萧伯纳对朋友谈起此事，感慨到："一个七岁的小女孩给我上了人生中最好最重要的一课。一个人不论有多大的成就，他在人格上与任何人都是平等的，这个教训我一辈子也忘不了。"交往是平等的，尊重他人，才能受到他人的尊重。在与他人进行交往时，要把双方放在平等的位置上，既不能觉得低人一头，也不能高高在上。尽管由于主客观因素的影响，人与人在气质、性格、能力、家庭背景等方面存在差异，但在人格上大家都是平等的。因此，在交往中要对自己有信心，对别人有诚心，彼此尊重、平等地交往，才可能持久。对大学生来讲，不论学习好坏，家庭背景如何，是否为班干部，长相如何，都应得到同等的对待，不要冷落集体中的任何人。

2. 相容原则

相容是指人际交往中的心理相容，即指人与人之间的融洽关系，与人相处时的容纳、包涵、宽容及忍让。相容是人际交往得以发展的保证。要做到心理相容，为人处世要心胸开阔，宽以待人，遇事多为别人着想，即使别人犯了错误，或冒犯了自己，也不要斤斤计较，以免因小失大，伤害相互之间的感情。《尚书·陈君》上说："有容，德乃大。"《论语·卫灵公》记载孔子与子贡的对话，子贡问："有一言而可以终身行之者乎？"孔子说："其恕乎。"并进一步解释说，"恕"就是"己所不欲，勿施于人"。也就是说，无论做什么事，都要推己及人，将心比心，设身处地为别人着想。

大千世界，芸芸众生，每个人都有不同的个性和爱好，而且人无完人，金无足赤。因此，我们与他人交往时，不能用一种标准去要求他人，更不能太苛求他人，要学会宽容，求同存异。宽容他人也就是在宽容自己，苛求他人也就是在苛求自己。不会宽容他人，也同样得不到他人的宽容。

相容原则非常重要，因为大学生交往中的许多问题都是由于不宽容造成的。要能宽容别人，首先要理解别人，学会设身处地地为别人着想。而要真正理解别人，为别人着想，就要多交流，深入了解各自的性情爱好和价值观念，这样才不至于在出现问题后无端猜疑，引发不必要的纠纷，且有利于形成宽容和谐的交往气氛。宿舍交往中生活小事的磕磕碰碰更是难免，这个时候就更需要以宽容的心态对待问题。否则，小的摩擦就有可能酿成严重的后果。

3. 互利原则

建立良好的人际关系离不开互助互利。互助互利可表现为人际关系的相互依存，通过对物质、精神、感情的交换而使各自的需要得到满足。人际关系以能否满足交往双方的需要为基础，如果交往双方的心理需要得到满足，其关系才会继续发展。因此，交往双方要本着互助互利原则。

互助原则，就是当一方需要帮助时，另一方要力所能及地给对方提供帮助。这种帮助可以是物质方面的，也可以是精神方面的；可以是脑力的，也可以是体力的。坚持互助原则，就要破除极端个人主义，与人为善，乐于帮助别人。同时，又要善于求助别人。别人帮助你克服了困难，他也会感到愉快，这也就进一步增强了双方之间的情感交流。

互利原则要求我们在别人遇到困难时伸出热情之手，像雪中送炭一样给别人以物质或精神的慰藉。首先，互利关键在于真诚，这是一种崇高的道德力量，是纯洁友谊的体现，不要将此曲解为斤斤计较的功利原则，如"我今天帮助你，你明天必须报答我"，或"我不图别人的好处，但我也决不白施于人"。其次，互利要注重双向性，如果一方只索取不给予，或只给予不索取，那就容易造成对对方诚意的误解，不敢也不愿意进一步向对方敞开心扉，从而中断交往。事实证明，交往中互利性越高，双方的关系越稳定和密切；互利性越低，双方的关系也越容易疏远。

4. 信用原则

信用即指一个人诚实、不欺骗、遵守诺言，从而取得他人的信任。人离不开交往，交往离不开信用。要做到说话算话，不轻许诺言。与人交往时要热情友好，以诚相待，不卑不亢，端庄而不过于矜持，谦逊而不矫饰作伪，要充分显示自己的自信心。一个有自信心的人，才可能取得别人的信赖。处事果断、富有主见、精神饱满、充满自信的人就容易激发别人的交往动机，博取别人的信任，产生使人乐于与你交往的愿望。

朋友之交，言而有信。许诺别人的事就要履行，这是信用原则的重要表现。轻易许诺却失信于人，会给人一种极强的不信任感，认为你习惯于开"空头支票"，缺乏交往的诚意，这是人际交往的大忌。大学生要认识到，许诺是非常郑重的行为，对不应办或办不到的事情，不要轻易许诺，不要碍于面子答应，之后又无法兑现承诺。守时，虽然表面看来是交往中的一件小事，但却是交往双方衡量对方品质的重要途径，尤其是异性交往中，是否守时甚至是决定交往能否继续下去的关键因素。我国古人历来把守信作为一个人立身处世之本，

如孔子说:“人而无信,不知其可也。”(《论语·为政》)

上述这些人际交往的基本原则,是处理人际关系不可分割的几个方面。运用和掌握这些原则,是处理好人际关系的基本条件。

(二)大学生人际交往的基本技能

1. 积极的心理暗示

我们在生活中不难发现,有的人身上仿佛有一种魔力,周围人都乐于聚在其身边,这类人往往能在短时间内结识许多人。心理学研究表明,这类人大都具有良性的自我表象和自我认识能力:“我是一个受欢迎的人,我喜欢与人交往。”这样的心态会使人以开放的方式走向人群,他们心地坦然,很少有先入为主的心理防御,因而言谈举止轻松自在,挥洒自如。在这种人面前,很少会有人感到紧张或不自在,即使一些防御心理较强的人也会受到其感染而变得轻松、开放起来。同学之间的交往,许多时候都是在紧张的学习之余求得一种轻松感,所以能满足这一愿望的人自然会有一种吸引力。

但许多同学,包括一些才华和品质都很优秀的人也可能存在一些消极的自我认识。在与人交往时,常常会生出“他(她)会喜欢我吗? 会尊重我吗”的疑问,由此带来的结果是防卫心理。由于对自己的某种东西缺乏信心便想掩饰,掩饰心理所带来的行为表现或是夸张或是封闭,带有表演给人看的味道。再者,由于时时注意别人如何评论自己,心情难以轻松下来,所以其言行、表情总会显出某些不自然的东西,交往气氛也会因此受到一定程度的损害。

之所以有以上差异,是由于习惯性暗示在起作用。运用积极暗示能够减少或消除不良的自我认识,比如经常在心里默默对自己说:“我是受欢迎的人!”每天早晨醒来,都要充满信心地默诵这句话。除言语暗示外,还可运用形象暗示。在头脑中把自己想象成一个良好的交际者,直到这种形象在头脑中能够栩栩如生地浮现出来并根深蒂固。这就是西方心理学中有名的想象方法。

2. 主动而热情地待人

心理学家发现,“热情”是最能打动人、对人最具有吸引力的特质之一。一个充满热情的人很容易把自己的良性情绪传染给别人。在这里,首先让自己变得愉快起来是必要的,一个面带微笑的人很容易被他人接纳。每个人在生活中都会遇到许多烦恼的事,我们不应被它们所奴役,而应像鲁迅先生所说的那样——敢于直面惨淡的人生! 我们要学会愉快地面对生活,以微笑去待人处事。

要热情待人还必须从心里对他人感兴趣,产生一种欣赏的心态,真心喜欢他人。“对别人不感兴趣的人，他的一生中困难最多，对别人的伤害也最大。所有人类的失败都出自于这种人。”“只要你对别人真心感兴趣，在两个月之内，你所得到的朋友，就会比一个要别人对他（她）感兴趣的人，在两年内所交的朋友还要多。”实践表明，人们更容易喜欢那些对自己感兴趣的人。

热情待人，要求真诚地、无私地关心他人。当别人有求于自己时，只要是正当的要求，就要尽己所能，满足对方的要求。做到心中有他人，能设身处地替别人想，能够在别人需要帮助时，及时、主动地伸出援助之手。经常帮助别人能够使别人懂得你的存在对他的价值，其结果必然是“爱人者，人恒爱之”。

3. 把每个人都看成重要人物

自我尊严得以维护，自我价值得到承认，这是许多人最强烈的心理欲求。我们只有在交往中注意到这一点，才能应对自如。的确，每个人都是重要的，当我们把自己看得非常重要时，也应将心比心把别人也看成重要的。据此，在交往中，我们应注意：

(1)让他人保住面子。如果一个人习惯于通过挑别人的毛病和漏洞来显示自己的聪明，那将是愚蠢的，必将为此付出高昂的代价。人人都有毛病和缺点，所以找起来并不难，但被人暴露自己的“小”，这是许多人反感的，因为这威胁到了他的自尊。

(2)不要试图通过争论使人发生改变。同学之间常常争论，若是为探讨问题，这是有益的，但试图以此改变对方，则往往适得其反。

每个人都或多或少把某种观点（他在争论中坚持的观点）看成是自我的一部分，当你反驳他的观点时，便或轻或重地对他（她）的自尊造成了威胁。所以争论双方很难单纯地就问题展开争论，其间往往渗入了保卫尊严的情感。这种情感促使双方把争论的胜负而不是问题的解决看成是最重要的。所以胜方常常难以抑制自己的洋洋得意，他把这看成是自己尊严的胜利、能力的明证；而败方则会觉得自尊受到伤害，他对胜方很难不产生怨恨。从而我们不难理解，为什么许多争论到最后会演变为人身攻击。可见，争论对人际交往常常是一种干扰因素。原则问题上不能忍受退让，在非原则问题上退让一步，并非懦弱或无能，而是风格高尚。只要不是原则问题，“得理也要让人”，才能体现出对同学的尊重和友爱。

(3)发现并赞赏别人的优点。每个人都有其不足，每个人也都有其所长。杜威曾指出，人类天性中最深切的冲力是“做个重要人物的欲望”；威廉·詹姆斯说：“人性中最深切的禀质，是被人赏识的渴望。”既然如此，我们何不去多多赞赏别人身上那些闪光的东西呢？然而我们却常常容易忘记和忽略这么重要的一件事。或许我们的自然倾向是寻找他人的缺陷，这样可能会间接提高我们的自信；或许我们崇尚直言相谏，而把赞赏当做恭维看了，所以不屑于此举。总之，在我们的生活中，最为人渴望而不用花钱费力就能给予的“赞赏”却常常难得一见。在大学里，有一些同学由于家境、容貌、见识等原因而深藏一种自卑感，他们多么需要得到认同和鼓励！一句由衷的赞赏很可能会使他们的生活洒满阳光，甚至改变他们的整个命运。

赞美他人要诚心诚意、实事求是。赞赏必须发自肺腑，否则就成了恭维。而发自肺腑的赞赏需要一颗充满自信的爱心，需要一种不断学习他人、完善自我的胸怀。希望得到别人的赞扬是人的一种心理需要，赞美别人并非是一件难事，因为每个人总有一些值得赞美之处。通常我们可能由于太注重自己，因而不能发现别人的可赞美之处。事实上，只要我们能对别人多注意观察，并且不嫉妒别人，则常可发现他们有许多可赞美之处。

（三）大学生人际交往的艺术

所谓交往艺术，关键要注意把握交往的“度”，包括交往的广度、深度、频率的把握以及语言、行为的分寸讲究等。

1. 交往的广度要适当

交往的广度既不能过广也不能太窄，过广则容易滥交，既影响交往质量，又会浪费太多精力，影响学习；太窄又有可能错过了许多可交的朋友，使自己眼界狭小、气量狭小，经常会陷于狭小的人际圈子不能自拔。

2. 交往的深度要适当

交往的深度要适当，有的要深交，有的则只能浅交，甚至拒交，不能一味泛交，也不可能跟任何人都成为知心朋友。决定交往深度的主要因素是志同道合，包括共同的理想、追求、志趣和共同的道德水准、人格修养等。相同的理想志趣会使两个性格迥异的人成为莫逆之交。

3. 交往的频率要适度

即使是好朋友，也不能过从甚密，天天黏在一起，这样既影响彼此的正常生活，也会减弱彼此的新鲜感，增加出现摩擦、发生矛盾的概率，从而妨碍友谊的进一步发展。当然，也不能很长时间不见面。虽然有的同学认为，真正的朋友是根本不用见面的，只要通信保持深交就可以了。但是，实际情况是，许多学生只能与身边的朋友保持密切交往——毕竟“近水楼台先得月”，许多大学生一般在大学二年级后就中断了和高中朋友的密切交往，就是这个原因。

4. 重视人际交往的语言艺术

语言艺术主要指要把握说和听的分寸，“说”要注意尽量用简单、明白、清楚的语言表达思想，不要绕来绕去，含糊其辞，以免引起不必要的误解；说话要注意语气，批评和赞扬他人要讲究方式和措辞。赞扬他人要恰如其分，批评他人也要尽量用婉转的语气。要学会多认可、欣赏、赞美他人，而不是挑剔、讽刺他人。"听"要学会倾听，尊重他人，理解他人，而不是夸夸其谈，自我陶醉；要配合对方的谈话，时而点头或微笑，态度和蔼，而不是"冷若冰霜"；注意不要随意打断对方的谈话或抢对方的话题。总之，听对方讲话时，要把握好自己的配角位置，处处表现出对对方的尊重和耐心。

5. 行为规范和体态语言的运用要恰当

所谓"站如松，坐如钟"，就是说站有站相，坐有坐相，站立时不要来回晃动身体或手总是无处可放，坐时一般不要跷二郎腿；礼节性行为如点头、握手等要适当，不要过于献媚、讨好，也不要自以为是，居高临下；微笑和专注的神情在交往中很重要，要学会控制自己的情绪，而不是鲁莽、任性，让别人很尴尬；眼光切记不要游移不定，左顾右盼，或死盯住对方眼睛，要与对方视线保持一种若即若离的自然状态。总之，行为和体态语言的运用要给人一种自然得体、富有涵养的印象。

另外，在交往中还要注意一些细节，比如，不要认为朋友之间就什么秘密都不能有，总探听对方的隐私，而要为朋友保守心中的隐秘和苦衷；不仅要善于表扬和赞美朋友，更要及时和敢于指出朋友的缺点。如有的同学所说的："没有赞扬的友谊是暗淡无华的，没有劝导的友情也将是虚而不实的。"

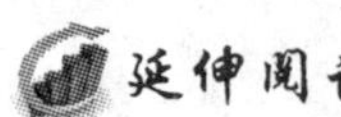

心理沟通游戏——传话筒

这个游戏是沟通技巧里常用的，就是培训师写一段话，让一组或几组学员的第一位学员过目，不准记录，不准朗读，之后请他将信息悄悄地转告第二位学员，注意不能让其他学员听到，依次传递，让最后一位学员将他听到和理解的信息写在白板上，这时培训师再公布他一开始的那段话，看看有什么区别。我做过许多次，几乎没有完全一样的答案。

点评：

1. 在以"听和说"作为主要信息传递方式的过程中，由于信息传播者表达力和信息接收者的理解力各有不同，信息往往无法完全准确地传递。你想说的和最后对方理解的往往有很大的出入。

2. 信息在传递过程中会被遗漏，这就要求我们尽可能选择能将信息完整保留的传递方式，如书面、录像、录音等原始信息载体。

3. 要想达到有效沟通，必须采用正确的沟通方式和尽可能完整地保留信息。

第三节　大学生人际关系心理健康教育对策

健康的人际关系应该有客观、准确的人际认知，适度、恰当的人际情感，和谐的人际交往与人际相处。大学生迫切需要友谊、渴望理解，他们有强烈的交往需要。但是，他们自尊心强，情绪易冲动，社会经验不足，人际交往能力有欠缺，一些人还存在着人际交往心理缺陷，这使得不少大学生不能处理好人际关系。因此，进行大学生人际关系心理健康教育是很有必要的。

一、大学生人际关系不良心理及其自我调适

(一)自卑

自卑，是指由于一些条件的限制和认识上的偏差，认为自己在某个方面或某几个方面都不如别人，从而产生的轻视自己、失去自信、畏缩的一种情绪体验。据调查(李晓萍、孟祥昕，2000)，有52.43%的同学认为自己在与人接触时，曾因自卑而不愿与之交往。在平时的咨询过程中也有一半以上的同学因为自卑而使人际关系失谐。自卑有多种表现形式，退缩或过分地争强好胜是其中最明显的两种，会妨碍一个人积极而恰如其分地与他人交往，尤其是过分畏怯、退缩。大量调查表明，自卑心理一般多见于新入学的大学生宿舍人际关系中。由于学习、生活环境的变迁，他们在这人才荟萃的新“家庭”中，出现一种重新分化的格局。学习上，中学时代的名列前茅现在可能只能排在后面；生活上，也由中学时代的父母“包办”变成了“自理”。家庭经济状况、社会地位及自身的某些生理缺陷等主、客观原因，都会促使他们感到自卑和脆弱。自卑感一经形成，便具有很强的感染性和扩散力，会给他们之间的相互交往带来不良的影响。在大学生中还存在另一种自卑心理，即掩盖于“自傲”、“清高”的表面现象之下的一种自卑心理。有这种自卑心理的人十分渴望与他人交往，渴望得到他人的关心和帮助，但是由于其在某一方面的优势，而不肯放下所谓的“架子”主动地与他人交往，最后给他人造成一种拒人于千里之外的错觉。

一般来说，自卑的人容易消极地、过低地评价自己，总觉得自己在容貌、身材、知识、能力、口才，甚至衣着(这一点贫困生表现明显)等各方面不如别人，低人一等，害怕与人交往。克服自卑应从认识、情绪、行为三个方面同时入手。①从思想上树立“天生我才必有用”的信念。心理学研究表明，成功者与失意

者在智力上并没有显著差别，并不是智商高的人就一定能成功。他们之间最主要的差异在自我评价上。②调节自己交往时的情绪。学会积极地自我心理暗示、自我激励，可以暗地里用语言对自己说"我能行"、"我对未来充满信心"、"再试试"。③树立自信，马上行动。正确认识自己，善于根据自己各方面的条件、特长，发挥自己的优势，在发展中增强自信心；踊跃参加群体活动，在活动中发现和发展自己的能力，唤起自信心，不断克服自卑心理，形成积极的心理状态。真正的自信还需要用行为来表现，故我们可以从容易处入手，如说话训练，先在朋友、熟人面前演练，有把握后再扩大听众群。

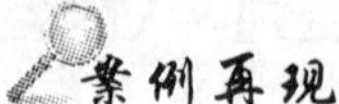
案例再现

自卑使她形单影只

某大一学生小惠，来自北方一个贫困的山区，家里有兄妹四人，由于排行最小，一直被家人娇惯着，小时候就很胖，那时感觉胖乎乎的很可爱；但是自从进了高中，据小惠说："同学们开始给我起绰号叫胖妞，甚至有人在背后叫我肉球。"她的性格也就随之变得自卑起来。

只因为自己长得十分矮小、肥胖，所以她就认为自己很丑陋，内心十分自卑，上课不敢发言，走路不敢抬头，不敢和异性说话，就连到街上买东西也不敢白天出门，朋友很少，经常独来独往。

如果想要尽快帮助小惠走出自卑的阴影，你想对她说些什么？

(二)嫉妒

嫉妒是一个人由于嫉贤妒能，对才能、名誉、地位等比自己强的人所产生的不愉快和怨恨的情绪体验。当身边的同学在学习成绩、活动能力、生活条件、外貌形象等方面优于自己时，就可能引起个体产生嫉妒心理。调查(李晓萍、孟祥昕，2000)表明，大约有 58.25% 的同学承认自己在与人交往中产生过嫉妒心理。从心理学角度来看，嫉妒是对超过自己的人感到恐惧和愤恨的混合心理，是自私自利、唯我独尊的一种异常心理表现。嫉妒者其实比其他人更为痛苦，因为他人的幸福和自己的不幸都将使他痛苦。他们因心灵巨大的创伤或某种无法补偿的缺陷，无力或不敢与强者竞争；或因为怕吃苦而不想与强者竞争，但又容不下强者的优点与长处，害怕他人超过自己，心理上发生矛盾，失去平衡，便自觉或不自觉地贬损他人以求得心理上的平衡。嫉妒者时刻寻找对他人实施"报复"行为的时机，经常处于精神紧张的"高度戒备"状态。嫉妒心理同自傲、自卑心理一样，是建立良好人际关系的大敌。

嫉妒者由于把别人的优势视为对自己的威胁,从而感到恐惧和愤怒,怕别人的优势凸显出自己的低下。但他们并不企图通过努力去弥补自己已经存在的差距,而是借助贬低、诽谤、中伤等手段攻击对方,拉对方后腿,以求心理上的满足,似乎这样就可以缩短自己与对方的差距。培根说:“每一个埋头沉入自己事业的人是没有工夫去嫉妒别人的,能拥有它的只能是闲人。”消除大学生的嫉妒心理常用的调适方法有:①加强思想意识修养,树立正确的人生观。因为嫉妒心理受理想、信念等个性倾向性的制约,只有逐步树立起高尚的道德情操和献身于社会的崇高理想,原来所具有的自私自利、唯我独尊的个性缺陷才能克服。②解放狭隘的“自我”。嫉妒的病根在于自私,如果我们克服私心杂念,严于律己,宽以待人,“心底无私”,把他人的进步和优势看做是自己的一样高兴,如果我们见贤思齐,凭自己的奋斗迎头赶上,那么嫉妒心理就无法滋生。③积极克服自己性格上的弱点。一般而言,虚荣心强、心胸狭窄、敏感多疑的人容易产生嫉妒心理。加强自己的性格修养,逐渐形成不图虚名、心胸开阔、坚毅自信的性格特征,对消除嫉妒心理至关重要。④正确评价自己,增强竞争意识。承认自己某方面与别人的差距,欢迎竞争,积极参与竞争,努力实现自己潜在的价值,同时注意与他人的竞争应该有所选择和侧重,避免分散精力和进行无谓的竞争。

(三)害羞

害羞又称社交焦虑,是指面对新环境的交往活动,羞于交往的一种心理反应。表现为腼腆、胆怯、拘谨、动作忸怩、不好意思、脸色绯红、说话的音量又低又小,有时还伴有动作的颤抖,很不自然。害羞是人际交往中普遍存在的心理现象,尤其发生在与异性的交往中,其产生原因主要是由于个体对安全感的过分追求。美国心理学家秦姆赫调查发现,有 40%的美国人都认为自己有怕羞的心理弱点,其中还包括卡特总统及夫人,还有 40%~50% 的人认为自己曾经在某种特定的场所感到羞怯。李晓萍和孟祥昕(2000)的调查显示,承认自己因为害羞而不敢与人交往的大学生占 49.75% 。而另一项调查发现,在大学生的人际交往中,首要的阻碍因素就是羞怯心理,且在大多数情况下,男女羞怯心理差异不显著。按产生原因可将害羞分为三类:一是气质性的害羞。即生来就有的性格沉静内向,遇到人或事就胆小退缩,思前想后,举棋不定。二是认知性害羞。过分注意自我,注意自己的举手投足,患得患失,所以易受他人的支配,羞于与人交往,缺乏交往的主动性。三是创伤性害羞。由于生活、学业上的挫折和失败经历,而变得小心谨慎,消极被动地接受周围的一切。随着年龄的增长、交往的频繁,害羞心理会逐步减弱与消失。但如果过度害羞，就会使人在交往活动中过分约束自己的言行，无法充分表达自己的愿望和情感，也无法与人沟通，阻碍良好的人际关系的形成。

害羞心理往往是在家庭、学校等环境下，在接触朋友、同学等特殊条件时逐步形成的。害羞者真正缺少的是自信，是不相信自己能给别人留下好印象，担心自己说错话，有时干脆不说。此外，缺少交往活动也是害羞心理产生的重要因素，故大学生可以从以下途径调适自己的害羞心理：①树立自信。相信自己有能力以恰当的方式讲述与表达，并能给他人留下良好的印象；相信自己能在交朋友方面比现在做得更好。②加强交往实践活动。性格懦弱、十分害羞的人，若从事服务业、教育、商业、行政等常需与别人打交道的职业，其害羞心理能在实践活动的历练中逐步消失。故有害羞心理的大学生应该勇于在自己的生活中去交朋友，多与他人交谈，多参加自己感兴趣的集体活动，让害羞心理在实践中不知不觉消失。③加强自律性训练。心理的自我暗示可以使自己沉住气，落落大方，不卑不亢地走向交往场合。交往伊始，要多运用自我暗示的方法，多告诫自己，如“没什么可怕的”、“勇敢些，没什么大不了”。④善于模仿。善于学习有关的学问，注意观察与模仿一些坦然自若、善于交际、活泼开朗的人的言行举止和风度。了解更多交往的具体方法，张嘴就不会“丢丑”，不会助长害羞心理，进而一步步走出害羞的心理状态。

(四)猜疑

猜疑是指没有事实依据而抓住“皮毛”，凭主观想象进行判断推测，只相信自己，却总怀疑他人、挑剔他人的一种不良心理。猜疑心理过重的大学生在人际关系中常表现为生性孤僻、敏感多疑、小心谨慎、戒备心强、对人冷淡，完全处在一个自我封闭的心理防御小圈子中，无端地怀疑他人在威胁自己的名誉、声望、形象，把他人的一举一动都与自己联系起来并看成是自己的阻碍。还有不少学生疑心太重，“逢人只说三分话，不可全抛一片心”，一旦遇到一些意外或不顺心的事，不是首先从自身找原因，而是怀疑他人在背后做了手脚。猜疑产生的心理原因主要是受到不恰当的他人暗示或自我暗示。疑心者给人的感觉是心胸狭窄、气度狭小、过分注意自己的得失，他们希望别人相信自己，又怀疑别人看不起自己、不相信自己。猜疑者自身也常常体验到巨大的心理压力，在这种心理状态下，很难与他人进行正常的人际交往，既影响个人潜能的发挥，又影响朋友关系的建立和发展。

如果一个人猜疑心重，并形成稳定的心理状态，就会令人厌恶，导致人际关系紧张，甚至会使同学间的亲密关系产生裂痕。猜疑是大学生正常人际交往的“拦路虎”，而要消除猜疑就要努力做到：①培养良好的性格。猜疑者的一般表现是与朋友相处时不坦率，不暴露思想，唯恐真实动机被别人察觉到。故需培养正直、诚实、实事求是的性格，养成根据客观事实来进行推理、判断的思维习惯，克服主观武断地下结论、轻易怀疑别人的习惯。②提高抱负水平。猜疑往往和一个人抱负水平低、过分拘泥于生活琐事有关。提高自己的抱负水平，在远大目标的追求中开阔坦荡个人的胸怀，倾心于自己所追求的事业，就不会为人际关系中的琐事而分心了。

(五)孤独

孤独是因缺乏人际交往而产生的寂寞感与失落感，是宁可独处也不与别人交往所产生的一种心理。孤独是一种主观的心理感受，而不一定与其外在行为表现相一致。调查(袁庆濮等，1995)表明，由于在学习、生活中遇到的矛盾、困难、困惑，以及所关心的问题没有得到及时的解决，有 65.85%的大学生有某种程度的孤独感，4.19%的有较深的孤独感。孤独也是大学新生中普遍存在的心理问题。满怀愁绪无可倾诉的时候，会感到寂寞；生活困难求助无门时，会感到寂寞；失学、失业、失恋后缺少社会关怀时，也会感到寂寞。在这种情况下寂寞心态是难免的，也可以说是正常的。没有人永远不寂寞，但却有人长期寂寞。若在多人参与的生活环境下，或在众皆欢乐的热闹场合里，仍然深深感到寂寞，那就是孤独了。大学生感情上的满足，一般来源于恋爱、家庭、朋友和社会等几方面，如果在这些方面的关系出现裂痕，难免会感到孤独和苦闷。孤独与独处不同，孤独是心理上的寂寞感与痛苦感，孤独的人是不快乐的；独处只是身体上离开他人、众人、群体，而在心理上却未必不快乐，甚至有人甘愿独处，享受宁静中的喜悦。具有高傲、冷僻性格的大学生容易产生孤独感，他们自命不凡，看不上他人，感觉他人“庸俗”、“不懂人情”，于是索性不愿与人交往，不想依靠他人，也不想求助于他人。孤独会使人丧失社会交往，丧失青春活力，丧失才智和健全的人格。孤独过甚者，有的试图通过信仰去寻求精神寄托，有的酗酒、纵欲、轻生，甚至与社会作对。

据社会心理学家分析，孤独产生的原因大致包括：①缺乏社交技巧，不能在与人接触时体察他人，并适度表现自己；②过度关注自我需求的满足，忽略别人的权益与需求；③对人缺乏同情心与同理心，无法获得别人的感情回应；④自责过重，与人交往时过分患得患失，因受恐惧失败心理的影响而导致对社会活动的退缩与逃避；⑤个性悲观，对人无信心，与人交往不能坦诚相对，不能表露自己的特点，因而无从获得对方的欣赏与尊重。孤独的人一般缺少人际关系，或者说，不能建立亲密的人际关系。大学生要战胜人际关系中的孤独心理，可以从以下几个方面努力：①融入集体之中。心中包容整个世界，把个人永远融于集体之中，这样才能正确处理好个人与社会的关系，发挥个人的才智，这也是战胜孤独的根本。②多参与社会活动。不必要求立即获得回报，多学习社会能力，并借此机会让别人认识、了解你。③改正不良性格。高傲、冷僻、尖酸、刻薄等性格往往会使人与你疏远，应该加以克服和矫正。④培养慎独的功夫。失意与独处是人生所无法避免的，应培养自己具有慎独的功夫，以期在个人独处时也不致会有太大的孤独、寂寞之苦，而导致不当行为的发生。

案例再现

"怪人"的烦恼——社交恐惧

杨萌从小性格内向、胆小、孤僻，父母对她要求极严甚至苛刻，父亲动起怒来特可怕。小学时有一次杨萌的考试成绩不理想，父亲就让她重做生题，她不乐意，父亲怒气冲天地将钢笔甩到她脸上，笔尖刺伤了她的脸，鲜血直流，至今杨萌想起那件事还很害怕。父母很正统、很古板，对杨萌要求的禁忌很多，不准她和陌生孩子交往。父亲认为女孩子在外蹦蹦跳跳、打打闹闹是不正经的，还容易上坏人的当。所以除了学校和家，杨萌很少在外玩耍。不知不觉地杨萌就怕和人接触了，也越来越害羞了。她认为自己是个怪人，怪毛病就是害羞。进入大学一年多来，她从不多与人讲话，与人讲话时不敢直视，眼睛躲闪，像做了亏心事。一说话脸就发烧，低头盯住脚尖，心怦怦跳，皮肤起鸡皮疙瘩，好像全身都在发抖。她不愿与班上同学接触，觉得别人讨厌自己，自己在别人眼中是个"怪人"。

案例解析：

杨萌患的是典型的社交恐惧症。该症表现为面对人群时，不但觉得害羞，还感到害怕，而且对自己以外的世界有着强烈的不安感和排斥感，这种对社交生活和群体的不适应而产生的焦虑和社交障碍称为社交恐惧症，它是最困扰大学生的心理问题之一。

社交恐惧其实也是一种强迫观念，患病率较高。患者对与人接触感到苦恼。当然，谁都有可能具有某种程度的社交恐惧，但发展成神经质症的症状时，其恐惧、痛苦程度会非常之深，以至于回避与人接触，对日常生活造成严重障碍。

二、大学生健康人际关系的养成

(一)充分有效地沟通

人际沟通指人与人之间在共同活动中，彼此交流思想、感情、知识等信息的过程。人们通过沟通来表达感情,解除内心紧张,获得对方的同情和理解。人际沟通不仅是维护和发展人与人之间关系的纽带,而且也是个体心理正常发展的基础和必要条件。大学生人际关系中许多问题都是关系双方缺乏充分、有效的沟通而引起的。生活中很多矛盾冲突刚出现时其实是很轻微的,但矛盾双方却因“面子”及其他一些不必要的顾虑而在彼此间展开“冷战”,互不沟通,所产生的不必要的误会导致了矛盾的一步步升级,甚至是关系的最终破裂。如个体在自己的合理利益遭到侵害时,往往担心人际关系变坏而容忍下来,不能主动表明自己的态度。个体不表态常常并不意味着他能够接受这种情形,其内心是不平衡的。大学生在遇到矛盾冲突时,一定要利用各种条件,灵活运用各种交流手段促进相互间的意见、情感沟通。只有双方间的误会消除了,才能使人际关系向健康、和谐的方向发展。

(二)学会解决冲突

尽管人人都期望朋友之间能够和睦相处,但有时往往事与愿违,难免会发生一些不愉快的冲突。大学生学会自己解决冲突也是促进其成长的必备环节。解决冲突的第一步在于使冲突各方保持情绪冷静。在此基础上,对冲突本身进行一次全面客观的分析:引起冲突的原因是什么,问题的关键在哪里,必要时向别人请教自己的观念是否客观,可能的解决办法有哪些,又有什么利弊,选出对双方都有益的最佳办法,等等。互惠是有效解决冲突的首要原则,应寻找将对双方的伤害降到最低、对双方利益有最大保障的方法。解决冲突的关键往往在于沟通,应学会与冲突的对方进行恰当、有效地沟通、协商,以达成相互谅解。学会宽容、学会理解也是有效解决冲突的重要原则。许多冲突都因误解而生,沟通有助于澄清事实,而冲突的最终解决有赖于双方的宽容和理解。

(三)培养良好的人际相处品质

良好的人际相处品质,包括真诚、互助、热情、自信、谦虚、谨慎、不卑不亢、理解宽容等。从大学生的实际情况来看,做到以下几点特别重要:

1. 宽容待人

宽容是不计较而不是软弱,是理解而不是迁就,宽容体现的是情操、修养,是一种人格魅力。学会宽容可以赢得好心情、好人缘和健康的身心与生活。学会宽容应从身边的小事做起,朋友相处难免有一些矛盾和意见,再要好的朋友也不可能在各方面都完全一致。对于矛盾、意见和性格差异,如果不会宽容,就可能阻碍朋友关系的发展。面对非恶意的冒犯,不计较后果,学会宽容地笑一笑,化干戈为玉帛,从而就能赢得一位朋友、排除一位敌人。倾听别人的辩解是宽容的开始，心理换位是宽容的根本，理解是宽容的核心。

2. 诚信对人

朋友相处要诚实守信，朋友相处的实质是通过双方的交互作用达到精神上的满足。这种满足只有在诚实、坦率、守信的关系中，才能达到顺利的心理沟通，才能分享彼此的真实感情，友谊也只有在这种气氛中才能得到充实、健康发展。相反，如果朋友关系是一种互不公开、互不诚实的关系，双方的心理沟通受阻，甚至互相欺骗，不守信用，这样的朋友关系只能短期内维持，不可能长期发展。因此，诚信对人的交友态度，在巩固和发展朋友关系中起着非常重要的作用。

3. 学会幽默

幽默使世界充满微笑，是男人的风度、女人的魅力，是美德与智慧的捷径，是知识和能力的展现。幽默风趣的话常使人产生喜悦满足之感，令人久久难忘。大学生要学会幽默，首先要注重培养自己敏锐的观察力、丰富的想象力、灵活的应变能力和获得广博知识的能力。平时生活中与人交谈时，若对方保持沉默，这时巧用幽默，便可打破僵局，使交谈气氛缓和，消除紧张；人与人的相处中出现矛盾时，幽默能起到润滑剂的作用，可使人们的相处变得更顺利、更自然。

4. 心理换位

心理换位是指在与人交往的过程中，把自己置于对方的位置上去认识、体验和思考问题，设身处地地为别人着想以求得心理上的沟通。在人际交往中，心理换位不仅是一种思考方式，也是一种心理品质。大学生之间的矛盾，往往是由于彼此没有注意到对方对自己行为的感受和反应而引起的。虽然这种现象的发生一般都是无意的，但对人际交往会产生不小的影响，应该引起足够的注意。

参考文献

[1] 北京师范大学发展心理研究所组编，林崇德，申继亮主编. 大学生心理健康读本[M]. 北京：教育科学出版社，2005.

[2] 周家华，王金凤主编. 大学生心理健康教育[M]. 北京：清华大学出版社，2006.

[3] 张连云，蒋俊梅，朱军. 大学生心理健康教育研究[M]. 成都：西南财经大学出版社，2006.

第七章　与压力并肩　同挫折共舞
——大学生压力管理与挫折应对

上天完全是为了坚强我们的意志，才在我们的道路上设下重重的障碍。

——(印度)泰戈尔

水有多重?

培训师在课堂上拿起一杯水，然后问台下的听众:“各位认为这杯水有多重?”有人说是半斤，有人说是一斤，培训师则说:“这杯水的重量并不重要，重要的是你能拿多久? 拿一分钟，谁都能够;拿一个小时，可能觉得手酸;拿一天，可能就得进医院了。其实这杯水的重量是一样的，但是你拿得越久，就越觉得沉重。这就像我们承担着压力一样，如果我们一直把压力放在身上，不管时间长短，到最后就觉得压力越来越沉重而无法承担。我们必须做的是放下这杯水，休息一下后再拿起这杯水，如此，我们才能拿得更久。所以，各位应该将承担的压力适时地放下并好好地休息一下，然后再重新拿起来，如此才可承担更久。”

(转引自姜文译:《压力管理的五大原则》，载《北京石油管理干部学院学报》2008 年第 3 期。)

张弛有道，一切方得长远。所谓压力管理，就是这样。

第一节　压力，人生路上的垫脚石

目前大学生所体验的压力不容低估，如考试压力、学习压力、就业压力、人际压力等。大学生承受的压力越来越重，已经导致一系列的心理健康问题的出现。压力，已经成为危害大学生健康的第一杀手。近年来，由各种压力导致的大学生自杀事件以及违法犯罪事件，让人触目惊心。为此，大学生必须学会管理和释放自己的心理压力，才能拥有快乐和健康的学习生活。

一、压力是什么

压力是指人们在社会适应过程中，对各种刺激作出生理和行为反应时所产生的一种紧张的心理体验和感受。压力在西方文献中也称为应激(stress),压力是一般意义上使用的概念,应激则是临床上使用的概念。

(一)压力是一种心理感受和体验

我们这里所说的压力不同于力学范畴中的压力。力学中的压力是实实在在力量的直接作用于对象物体,可以测量,并且也可以控制和消除的物理现象。而心理压力则是一种心理感受,它存在个体差异。压力是心理失衡的结果,源于内心冲突。心理作为现实的反映,必定将我们日常生活中遇到的各种各样的矛盾,如理想与现实、自我与社会的冲突,引入我们的内心世界,从而引发焦虑、苦恼等情绪体验和感受。

(二)压力是压力源作用的结果

压力虽然是一种体验,但离不开客观刺激——压力源,诸如生活费超支、即将到来的期末考试、毕业后的就业问题等,都成为大学生压力的原因。

(三)压力反应与主观评价

压力并不直接导致我们的感受和体验,我们对压力的认识反应或主观评价决定了我们的感受和体验。对压力的反应包括心理和行为两个方面:

1. 压力的心理反应

在压力情境下,个体的感知功能被激活,注意力集中,记忆力增强,思维也变得活跃。个体的认知反应既有积极的一面,也有消极的一面。积极的一面是认知活动增强,有利于应对压力情境,迎接威胁与挑战。但也可能产生诸如"灾难化"消极认知反应,即对负性压力源的潜在后果估计得过分严重。消极认知反应还包括自我评价降低,使得个体的自主感知以及自信心丧失。例如,一个长期得到师生称赞的学生,突然面对一次考试失利,很可能就会一蹶不振,变得怀疑自己。

个体的心理反应还集中在情绪方面。面对压力,个体最常见的情绪反应包括焦虑与恐惧、愤怒与怨恨、抑郁等。

2. 压力的行为反应

压力条件下的行为反应,与心理和情绪反应密切相关,也可以将其视为心理和生理过程的外显反应。行为反应主要涉及面部表情、目光、身姿和动作,也包括声调、音高、语速和节奏等副言语线索。当压力超过当事人承受能力的时候,个体的行为反应可能会显得惊慌失措,以致身体的协调能力和灵活性下降,动作刻板,或运动型不安,搓手顿足;或运动减少而呆滞木僵。

3. 对压力的认知和评价

个体对压力的反应,不是直接而单纯的,而是要受到中介机制——认知评价的影响。它决定着个体如何看待刺激的性质与压力的大小。认知与评价机制主要取决于以下因素：

(1)压力源本身的性质与特点，即是单一性的还是复合性的，一般性的还是破坏性的。

(2)社会支持系统。当个体具有较强的社会支持系统时，他可能对压力知觉为没什么大不了的，自己可以得到帮助；相反，社会支持系统薄弱的人会很沮丧，有一种独自面对困难的悲伤。

(3)当事人自身的身心特点。主要包括三个方面：性别、年龄、受教育程度、经济状况、婚姻状况、职业等人口统计学状况；体魄强壮与否的生理状况；认知与归因风格、性格倾向、情绪状态、应对能力与应对风格、人格动力特征、自我概念等心理因素。

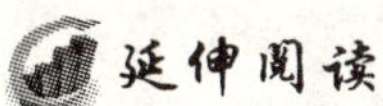
延伸阅读

对压力再认识

压力在精神上的表现：消沉、思维混乱、失眠、思想消极、大喊大叫、过度亢奋、神经衰弱、喜怒无常。

什么人耐压力？

同样的事情对一个人是压力，对另外一个人却不是，这是因为性格的不同。不同性格的人对事情有不同的认知，所以对压力的看法和理解也是不同的，比如说，升职对有些人来说是压力，而另外一些人却认为这是理所当然的事情。

有学者提出，一般来说，有较高压力耐受力的人有三个特征：敢于承担；期待变化，勇于挑战；有控制感。

以下任何一种症状都表明你正因为压力而遭受痛苦：心跳过快、掌心冰冷或出汗、持续头痛、呼吸短促、胃部不适、恶心或呕吐、腹部疼痛、健忘、脾气不好、大喊大叫、肌肉刺痛。

二、寻找大学生压力源

(一)就业压力

据一项针对在校大学生心理健康状况的调查结果显示，75%的大学生认为压力主要来源于社会就业。50%的大学生对于自己毕业后的发展前途感到迷茫，没有目标；41.7%的大学生表示目前没考虑太多；只有8.3%的人对自己的未来有明确的目标并且充满信心。很明显，就业已经是每个大学生一进校门就开始考虑的问题了。中国是个人口大国，大学应届毕业生人数逐年上升，而每年社会需求的新增岗位数量却变化不大。根据对中国未来新增劳动力人口的测算，未来数年中国青年新增劳动力人口每年仍保持在1500万～2200万的高位，供大于求，大学毕业生初次就业率逐年下降，直接导致就业压力大。

案例再现

就业有“位”来？

刘某，某高校大四学生。对于即将到来的就业，刘某自己一点概念也没有。其实从大一开始，他就开始为就业做准备了。为了锻炼自己的能力，他加入了好几个学生组织，积极参加各种活动。看到别人在考这个证书那个证书，他也跟着考，计算机等级证书、英语等级证书他都有。但等到快毕业了，刘某却发现自己对于未来特别茫然，好像什么都尝试过，却还是不知道自己想要干什么。投出去的简历如石沉大海，毫无音讯。在老师的帮助下，他也去参加过几次面试，不过都没有结果。刘某越来越没有信心，也不去找工作了，整天在寝室里唉声叹气，与寝室同学交流得也越来越少，出现抑郁倾向。

解析：刘某这样的案例在大学里比较常见。很多人一进入大学就为毕业后的就业做准备，但现在大学生数量众多，人才市场竞争压力很大，很多人都要经过很多次面试、很多次碰壁最后才获得一份工作。面临就业，很多大学生还没有做好充分的心理准备，想当然地以为大学生找份工作应该不算难。当理想在现实中破灭时，有些人难以接受这个残酷的现实，于是选择逃避现实，放弃找工作，或者不敢去找工作，于是出现抑郁、焦虑等不良情绪。

（二）学业压力

学业压力是学生永远需要面对的主题，因就业压力而造成的新的学业压力也逐渐增大。大学生为了适应社会的需求，把自己变成全能型人才，这就需要学习很多功课，去拿到各种证书来应对就业。可是人的精力是有限的，往往顾此失彼，结果是学什么都不专。大学教材更新的滞后给学生带来更多的学习负担。学生一方面要学习学校规定的与社会需求对应不上的课程，一方面要寻找将来能用上的课程去学习，还有各种硬性的考级科目，使学生应接不暇。因为就业压力，更多的大学生选择了继续攻读硕士、博士学位，为了考研，很多学生是在毕业前一两年就开始准备了，各种考研培训班到处都是，大学生既要付出时间还要付出金钱。再有，因为大学扩大招生规模，现在的许多大学生远不如这一政策实行以前的大学生那样基础课程掌握得扎实过硬了，对新知识的接受能力也有限，而教材却还是那么高深，基础差的学生坐在教室里如同听天书一般，让捧着老教材教书的老师颇感无奈。

(三)经济压力

对生活感觉有压力的主要是来自贫困家庭的学生，许多偏远山区农村的家庭往往因为供一个孩子上学而负债累累，这样的孩子上学时，考虑更多的是自己如何生存，如何筹集学费，所有的课余时间也都用到打工挣钱上去了。虽然助学贷款能解决一些问题，可还贷的压力又成了新的生活压力，刚出校门的学生能找到工作养活自己就不错了，哪里还有剩余的钱去还贷款还外债呢？这样一来，因教育致贫的家庭又成了现在社会扶贫的对象。

另外，在大学里，随着年级的增长，学生的各种开销也逐渐上涨，谈恋爱，泡网吧，过生日，租房子，交际应酬……这些费用的增加让很多学生非常发愁，和家人要？已经张不开嘴了。节衣缩食？毕竟有限，何况衣要体面，饭局得应对，也省不下来。自己去挣？财源不广，偶尔有些外快，也只是应对一时而已。这一切都导致大学生经济压力的加大。

(四)自理压力

现在的学生，在高考之前唯一的任务就是学习，学习就是生活中的一切，如何料理自己的生活、如何与他人交往、如何应对各种事件，对他们来说都是很陌生的课程。许多学生进入大学后，因为无法与他人和睦相处，造成很大的心理压力，甚至出现心理疾病，变得性格孤僻，脾气暴躁，无法正常学习。因此，面对挫折和新的环境不能有效地调节自己去适应，也造成了大学生的新的心理压力。

三、大学生压力管理

压力无处不有，无可逃避，因此这就有个压力适应的问题。所谓压力适应，是指个体在压力反应之后能很快恢复正常的身心特征，或者面对持续压力其反应不处于极端状态而能保持身心健康。为了能很好地适应大学乃至今后的学习、生活和工作，大学生朋友宜进行有效的压力管理，提高自己的压力适应能力。所谓压力管理，是指针对可预见的压力源进行必要的干预，维护身心健康，提高问题处理的效率，保证学习生活目标顺利实现的管理活动。压力应对具有事后性和被动性，而压力管理则带有一定程度的预期性、主动性和积极性特征，它包含压力应对。我们建议大学生朋友从以下几个方面着手进行压力管理。

(一)构建自己的社会支持系统

当一个人独自面对压力的时候，其应激反应的消极作用远远大于社会支持的效果。因此，要想不在压力面前孤立无助，最好构建自己的社会支持系统，这其中包括自己的亲人、朋友、同学、老师等。社会支持系统可以在你需要的时候给你以情感安慰、行动建议，帮助你渡过难关。强大的社会支持让你不再感到孤立无援，可以迅速恢复你的信心和勇气，帮助你面对挑战，解决问题。当然，要构建社会支持系统，你需要：

1. 学会尊重他人

其中当然包括你的同学和老师，因为，只有尊重他人的人才能获得他人的友谊，也才可能获得帮助。

2. 扩大社会交往面，结识更多的朋友

首先，让你的同学成为你最亲密的朋友；其次，你需要一位人生的导师，能够在你遇到困难的时候帮你客观地分析和提供有益的建议，而这样的人无疑就是你的老师或者其他长者。

3. 你需要向亲人、朋友和老师敞开你的心扉

你可能基于自尊或面子的考虑而拒绝他人的帮助，但在你确信自己无法解决压力问题的时候，应将你面临的压力说给亲人、朋友和老师听，请他们帮助你分析并提供建议。请相信这样做不会招致嘲笑，只会让他们感到你对他们的信任，你也因此有了得到最大帮助的可能。

（二）觉知和调整自己的生理状态

生理状态是压力最直接的反映指标。要想有效管理压力，首先要有压力意识，要能觉察压力的信号。人在应激状态下，本能会驱动机体的防御机制，这是自发发生的。现在，我们需要的是进入自觉反应状态。有效的压力管理，需要建立一个对付压力——尤其是那些慢性压力的预警机制。为此，你需要：

1. 有意识地觉知自身的紧张、焦虑等情绪状态

当你处于应激状态时，自己的生理和情绪上会有什么样的不适反应？记录自己的这些压力反应，然后锁定这些反映指标，以后每当你产生这些不适反应时，便对自己发出警告。你的压力预警，就像战争中的雷达一样，让你保持必要的警惕。

2. 学会控制自己的不良生理指标

当你的压力知觉提高时，你需要同时提高生理指标控制力，比如心跳、呼吸、血压等。这实际上就是生物反馈过程，当然，提供反馈的不是机器而是你自己的觉知能力。

（三）减轻和消除自己的心理负累

应激，即便是本能反应，也足以使我们身心疲惫。现在，必须卸掉我们身

上由压力带来的紧张和焦虑，否则持续性的压力累积效应，迟早会让我们垮掉。消除心理负累的方法有很多：

1. 理性辨析和积极归因

找来纸笔，将你面临的核心问题写下来，接下来你需要围绕着这个问题逐步回答：这个问题是如何产生的？这个问题真的与我有关吗？这个问题真的就是一种威胁吗？这个问题真的就不能解决吗？通过如此反复逐层深入的自我辨析，理清问题症结所在，从而减轻对压力情景认识的模糊或者夸大威胁而产生的焦虑。

2. 学会经常进行放松训练

放松训练是通过一定的练习程序，学习有意识地控制和调节自己的身心活动，以达到降低机体唤醒水平，调整因紧张而紊乱的身心功能活动的反应，从而使机体内环境保持平衡与稳定的过程。

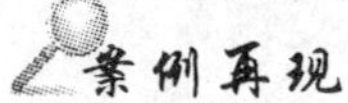

揪出生活中的那些不合理

一位女生因为室友吃饭不招呼自己，去图书馆不等一下自己，认为室友对自己不友好，感到很郁闷。分析一下她的想法，就能看到其中包含了一些不合理的信念：

“绝对化要求”：只有事事关照、结伴同行才是朋友，不等我走就是不喜欢我，不想和我做朋友。

“过分化要求”：好朋友吃饭应该在一起，好朋友应该一起去图书馆，应该相互等候。

“糟糕至极”：如果朋友都这么不理我，我以后就没有朋友了，以后就会很孤独，就会过得很不好。

以上显然是犯了以偏概全的认知错误，它不符合认知规律，因此也是不合理的。这位同学也就是在这样的认识引导下，觉得很难过，很郁闷。如果把那些不合理的想法改变一下，就是把“应该”变成“我希望”、“可以”、“有时”，这会怎样呢？心理压力就放缓了。

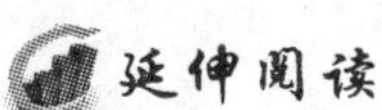

解压小窍门

面对压力，积极的、富有建设性的减压方式是相对于破坏性的减压方式而言的，它们是：

(1)直面问题,解决问题。直接面对问题,而不是逃避、压抑、转嫁或迁怒于无关的人或事;理性地评价、选择有效的解决问题的方案;解决问题的策略要与现实相符,其出发点是对问题的真实估计,而不是自我欺骗或自暴自弃。

(2)管理自己的情绪和行为。学会认识和抑制毁灭性的或是潜在危害性的各种负面情绪,即学会情绪管理;学会控制自己具有危害性的行为习惯;努力保证自己的身体不遭受酒精、药物的伤害,加强锻炼,保证睡眠。

(3)坚持适当的体育锻炼。尤其是感到有压力的时候,你需要做的不是坐在那里发愁或抱怨,而是走出去,让自己活动活动。你可以慢跑,请注意,一定是慢跑!慢跑的过程中,呼吸缓慢而有节奏,一边跑一边意念,让神经和身体彻底放松;你则可以全身心地投入到运动中。体育活动是非常有效的减压方式,它基本不产生额外花费,却可以迅速地改善你的某些生理系统及其功能,让你充满生命活力,找回控制感,从而有效减轻你的心理负累。

(4)置身于文艺世界。你可以看电影、听音乐、欣赏书画作品,任何让你能够感受到美的东西,你都可以尝试去做。在欣赏和感受美的过程中,让自己找回人性的光辉、世界的美好和生活的希望。

(5)郊游或者远足。你可以根据你的时间表和你的经济条件,把自己交给大自然。请记住:大自然永远是人类最宽宏慈爱的母亲!当你面对她的时候,你可以完全抛开你在社会中因防御需要而带上的层层面具,重新思考过去没有考虑过的东西,真实面对自己。

(6)户外体验或者拓展训练。你可以个人报名或者组织同学、朋友,进行一次户外体验或者拓展训练。这同样可以让你放松减压。

(7)阅读书籍,吸取榜样力量。当你面对压力感到不知所措的时候,可以从榜样身上寻找力量。杰出人物毫无疑问经历了无数的挫折与压力,那么他们是怎么做的?去看看人物传记吧。

(8)寻求专业人士的帮助。如果上述方式都无济于事,那么,我们建议你,是时候寻求专业人士的帮助了。你需要进行心理咨询,让专业人士引导你排除压力。

(四)进行有效的时间管理

我们日常学习、生活和工作中的许多压力,都来源于事情和任务本身。因此,对压力源进行管理,也是压力管理的重要策略。压力源管理常常与时间管理相关联。所谓时间管理,简单来说就是为了提高时间的利用率和有效性,而对时间进行合理的计划和控制，有效安排和管理日常事务的管理活动。大学生的时间管理，是大学生对大学生活时间（包括学习时间和闲暇时间），采用科学的手段，围绕学习生活事务及其进程，进行有计划、有系统的控制、调节，最终达到有效利用时间来实现自我发展的目的的管理活动。以下时间管理方式，建议大学生朋友学会运用：

1. ABC时间管理法

最初由美国管理学家莱金（Lakein）提出，他建议为了提高时间的利用率，每个人确定今后5年、今后半年及现阶段要达到的目标。人们应该将其各阶段目标分为A、B、C三个等级，A级为最重要且必须完成的目标，B级为较重要、很想完成的目标，C级为不太重要、可以暂时搁置的目标。我们可以按照如下步骤具体实施：列出“日学习清单”，对学习目标进行分类；然后按照重要性和紧急程度确定A、B、C顺序；确定工作日程及时间分配；实施计划；记录花费的时间；总结经验。

2. 四象限时间管理法

按照重要性和紧迫性把事情分成两个维度，其一是按重要性排序，其二是按紧迫性排序。然后，把所有事情纳入四象限，按照四个象限的顺序灵活而有序地安排工作。

3. 记录统计法

通过记录和总结每日的时间消耗情况，以判断时间耗费的整体情况，分析时间浪费的原因，采取适当的措施节约时间。

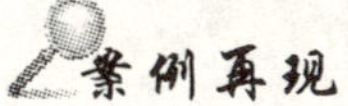

压力的威力

某大学大三学生王某，坐在教室里看书时，总担心会有人坐在身后并干扰自己，有强烈的不安全感，以致只能坐在角落或者靠墙而坐，否则无法安心看书；对同寝室一位同学放收音机听的行为非常反感，有时简直难以忍受，尤其是中午睡午觉时总担心会有收音机的声音干扰自己，从而睡不着觉，经常休息不好。但又不好意思跟其发生正面冲突，因为觉得为这样的小事发脾气，可能是自己的不对。他在很长时间里不能摆脱这种心理困境，很苦恼，也严重影响了他的日常生活和学习。即将毕业，他的心中一片茫然，担心找不到理想的工作，有时候也懒得去想这个问题，怕增添烦恼。他学习成绩一般，在班上排名中等，看到其他同学都在准备考研究生，自己也想考，但是又不能集中精力学习；自卑，缺乏自信，生活态度比较消极，认为所有的一切都糟透了;家在农村,经济状况一般,认为自己有责任挑起家庭的重担,但又觉得力不从心。

案例解析:

在该案例中,实际上该生的心理困境主要是由各种压力源造成的。首先,该生即将面临大学毕业,择业困难是构成其压力源的核心。择业压力所导致的心理紧张和心理困境,其实质是由来访者自身能力与理想目标之间的落差造成的,落差越大,心理压力也就越大。学习成绩一般,对自己缺乏信心,但家在农村,又觉得自己责任重大,必须找到一份好工作,因此心理压力是相当大的,而且与日俱增。其次,择业压力使来访者在心理上产生不安全感。行为发生学认为,当人受到刺激时就会做出某种特定的反应。来访者面对压力,采取的是消极应对策略——回避。虽然不去想它,但是问题和压力却仍然存在,尽管只是一种茫然状态。再次,择业压力使来访者的心理变得异常敏感和脆弱,这一点在他的日常学习和生活过程中直接体现出来。哪怕有一点动静,在教室看书或者在宿舍睡午觉就会受到干扰;严重时,即使没有任何干扰,来访者也会怀疑、担心和害怕受到干扰。第四,择业压力和敏感的心态极易使来访者面临人际性冲突问题,这是来访者采取回避和压抑等消极应对策略的必然结果。在与同学相处时,尽管来访者自己也意识到干扰只是一些很小的事情,但就是不能控制自己。当某件事情或某个人多次引起自己的反感和不快时,就很自然地把自我消极情绪固定在该事或该人,从而影响人际的和谐与沟通。实际上,这是由于来访者刻意回避主要现实压力,导致压力感(压力能量)转移的结果。

建议:

1. 如果面对困难,你感到孤立无援,那你应该寻求朋友和亲人的安慰。与朋友的一次很短的电话交谈远胜于服用一剂镇静剂。

2. 消除压力产生的根源。

3. 学会倾听。任何时候都不能自认为已经完全领会了对方的意图。唯有仔细倾听才不会产生疑问,从而远离诸多的不快与冲突。

4. 如果心情烦恼是因为时间不够造成的,不妨放下手头的事情,重新安排一下工作计划。哪怕是每天清晨早起 15 分钟也行。

5. 音乐是非常有效的心理疗法。多听音乐有助于培养开朗的性格。

6. 定期进行体育锻炼,增强体质。良好的身体素质是战胜心理压力的基础。

第二节 挫折，生命成长的催熟剂

一、挫折的界定

（一）哲学的解释

哲学将挫折理解为主客体之间的对立，是主体对象化和客体异化这两个过程矛盾运动的结果。辩证唯物主义认为，当客体世界能为主体所认识和掌握的时候，主体自身力量得到彰显，人是自由的；当主体无法认识和把握客体时，客体就反过来支配主体，这时，人是不自由的，反映在心理上，就形成压力与挫折。现代建构主义哲学强调，人的主观世界是自己建构的结果，这种建构建立在已有经验基础之上。换言之，外部世界能否成为主体的异化力量，很大程度上依赖于主体自身怎么理解和诠释。比如，老师对自己严格要求，你可以把老师的这种要求理解为是对自己自由的一种干涉，是自己意志行为中的一种挫折。但是如果你知道这位老师一贯对学生要求严格，并且在生活中很爱护学生，那么，你会将老师的这种行为理解为是一种爱，是对自已成长的一种引导和帮助。在我们的大学生活中，主客体矛盾主要表现为现实与理想的矛盾。一方面，大学生希望能够按照自己的意志去成长；另一方面，我们却感觉到生活并不是完全按照自己安排的那样去发展。于是常常感叹：愿望是美好的，现实是残酷的。

（二）心理学的解释

心理学着重于人们的体验的反应，认为挫折是意志行为过程中由于不可预知的因素对目标有所阻碍，从而在主体身上引起的一种情感体验和行为反应。

1. 挫折针对意志行为

人的大多数行为是具有明确目标的意志行为。人之所以常常有苦恼、焦虑、愤怒这些负性情绪体验，就是因为行为目标遇阻和受挫。如果人没有明确的目标，行为没有意志性，挫折就无从产生。即便遇到障碍，也不会把它看成挫折。例如，如果你只是抱着试一试的心态去参加研究生入学考试，读不读研究生对你来说都没有重要的意义，也就是说，你根本没把读研究生当作你的目标，那么，即使你考试失利了，对你来说这也不是一种挫折。

2. 挫折是主体的情绪体验

人在遭受挫折后，会马上引起复杂的情绪体验和情感反应。个体会有自尊心的受挫感、自信心的丧失感、行为的失败感和达不到目的的愧疚感等一系列纠结的情绪情感，之后会形成一种紧张、不安、忧虑、恐惧等情绪体验所交织成的复杂心情，概括之即为焦虑。

正是因为挫折能够引起人的这种巨大的负性情感反应，使人痛苦，所以人们才不愿意面对挫折。就是遇到了，有的还可能采取一些防御性心理反应，从而避免陷入痛苦的泥潭。

3. 挫折是主体的认识

引起挫折的刺激是客观存在的，一般不受个人支配与控制。但是对于同样的刺激是否会引起同样的反应，却存在个体差异。这就是说，刺激情境对于人是否会引起挫折反应，还在于主体自己怎么去认识这种刺激情境。我国古代寓言故事“杯弓蛇影”便生动说明了这个道理：同样的情境，不同的主体诠释，导致不同的反应结果。

4. 挫折是不可预知的

传统的科学观总是幻想着人类能够完全掌握事物的发展过程，控制行为结果。这在自然科学领域里一般是可以实现的。如对于像火箭发射、机械运行这类物理事件，科学家已经实现了精确的控制。但是对于由人参与的社会性活动呢？20 世纪后半叶发展起来的自组织理论告诉人们，对世界的完全控制只是人类的美好愿望，永远不可能达到，尤其是社会历史进程。因此，对日常的意志行为过程，我们可以大概估计会遇到哪些困难，但是永远不能精确到它们会是什么，以及如何发生、何时发生。大学生由于社会生活经验不够丰富，更是缺乏对挫折的预测与准备。

二、大学生的挫折来源

（一）发展需要与现有素质之间的矛盾

大学生处于身心发育的重要时期，有诸多发展性需要，包括友谊和良好人际关系的需要、学习与知识积累的需要、尊重与爱的需要、探索与实践的需要、自主与自我价值实现的需要，等等。但是在表达和追求上述目标与实现这些目标所采取的方式、能力、经验等现有的身心素质之间往往不完全对应，这样就产生了矛盾。这种矛盾被大学生知觉为挫折。

（二）校园文化、课程设置、教育方式等限制性环境因素

一般来说，目前我国由于教育体制问题，上述环境因素离大学生发展的实际需要还有很大的差距，对大学生的发展起着一定的限制作用。比如相对僵滞的教育管理体制，不符合大学生的学习兴趣的课程模式，忽视学生综合素质

尤其是社会实践能力的培养模式;对大学生不合理的期望与学习评价方式等,很容易让大学生体验到挫折。

(三)大学生常见的负性生活事件

在大学生的日常生活中,还经常会遇到诸如学习问题、人际关系问题、情感问题等一些负性生活事件。这类生活事件是大学生知觉到的最直接的挫折源。

三、挫折的种类与反应

(一)大学生常遇到的挫折

大学生活虽然如浪漫诗歌般美好,但是挫折也常常不期而至。当代大学生主要会遭遇如下挫折:

1. 学习挫折

这几乎是所有挫折中大学生最常遇到的。由于我国的应试教育导向,学生学习挫折感便由此而来。而且由于分数作为衡量学生学习效果的主要标准,大学生的学习挫折往往表现为某学科的成绩不够理想。学习挫折直接削弱了大学生的主观幸福感,据一项调查显示,大学生遭受学习挫折后,有"难过"情绪的占41.6%,有"担忧"情绪的占31.7%,有"不安"情绪的占26.2%,有"紧张"情绪的占19.2%,有"难堪"情绪的占16.4%,有"气愤"情绪的占16.4%,选择"无所谓"的比例仅6.1%。

2. 人际交往挫折

人际交往对大学生而言,是仅次于学业发展的一项重要的社会需要。大学生都希望获得更广泛的良好人际关系,从而维系个人发展与社会需要之间的纽带。但是,由于性格或者成长经验的影响,在人际交往中,往往难以达到理想效果。要么难以抛开自尊、自傲和矜持的面具,要么以错误的方式伸出橄榄枝,反而引起别人的误解,导致人际挫折。

3. 恋爱挫折

对爱情的渴望也常常折磨着大学生。应该说,爱情对大学生而言是非常正常的需求,但由于现实因素的限制,很多大学生往往难以得到爱神的垂青。我们从大学校园"BBS"上的公开征友信息来看,女生选择男朋友的标准往往是"阳光帅气,身高175厘米以上",而男生择友的标准也往往是"外表美丽、性格温柔"。不可否认,近年来大学生的恋爱观越来越具有追求感性和物质化的倾向,加上大学生恋爱动机的差异、恋爱过程中交流沟通技能的欠缺,维持恋爱所需的物质条件贫乏等原因，部分大学生也会遭遇恋爱挫折。

4. 择业挫折

逐年凸显的"就业难"问题，给大学生带来的压力不言而喻。对即将毕业的大学生来说，择业更是一种现实的挫折。根据调查，无论是就业岗位、地点，还是薪酬福利等，大学生的期望一般高于社会提供的水平与范围。所以，在整个就业过程中，大学生都会感到失望、焦虑。

(二)挫折的反应

影响挫折反应的因素，大体上可以分为主体因素和客体因素或者内部因素与外部因素两大类。大学生在日常的学习生活中，由于主客观条件各不一样，因此对挫折的反应也各不相同。一般而言，挫折反应表现在生理、心理和行为三方面。需要强调的是，心理与行为反应有积极的也有消极的，这是人们在生活经验中习得的结果，无所谓对错之分。

1. 生理反应

个体遭受挫折以后，机体内部的自我调节机制将会最大限度地调动机体的潜在能量，以有效地应对外界环境的变化。比如，受挫后交感神经系统的兴奋性会增强，消耗大量的能量，于是神经末梢释放生物信息，刺激心肌收缩力增强，以促进血液循环加快，血压升高；刺激呼吸加快，以保证氧气供应；刺激各种激素分泌增加，促进蛋白质、脂肪、糖原分解。

体内潜能大量消耗的同时，机体内部那些与情绪反应无直接联系的器官或系统因得不到必要的能量而不能维持正常功能，如消化道蠕动减慢、胃肠液分泌减少等。如果长期处于挫折情境而不得到消解，上述生理变化将会进一步增强，从而引起身心病变，出现皮肤和面色苍白、四肢发冷、心悸、气急、腹胀、尿少等一系列症状。

2. 心理反应

挫折情境中的心理反应包括情绪反应，以及较为复杂的防御性心理反应。

(1)愤怒和敌意。如果受挫者意识到挫折情境来自人而不是自然因素，会产生愤怒和敌意的情绪体验。愤怒之后可能还会有进一步的极端行为反应。比如，2004 年 2 月，云南大学马加爵残忍杀害同寝室的同学这件事件，就是马加爵在遭受同学的嘲讽之后产生的愤怒行为反应所导致。

(2)焦虑与担忧。通常情况下我们不知道挫折的原因是什么，或者就是知道挫折来源于什么，但是我们无法解决，这时我们往往会产生焦虑与担忧的情绪反应。焦虑是挫折后常见的一种心理反应。适度焦虑，如考试前适度紧张，对提高活动效率、发挥潜能有一定的积极作用。而过度的焦虑是有害的，严重的会导致心理疾病，发展成焦虑症。焦虑之外，往往还有对于事情进展能否顺利、目标能否达到的担忧。

(3)冷漠。当大学生遇到挫折以后，表现出无动于衷、漠不关心的态度，好像没有什么情绪反应，这就是受挫后的冷漠反应。冷漠并非没有情绪反应，相反，它是一种压抑极深的痛苦情绪反应。当大学生面对亲人、朋友带给自己的伤害，或者面对无法摆脱的挫折情境时，通常会表现出冷漠的反应。

(4)压抑。当我们无法对挫折情境表达我们的愤怒与不满的时候，需要暂时将消极情绪压抑起来。压抑并不意味着问题的解决，按照精神分析理论，被压抑的情绪进入潜意识，会通过其他途径变相表露出来。

(5)升华。即以积极的心态看待挫折，将挫折转化为一种激励的力量。所谓"屡战屡败，屡败屡战"、"越挫越勇"就是这种在挫折面前自我激励的情绪状态。

(6)向下比较。有时候当我们遇到挫折的时候，有必要和那些生存环境与命运比我们更差的人去比较，以消除心里的愤怒不平的消极情绪，让自己获得一种平衡感。

3. 行为反应

人在挫折情境下除了有情绪反应之外，可能还伴随着某种行为反应。

(1)报复与攻击。大学生对于人为造成的挫折，比如他人的恶意阻挠，会激起当事人强烈的反应，甚至会直接激发出报复和攻击行为。受网络暴力文化的影响，很多青少年面对挫折时具有暴力倾向，比如日渐增多的大学生犯罪现象即为其表现形式。

(2)退行。所谓退行，是指遇到挫折时，人的心理活动和反应退回到个体早期发展水平，以幼稚的、不成熟的方式应对当前情境。比如，大学生的活动计划如果受到家长或者老师的反对，可能就会采取赌气、咒骂、暴食、疯狂购物、砸物甚至出走等非积极、非成熟的方式去应对。

(3)习得性无助。所谓习得性无助，是指大学生个人在面对挫折情境时，虽经多次调整也无法避免失败的经验，使得个体在挫折面前完全丧失任何意志努力。这最初是心理学家对动物进行实验时发现的现象。在现实生活中，如果大学生遭受多次挫折和打击，却不能战胜挫折、超越苦难，久而久之就会沮丧，从而倾向于放弃意志努力，听从命运摆布。

(4)补偿。所谓补偿，是指大学生因某方面的缺陷而无法达到期望的目标时，以其他方面的成功来弥补先前的遗憾与自卑的现象。例如，大学生因为家庭经济条件或者自身的相貌条件在恋爱问题上受挫，那么他就可能以发奋学习、在学习上获得成功来增加自己的自信心。

(5)幽默。遇到挫折,以让人轻松发笑的语言对挫折的原因或者遭受挫折以后的后果进行解说,使个人的心理紧张或愤怒感暂时消失的艺术,就是幽默。幽默是个人对待挫折的一种超然心态和智慧。随着大学生活的日趋多样化,幽默搞笑也日渐成为大学生释放学习挫折和压力的一种手段,反映中国大学生对当前所处教育环境的无奈和不满。

(6)宣泄。宣泄是指采用道德法律许可的方式发泄心中的不满、愤怒等极端情绪,从而避免发生直接人际冲突和造成心理郁积的一种方式。常见的宣泄方式有在空旷处大吼大叫、摔打物品、打出气袋、跳舞、唱歌等。大学生遇到挫折很容易产生强烈的情绪反应,宣泄是一种很好的挫折应对方式。

四、如何应对挫折

挫折的发生无可避免,但是,这并不意味着我们面对挫折只能选择无能为力。相反,我们应正确看待挫折,并有意识地培养、锻炼自己对挫折的容忍力,这也关系着大学生朋友今后的人生幸福和事业成败。所谓挫折容忍力,也称为挫折忍受力、挫折承受力,指个体忍受挫折情境而免于精神与行为失常的一种能力。在我们的生活中,采取积极的态度应对挫折,既是必要的,也是重要的。

对于人生的挫折,人类自古就有充分的体验和认识,并总结了许多修炼挫折容忍力的方法。我们不仅要从心理学中,也要从前人行之有效的经验中,学习应对挫折的方法。

(一)端正认识,直面人生挫折

1. 挫折不会仰人鼻息

不管你曾经多么优秀,进入大学,你就进入了一个"准社会"。当代大学生中,以独生子女居多,按照中国传统的家庭教育方式,他们一般都会得到父母的格外照顾和宠爱,但也由此容易让他们滋生一种盲目的优越感,形成一种"自己永远是生活的宠儿,世界应该围绕我而转"的错觉。这种态度在大学生的人际交往中表现得尤其明显。但是,挫折不会因人而异,更不会仰人鼻息。社会的真实含义是他人不会迁就你、以你为中心,人生道路不可能永远由自己的父母去铺平。对从小生活条件优越且较少经历过挫折的大学生,我们的建议是:正确地面对并深刻地体会社会的复杂和人生的曲折,是同学们首先应当解决的问题。

2. 挫折是人生的宝贵财富

任何事物都具有两面性。挫折尽管让我们难受,使我们的学习和发展受阻,但是它同时又是人生的宝贵财富,是促进成长的必要条件。认识到这一点,我们才有勇气和信心去勇敢地面对挫折。古诗云:宝剑锋从磨砺出,梅花香自苦寒来。不经一番寒彻骨,怎得梅花扑鼻香。没有挫折的人生是苍白虚幻的人生,不经过挫折的磨练,也就没有成功的喜悦和人生的幸福。快乐不是平坦笔直的康庄大道,或者无忧无虑的锦衣玉食,而是经过奋力攀登后踏在脚下的高峰,用自己的坚韧和勤劳换来的硕果,才是人生的财富。任何人都不可能避免挫折,挫折是促进大学生成长的积极因素,它可以磨砺我们的意志、丰富我们的经验、增长我们的才干。

3. 挫折是可以克服和战胜的

挫折是不可预知的,也是必然的。但是,挫折却不是不可战胜的。古今中外,无数杰出的人先后以他们自身的人生经验,诠释着人类意志的力量。我国古代统治者为了维护其剥削和压迫,鼓吹天命观,但荀子提出"人定胜天"的思想。人类祖先与大自然抗争,所以人类才能逐渐成为地球上的主宰;劳动人民敢于抗争,才能掀起一次又一次的革命战争,争取社会进步和人民的解放;科学家、艺术家勇于探索科学和艺术的真谛,才使得人类创造出灿烂的文化……历史长河中,无数人以他们坚强不屈的精神改变着自己的命运,也改变着人类的命运。

(二)修身养性,提高心理素质

除了对挫折要有正确的认识之外,我们还必须具备良好的心理素质,面对挫折能够泰然处之,这种心理素质只能靠修炼而得。

1. 适应与调整

外界环境和条件的变化,不以个人的主观意愿而转移。我们原来设想好的目标,往往因为客观条件出乎意料地改变,而变成了镜中月、水中花。面对意外情况出现,我们必须及时调整自己的心态和目标,以适应这种改变。这种适应和调整,主要是通过降低自我期望和改变行为目标而实现的。研究表明,挫折感的强度,与自我期望值的高低相关,较高的自我期望值导致较强的挫折感,较低的自我期望值形成较弱的挫折感。

2. 忍耐和控制

遇到挫折即有情绪和行为反应,这本是人之常情。但是并不是任何反应都有利于事情的发展,尤其是当我们所面对的挫折情境是自己不能马上控制和解决的时候,忍耐就成为一种必要的策略。所谓"小不忍则乱大谋",说的就是这个道理。凡人生事业取得成功的人,无不是在逆境和挫折情境中善于忍耐的人。以下两种情况是特别需要大学生以忍耐态度处之的:一是当我们还不清楚事情的前因后果,没有充分掌握相关信息的时候,冲动很可能造成误会和不可弥补的伤害;二是当挫折源力量强大,我们尚不能控制的时候,任凭不满和愤怒的反应是不利于事情的解决的。

3. 放松训练

忍耐和控制并没有消除内在的紧张,因此我们还需要对消极情绪进行疏导宣泄,如采取心理学中的放松训练法等。

(三)平心静气,改善社会关系

如果说前几个方面是从内部着手应对挫折,后面将要论述的几个方面则强调从外部着手以应对挫折。

人总是生活在现实的社会关系网络之中的。当我们遇到挫折的时候,既要充分利用社会关系,寻求社会支持,也要主动改变不利的社会环境,建立有利的社会关系,以克服困难,战胜挫折。

1. 处理好理想、期望与现实的关系

目标挫折来源于理想、期望与现实的某种差距。大学生所遇到的很多挫折,比如学习、爱情、就业等方面的挫折,很大程度上根源于目标和预期定得过高,当现实条件不能满足这种目标和预期的时候,挫折就不可避免了。为此,我们在制定行为目标的时候,要尽可能地遵循现实的原则,不可好高骛远。当挫折出现的时候,我们也不要怨天尤人,应及时调整目标,降低期望,从而避免强烈的心理失衡。

2. 处理好自我与他人的关系

很多挫折,比如阻碍性挫折,常常是自己的目标直接或间接损害了他人的利益,或者在实施过程中与他人的利益发生冲突,这时候阻碍性挫折便不可避免。为了顺利达成自己的行为目标,大学生在制定自己的目标的时候,首先需要考虑的是必须兼顾他人的权益,至少以不损害他人利益为前提;其次,围绕着行为目标,要尽量考虑可能涉及的所有关系,事先处理好各种关系,尤其是不友好的关系,以保证实现目标过程的顺利进行。

3. 处理好友情与爱情的关系

友情与爱情,是大学生在学习、生活中极为重要的社会需要。很多大学生朋友感到孤独、寂寞,与他们不善于与同学交往有很大的关系。当代大学生的独立性增强,但他们往往混淆了独立性与自我性之间的关系。他们需要友情却不知道如何获得,于是干脆独来独往,或者过早涉足二人世界,结果友情没有得到,爱情也相当脆弱。处理不好友情与爱情的关系,大学生就很容易体验到匮乏性情感挫折。

4. 处理好兴趣、爱好和专业学习的关系

大学生的学习兴趣、爱好随着求知欲的增强而具有易变性和广泛性的特点，这往往和专业课程的学习发生冲突。简单来说就是，自己喜欢的学科，课程设置里没有；作为必修课的专业课程，常常是自己不喜欢的；而学习评价往往是围绕着课程设置而展开的，如果不能学好专业课，势必形成学习挫折。因此，大学生应慎重处理好个人爱好和专业学习的关系。

(四)积极奋斗，改变客观条件

环境对我们心理和行为的影响作用是相当大的。对挫折情境的理解，既不能否认人们认知上的差异，更不能否认和无视外部环境的作用。大学生朋友除了要正确地看待挫折，学会自我调适之外，更重要的是要充分发挥自己的创造力和能动性，主动创造条件，为意志行为目标的顺利实现而营造良好的外部环境。

1. 系统分析，科学决策

在确定行动目标的时候，全面考虑各方面的条件，是保证行动目标顺利实现的必要条件。如果不系统分析目标达成所经过的阶段，以及各阶段所需要的条件，以便事先予以安排并开展必要的工作，则可能会遇到障碍，遭受挫折。不少大学生行动之前往往缺乏系统的考虑，所以也就往往容易遇到预想不到的困难。这就需要大学生朋友学会系统思维，尽可能详尽地考虑行为各方面的因素，并作出周密安排。

2. 善于争取，敢于抗争

挫折的本质在于人的意志的不自由，因此争取自己的合理权利，摆脱一些不合理的束缚，或者与不利的环境条件抗争，这也是人本主义心理学所一贯倡导和主张的立场。面对各种挫折，大学生需要具有同命运抗争的勇气和精神，并自觉改善自身发展的环境条件。

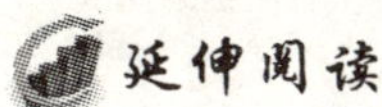

延伸阅读

挫折承受力自测问卷

每个人在生活中都会不同程度地受到挫折，人们在受挫后恢复的能力却各不相同。有些人弹性十足，有些人受挫后一蹶不振，而大多数人则介于两者之间。下列问题则可以测验出你应付困境的能力。在回答这些问题时，请你用“同意”或“不同意”作答。同意的画“√”，不同意的画“×”。回答越坦白，越能测验出你的受挫弹性。

1. 胜利就是一切。
2. 我基本上是个幸运儿。
3. 白天工作不顺利，会影响我整晚的心境。
4. 一个连续两年都名列最后的球队，应退出比赛。
5. 我喜欢雨天，因为雨后常是阳光普照。
6. 如果某人擅自动用我的东西，我会气上一段时间。
7. 汽车经过时溅了我一身泥水，我生气一会儿便算了。
8. 只要我继续努力，我便会得到应有的报偿。
9. 如果有感冒流行，我常是第一个被感染的人。
10. 如果不是因几次霉运，我一定比现在更有成就。
11. 失败并不可耻。
12. 我是有自信心的人。
13. 落在最后，常叫人提不起竞争心。
14. 我喜欢冒险。
15. 假期过后，我需要舒散一天才能恢复常态。
16. 遭遇到的每一次否定，都使我更进一步接近肯定。
17. 我想我一定受不了被解雇的羞辱。
18. 如果向我所爱的人求婚被拒绝，我一定会精神崩溃。
19. 我总忘不了过去的错误。
20. 我的生活中，常有些令人沮丧气馁的日子。
21. 负债累累的境遇叫我寒心。
22. 我觉得建立新的人际关系相当容易。
23. 如果周末不愉快，星期一便很难集中精力学习和工作。
24. 在我生命中，我已有过失败的教训。
25. 我对侮辱很在意。
26. 如果聘任职务失败，我愿意再次尝试。
27. 遗失了钥匙会叫我整个星期不安。
28. 我已达到能够不介意大多数事情成败与否的地步。
29. 想到可能无法完成某项重要的事情，我便不寒而栗。
30. 我很少为昨天发生的事情烦心。
31. 我不易心灰意冷。
32. 必须要有百分之五十以上的把握，我才敢冒险把时间投资在某件事上。

33. 命运对我不公平。

34. 对他人的恨已经积蓄很久。

35. 聪明的人知道什么时候该放弃。

36. 偶尔做个败北者,我也能坦然接受。

37. 新闻报道中的大灾难,使我无法专心工作。

38. 任何一件事遭到否决,我都会寻求报复的机会。

统计与解释:

上列问题,列入“不同意”者为:1,3,4,6,9,10,15,17,18,19,20,21,23,24,25,27,28,29,32,33,34,35,36,37,其余题为“同意”。依上列答案,相符者给1分,相反为0分。

如果你只得到10分或者更少,那么你就是那种易被逆境、失望或挫折所左右的人,你把逆境看得太严重,一旦跌倒,要很久才能站起。你不相信“胜利在望”,只承认“见风转舵”。

总分在11至25分之间者,遇到某些灾祸或逆境的时候,往往需要相当长时间才能振作起来。不过这类人却能找到很多的策略与方法来获取个人的利益。

如果你的总分高于25分,则显示你应付逆境的弹性极佳。不理想的境遇对你虽然会造成伤害,但不会持久。这类人在情感上通常相当成熟,对生活也充满热爱,他们不承认有失败,纵或一时失败,仍坚信有“东山再起”的一天。

参考文献

[1] 吴才智,包卫主编.大学生心理健康[M].上海:华东师范大学出版社,2009.

[2] 樊富珉,王建中主编.当代大学生心理健康教程[M].武汉:武汉大学出版社,2007.

第八章　撩开性的面纱　巧悟爱的真谛

——大学生性心理及恋爱心理

人类爱情的奇迹,就在于人能在单纯的本能和欲念的基础上,修筑起细微复杂的感情大厦。

——(法国)莫洛亚

人为什么会有性与爱

古希腊的大喜剧家阿里斯多芬在谈到爱情是怎么产生时说:从前的人和现在的人不一样,从前的人的形体是一个圆团,腰和背都是圆的,每人有四只手,四只脚,一个圆颈项上安着一个圆头,头上有两副面孔,朝前后相反的方向,可是形状一模一样,耳朵有四个,生殖器有一对,其他器官的数目都依比例加倍。他们走路也直着身子,但可以随意向前向后,特别是要跑得快的时候,八只手脚一齐动,像球一样朝前翻滚,速度还挺快。这种人的体力和精力都非常的强壮旺盛,因此自高自大,连众神都不放在眼里。于是众神都感到了威胁,不得不商量应对人类的方法,众神之首宙斯用尽了头脑,终于想出一个办法,既让人类活着,又可以削弱人类的力量。他像切青果做果脯和划开鸡蛋一样,把每个像圆球一样的人切成两半,分成两半的人只能用两只脚走路,这样他们的力量就削弱了。但是,人被切成两半之后,这一半想念那一半,想再合拢在一起,常常互相拥抱不肯放手,饭也不吃,事也不做,直到饿死为止。这样人类就逐渐减少了。后来,宙斯起了慈悲心,又想出一个新办法,把人的生殖器移到前面,使男女可以借交媾来生育后代。这样一来,人与人彼此相爱的情欲就种植在人心里。最后,阿里斯多芬说,全体人类都只有一条幸福之路,就是实现爱情,找到恰好和自己配合的爱人,总之,要还原到人的本来性格。

(引自贺绍俊、潘凯雄:《性与爱的困惑》,上海文化出版社,1998年。)

性与爱,到底是什么?下面我们一起对它们进行了解,解开心中那一重重迷惑。

第一节　性，本不神秘

一、性心理的发展

(一)儿童性心理

个人从什么时候开始出现性心理，这是一个不太容易回答的问题。弗洛伊德对此断言性本能是与生俱来的。其实第一个提出这种观点的是匈牙利儿科医生林德纳，他认为婴儿吸吮自己的手指是有性意味的。婴儿在自己身体上胡乱抚摸，会觉得生殖器区域特别富有刺激，比吸吮手指更有趣，于是儿童开始自慰。弗洛伊德对林德纳的看法大大扩充并系统化，把儿童性欲分为"口腔期"、"肛门期"等不同的演变阶段。

性心理中的角色辨认、性心理认同是很早就出现的。儿童懂得自己是男是女(角色辨认)，在 18 个月至 2 岁时形成，晚到 5 岁。完成了性心理认同的孩子在 6 至 11 岁期间出现"异性相斥"现象，具体表现是不喜欢与异性待在一起或玩耍，看不惯异性伙伴爱玩的那套游戏，各自以同性为伍玩耍。同性孩子聚集在一起活动对"性度"(第三性征)亦即男性气质和女性气质具有不可或缺的意义，对成年后正常异性恋的发展大有裨益，否则儿童成年后可能有同性恋的倾向。

(二)青年性心理

青少年个体发展到了青春期，他们会像发现新大陆一样，觉得异性原来是很可爱的，从异性身上发现了新鲜感和着迷处，情窦初开了。

赫洛克把青少年性意识的发展分为四个阶段："性疏远期"、"性接近期"、"性向往期" 与 "恋爱期" 。

性疏远期，亦称性厌恶期。儿童在早期并不能真正感觉到男女之间的差异，到了中学时期开始关注异性，不过这种关注并不是以肯定的态度出现，而是表现为男女生之间的互相排斥。因为进入青春期后，第二性征的出现使青少年对自己的身体及强烈的性冲动感到不安、害羞和罪恶感，认为两性在感情上的接近是不纯洁的表现，因此对异性强烈的关心和亲近的愿望以一种疏远和冷淡的方式表现出来。

性接近期，亦称"牛犊期"。随着性意识的发展，青春萌动期的男女生逐渐从彼此疏远发展为彼此接近。这一时期一般是 15—16 岁。他（她）们常常以欣赏的眼光和友好的态度，来对待异性的言谈和行为。男女青年开始注意异性对自己的态度，往往在异性面前有意识地表现自己，以博得异性的好感。

性向往期。人们一般从 16—18 岁进入性向往期。这一时期开始表现为对年长者的崇拜和向往。由于性发育给青年人带来心理上的不安，因此青少年特别容易对某个年长者（可以是老师、高年级学生、明星、名人、父母等）产生崇拜，从中体验相应的性别角色，这种崇拜对安抚青少年内心的焦虑和负罪感有相当程度的补偿作用。青少年崇拜的对象，既有同性，也有异性，尤其是对异性的感情，往往倾向于理想化和偶像化。青少年不是把异性年长者当做具有性欲望冲动的爱情对象，而是将异性年长者当作自己的精神恋人而偶像化。

女孩到了 10—13 岁，男孩到了 12—15 岁，随着生殖系统的发育进入青春期。青春期是性心理活动最活跃的时期，在这个时期对异性表现出浓厚的兴趣。为了吸引异性，青春期男女非常注意润饰自己，或注重外表打扮，或偏重内在充实，更多的是内外兼修。所以说，健康的青春期性心理应是引发青年奋发向上的动力。

大学生的年龄一般在 18—25 岁，正处于有性欲满足欲望的怀春期。虽然我国的现行法律允许大学生结婚，但真正在大学期间结婚的大学生少之又少，因此他们常会感到日子漫长而难捱，会多方寻求满足性欲的方法，最主要有以下这些种类。

(1)意淫:通过虚幻的想象获得意念上的满足，类似于“画饼充饥”。

(2)自慰:借助性器或手刺激生殖器，产生性高潮或射精来满足性欲。

(3)阅读有情爱内容的书刊，观赏有情爱内容的影视:他们通过这类阅读、观赏满足性的好奇，分享性爱的乐趣。

(4)移情和升华:移情到对身心的修炼，升华至对事业的追求，这要求大学生具有高度的思想修养和顽强的毅力。能量是可以转化的，性欲的能量通过理想的中介，可以转向求知、求美，来完善众多的自我建设项目。例如参加体育项目提升身体素质，沉浸在图书馆里吸取广博的知识，投身于丰富多彩的社会实践活动培养素质和能力。

二、健康性心理的标准与大学生健康性心理的维护

(一)健康性心理的标准

世界卫生组织关于健康性心理的定义是:通过丰富和完善的人格、人际交往和爱情的方式，达到性行为在肉体、感情、理智和社会诸方面的圆满和协调。

健康性心理评定标准必须具备以下四个条件:

第一，个人的身心应有所属，有较明显的反差。如果阴阳莫辨，就难以实施健全的性行为与获得美满的爱情。

第二，个人有良好的性适应。包括自我性适应与异性适应，即对自己的性征、性欲能够悦纳，与异性能很好地相处。

第三，对待两性一视同仁，不应人为地制造分裂、歧视或偏见。对曾因种种历史原因形成的一切与科学相悖的性愚昧、性偏见及种种谬误有清醒的认识，理解并追求性文明。

第四，能够自然地高质量地享受性生活。

(二)大学生健康性心理的维护

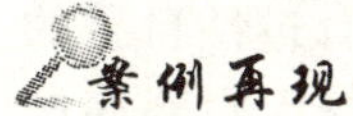
案例再现

讨厌的自己

一位22岁的小伙子，是施瓦辛格的铁杆粉丝。他最大的愿望就是练就像施瓦辛格那样的肌肉，因而不能接受所谓的自慰对身体的种种伤害。因为看到某书上讲过，一两天遗精一次的话，将严重影响青少年的身体健康，而他几乎天天都要自慰，因为痛恨自己控制不了自慰的冲动，他将自己的手指剁掉了一节。

应当说，大学生是公民中的一个特殊群体，他们是未来国家建设的栋梁，重视维护大学生的健康性心理是大学应有的责任，我们认为，根据上述世界卫生组织对健康性心理所下的定义，学校应该采取一些相对应的教育措施：

1. 强化大学生性角色认同

男生就应该有男子汉气，女生就应该有女子气。大学应该开展有利于学生强化性角色认同的活动，比如丰富多彩的体育活动、舞会等。大学也应加强对学生的仪表风纪的教育，对男生服饰女性化和女性服饰男性化的现象应当予以劝导和制止，动员并组织有“娘娘腔”特征的男生参加富有男子气的体育竞赛，有“假小子”特征的女生参加手工制作、舞会等活动。

2. 正视男女生正常的性兴奋和性反应现象

加强对大学生的性健康教育，消除他们对自身性反应的罪恶感和内疚感，学校要提供便于男女生健康交往的机会和场所。

3. 提高大学生尊重异性同学的修养

首先是消除部分男性大学生对女性大学生的身体特征所持有的偏见，比如“胸大无脑”、“头发长见识短”等；其次要把握表达情感的分寸，注意时间和场所。男女之间的交往,要热情而不轻浮,大方而不庸俗。

4. 采取对他人无害的方式缓解性兴奋和性紧张

大学生虽然在生理上是成熟的个体,但绝大多数大学生是单身,没有合法的婚姻保障性生活,更不用说享受高质量的性生活。所以,大学生应该用适度的自慰、培养兴趣爱好、集中精力于专业学习和科学研究等方式缓解性紧张。在这里我们要着重对自慰行为(俗称手淫)加以说明,据美国著名性学家金赛调查,90%以上的美国人都有过自慰行为,金赛坚信他的调查结果,并断言任何比此项数据低的调查都是失效的。在我国,有自慰行为的大学生具有相当比例。据《青年研究》杂志报道,有人对600名男女大学生作调查,有过一次以上自慰的比例为79%,习惯自慰的为17.5%。据周向欣调查,有过性自慰的大学生占47.12%。但许多大学生对自慰有很深的误解和曲解,因自慰而产生思想负担,认为自慰是“淫邪”、“罪恶”,是道德败坏。而且,我国民间传有“一滴精十滴血”的说法,声称自慰会亏损元气。浙江大学马建青教授的调查表明:认为自慰有伤身体的大学生约为57%;认为难为情的约为43%;认为要导致阳痿、早泄的约为28%;认为属于下流的约为21%;有罪恶感的约为14%。由此可见,正确地认识和看待自慰现象很重要。其实,从现代医学的观点来看,自慰并不直接损害身体,但过度的自慰则容易导致注意力分散、精力不济、头昏眼花等身心反应。所以,对自慰这种现象,我们应持的态度是顺其自然,因势利导。所谓“顺其自然”,即对有自慰史的学生来说不要背包袱;所谓“因势利导”,就是鼓励大学生深入校园生活,参加各种活动,将注意力转移到学习上来。

三、大学生性心理的特点

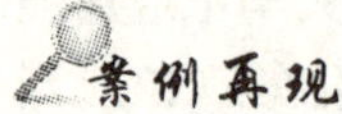

不能控制的“爱”

一位男生讲了这样一个故事:同伴中一位叫倩的女孩,不仅美丽大方,而且聪明睿智。我最近对倩产生了一种特别的感受,每天晚上躺在床上,满脑子都是倩的音容笑貌,我怀疑自己大脑是不是有毛病——为什么总会无穷无尽地想她?有一天我们全班上计算机课,同学们都走光了,而倩还在操作,我问她编什么程序呢,她回答说她输入的一个程序调不出来了,请我帮帮她。我当即坐在她身旁共同琢磨起来。但我感觉到她身上散发出芳香,我头脑晕晕乎乎的,又瞥见她俯身露出白皙的前胸,我的头脑一片空白,手不由自主地触到她的胸部，而且我不知还说了些什么。倩当即愤而起身对我说："真想不到你是这么卑鄙下流的人!"然后冲出计算机实验室。我当时傻了，我干什么了？我后来给倩写了一封信进行解释，告诉她是因为我太爱她了，才一时做出了糊涂事。但倩不肯原谅我，以后遇见我都不肯看我一眼，她不肯原谅我，是不是把我看成一个大流氓了？

当代大学生的性心理富有浓郁的校园文化色彩，呈现出多元化的特点。在校大学生的性生理已基本成熟，性欲望和性冲动表现得更加强烈，但健全的性心理尚未成熟，更未能很好地建立起来。为此，大学生常常不能正确认识、评价种种性现象和性行为，不能很好地适应和调节由于性成熟所带来的一系列生理、心理变化，以保持身心的和谐统一，这就需要在性心理领域里，加强对大学生的教育与引导。

(一)大学生明显地表现出对异性交往的渴求和文饰

由于性觉醒，大学生的两性交往具有接近异性和吸引异性的情感体验。在朦胧纷乱的心理变化中，性意识逐渐强烈和成熟起来。在日常生活中，大学生十分重视自己在异性心目中的形象及异性对自己的评价，喜欢在异性面前表现自己来引起异性的注意。但在与异性接触时，感情的交流往往是隐晦而含蓄的(当然不排除个别行为的公开性)，常以试探的方式进行，表现得拘谨、羞涩、冷漠，或者表面上表现得无动于衷的样子，但其实双方都渴望男女之间的亲昵。

(二)性心理反应和自身观念发生冲突

在性刺激作用下产生性心理反应，如性兴奋、性幻想、性梦等，对于大学生而言是一种现实，这是性成熟后的一种正常的自然现象，本身并无不道德不纯洁之处，也无须有可耻心和罪恶感。但实际上，有部分大学生由于性心理尚未成熟而难以接受自身的性冲动和性念头，从而产生羞愧、自责、苦恼和困惑，造成心理冲突。

(三)性压抑和性放纵并存

青年期是人一生中性能量最旺盛的时期，而大学生健康的性心理结构尚未确立，对各种性现象和性行为的评价能力较弱，再加上社会道德对性需求的约束，使得大学生的性心理发展处于多重矛盾的交织中。一部分大学生受外界不良信息的影响，对性持无所谓或放纵的态度；另一部分大学生对性冲动过分否定和压抑，致使性能量得不到合理的疏导；还有少数大学生以扭曲的方式如偷窥、恋物、露阴等表现出自己变态的性心理。

(四)大学生性心理的性别差异大

大学生性心理有明显的性别差异。比如,在对异性情感流露上,男生表现得较为外向而热烈,女生表现得含蓄而深沉;在内心体验上,男生更多的是新奇、喜悦和神秘,而女生常常是惊慌、羞涩和不知所措;在表达方式上,男生较为主动,女生往往采取暗示的方式。如果对男女生性心理的性别差异忽视或无知,则会引起两性交往以及自我认知的不安与困惑。

四、婚前性行为

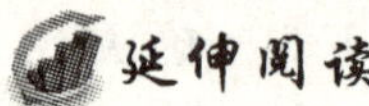

美国13岁男孩阿尔菲·帕顿和15岁的女孩生下一女,阿尔菲坦言,自己根本不知道一块尿布多少钱,兜里一分钱都没有的他,不知道如何养活自己的孩子。

(一)定义

婚前性行为特指男女双方在恋爱期间发生的性交行为。其特征是双方自愿进行,不存在暴力强迫,没有法律保证,容易产生一些纠纷和严重后果。

(二)特点

大学生婚前性行为主要有三个特点:

1. 突发性

往往是情不自禁,在无心理准备的情况下突然面对性需求。

2. 自愿性

大学生发生性行为较少是受人胁迫,大多是在自愿但非理性的情况下发生。

3. 反复性

由于性成熟的大学生面临很大的性压力,因此一旦冲破这一底线,会反复发生。

(三)原因

大学生发生婚前性行为的原因很多,主要有以下几种:①崇尚性自由观念,追求享乐。②自制力不强,不能克制自己的性冲动或不忍拒绝对方的要求。③作为稳定恋人的“手段”,以显示对爱情的忠诚。④对性的好奇和探究心理。⑤满足个人私欲和虚荣心。

(四)危害

虽然发生婚前性行为并不等于心理不健康,但容易由此引发内心矛盾、意外怀孕、性病传播等恶果。

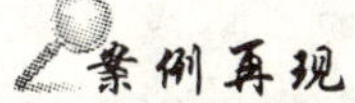

湖北某高校一女生和外国留学生交往并发生婚前性行为，导致意外怀孕，其家人和她本人都感到羞愧难当。该女生在其母亲的带领下到乡镇小诊所堕胎，但该诊所由于医疗条件和水平有限，手术做得不够彻底，导致她下体时常出血。该女生于寒假结束返校后，突然血流不止，送医院急诊发现其血小板已降为零，生命垂危。后经学校和医院紧急转院抢救，终于捡回一条性命。

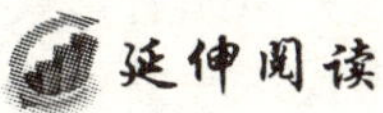

婚前性行为可能的危害

“在你做了那件事后，你的心境就再也不一样了，你面对的事似乎也都和以前迥然不同了。”虽然发生婚前性行为的原因很多，但不管什么原因，婚前性行为都容易对当事人造成伤害。

首先，婚前性行为会对性本身造成伤害。婚前性行为往往是在充满内疚、提心吊胆或唯恐别人发现的心理状态下进行的，缺乏良好的性生活环境，双方不仅难以从中体验到性快感，相反会留下痛苦的性经验，容易造成性功能障碍。

其次，性关系会破坏正常的感情。对于性的尊重是对爱情的最大的承诺。在大学生纯洁的感情中掺进性行为之后，就可能使性超乎一切之上。性会抑制先前培育感情的健康交往和正常的相互帮助。有个年轻人这样描述过去关系温馨的恋人在有了性关系之后两人的关系及情感变化：“性成了我们关系的中心之后，我们的关系就发生了变化，愤怒、不耐烦、嫉妒与自私等心态时常困扰我们原本美好的感情，但又无能为力。”在未发生婚前性行为时，恋爱双方是相互平等、自由选择的关系，可发生之后情况则有所不同：一是双方吸引力比过去逐渐减弱。原以为两性关系很神秘，现在变得“不过如此”，过去紧密吸引双方的东西突然消失了，于是感到对方枯燥乏味，进而不愿交谈，从而导致缺乏耐心、愤怒、嫉妒、自私等心态。二是男女平等关系错位。原本男方十分迁就女方，女方委身于他之后，便有了“生米煮成熟饭”的感觉，故对女方开始态度随便、任意支使。反之，女方则因把贞洁交给了他，又担心男方改变初衷，唯恐被抛弃，于是对男方一再迁就、容忍。调查表明，发生婚前性行为后有一半以上的人感到后悔和无助。三是使双方开始萌生猜疑。女性如此，男性更甚，男性总希望女友只信任自己，对自己开放，一旦与之发生关系，便又开始猜疑女方，“她对别人是否也这样？”若女方过去已谈过几个对象，这种疑心就会加重，或导致终止恋爱关系，或为婚后生活埋下隐患。

第三，对心理和人格造成伤害。婚前性行为可能使年轻人的人格成长停滞不前。在大学这个专注于全面发展的重要时期，陷入性关系的漩涡之中，就等于把心胸完全封闭在两人的小圈子里，丧失了与他人交朋友、参与文体活动、开发技能、拓展兴趣并尝试去尽更大的社会责任等向外发展的好机会，女性所受的危害尤其严重。1994 年罗波·史塔契的民意调查报告说，54%的人说他们后悔做了那件事，他们多么希望自己当初能耐心地等待。婚前性行为也会导致丧失自尊心，因为不轨的行为会使人格层次降低，可能造成自我价值感丧失。有时候，自尊心的降低会导致一个人"破罐破摔"，对性关系无所谓或利用性来报复其他人，这又促使其自尊心进一步降低，于是就形成一种难以改变的恶性循环，这种情况在有过婚前性行为的女性中更为常见。在大学里发生性行为，还会给当事人带来巨大的心理压力，造成恐惧、自卑、冲突等。有调查显示，大学生在发生性行为后，出现严重不安、自我否定、恐惧焦虑的男女均占 82.2%；对该行为持有害评价的男生占 37.0%，女生占 82.2%。另外，有咨询专家发现，一些男生在充满恐惧与内疚感的背景下发生性行为，结婚后竟成了性变态者。个别人甚至有成为性虐待狂的危险，因为虐待对方所产生的特殊刺激能使他重新回到充满恐惧与内疚感的情景中，从而才能引起他的性欲。

第四，婚前性行为会使分手产生更大的破坏力。性是一种很强的力量，一个人对发生过性关系的人会感到一种强烈的感情联系，而且对其期待也高度强化，所以当两人关系终止时会感到心痛欲裂，感到类似离婚那样的痛苦。有时，这种性的关系破裂之后，情绪上的反应可能达到怒不可遏的地步，从而导致对前男友或女友采取暴力行动。此外，婚前性关系造成的痛苦，有时会把年轻男女逼到绝望的边缘。社会学的研究显示，失掉贞洁的少女比保持贞洁的少女的自杀率高 6 倍；离家出走的可能性高 18 倍；被警察拘留的可能性高 9 倍；被勒令停学以及学习不良的可能性高 5 倍；使用大麻这一毒品的可能性高 10 倍（齐麟，2000）。心理损害是最难以修复的，许多人一生都未能从第一次性关系破裂的痛苦中得到完全恢复。性关系破裂之后觉得被利用或被遗弃的大学生，会在以后的两性交往中经历感情上的困难，即"一朝被蛇咬，十年怕井绳"。正是记忆中受背叛的痛苦，阻挡了他们走向依赖和依恋他人的路。女性可能会变得对所有的男性持猜疑眼光，认为他们只对自己的肉体有兴趣，男性也可能丧失对女性的信任感，而不敢再付出真诚的感情。因为青少年期的性经验而导致的感情退缩可能持续多年，所以，有些人在 20 多岁以后发现自己患了感情麻痹症，无法充分地、无保留地爱另一个人。

第五，婚前性行为关系会导致将来婚姻的困难。性关系是一种能够使两个人结合成一体的强大力量，因此传统上都主张性关系应当为婚姻而保留。一个人很难把与自己有过性关系的人忘掉，有过婚前性关系的男女会发现，即使在婚床上，过去性搭档的形象仍在脑海中困扰自己。把过去性搭档与目前配偶相比较的心理反应，不但困扰自己，而且被配偶发现时，非常难堪。结果，夫妇的亲密关系就很难形成。此外，一个在婚前不能控制自己的人，婚后也很难奇迹般地变得有自我控制能力，因而不忠于配偶的行为难以避免。凡是涉及婚前性关系的人此后离婚的可能性比较大。受性解放运动的冲击，眼下美国60%的人初次结婚都以离婚而告终。有些年轻人婚前跟不止一人有过性关系，尝试了许多经验，但最终的结果却是关系破裂，轻率分手。有人认为，为了使婚姻能有较好的准备，应当尝试多次"试婚"后再做决定。这种论调根本不合情理。研究结果显示，"试"过性关系的女性比婚前保持纯洁的女性在婚姻的持久性与满意度上都比后者低。最后，婚前性行为也更容易导致怀孕，再就是性病的威胁，其严重后果就更难以估计。

五、大学生性心理障碍

性心理障碍又称性变态，是指性心理与性行为偏离正常轨道，表现为性爱对象、性身份、性目的或性欲满足方式的异常。

大学生当中的性心理障碍集中表现为以下几种：

(一)同性恋

以同性为性满足的对象称为同性恋。同性恋者在幼小时就表现出一些现象，如喜欢异性角色、爱穿异性服装、体态言语酷似异性，等等。家长对孩子的性别期望、教养方式以及不良环境气氛也是引发同性恋的重要因素。

案例再现

北方某重点大学的一位男大学生，从小生活在一个贫穷偏僻的农村。他有几个姐姐，他是家中唯一的男孩，因此备受母亲宠爱和姐姐们的呵护。因家境贫寒，没钱给他买新衣服，于是就穿姐姐们穿旧的花衣服。姐姐们怕他在男孩中受欺负，常让他跟女孩一起玩耍。他很聪明，女孩会的一些游戏他都会，如踢毽子、跳方格、跳皮筋、叠手绢等。时间长了，他也很喜欢跟女孩玩，觉得男孩粗鲁，即使他跟女孩在一起时受到男孩的嘲弄也不在乎。姐姐们高兴的时候还常常给他打扮成女孩样，如梳个小辫等。在天长日久的潜移默化中，他已经认同了女孩生活的一切。上小学时，问题出现了。他开始不愿上男厕所，宁可忍着一直到回家上厕所,性格变得内向、害羞、懦弱。上中学时,课业压力大,他没时间细想自己的问题。上大学后,因为需要住男生宿舍,这引起他强烈的心理冲突。同时,随着年龄的增加,他越来越渴望成为一个女孩,内心苦闷至极,以至于有死的念头。后来看到报刊登载的有关变性手术的报道,就把希望寄托在改变性别上。

(二)恋物癖

恋物癖是指通过与异性穿戴或佩戴的物品相接触而引发性兴奋和性满足,多见于男性。他们往往收集那些与女性身体直接接触的物品如内衣、内裤、胸罩、发卡等,在独处时把玩,来刺激性欲。在大学校园里,患恋物癖者常偷窃女性的物品,因而给校园带来不安宁。

(三)露阴癖

露阴癖是指通过裸体或暴露生殖器而获得性满足的现象,多见于男性。尽管患露阴癖者会使对方蒙受惊吓,但在一般情况下,他不会采取进一步的行动,所以不会有什么危险。如果碰到露阴癖者有暴露行为时,只要表现得冷静和无动于衷,即可抑制露阴癖者继续行动。

一般来说,大学生中的露阴癖患者大多过于羞怯,表面上看斯斯文文,在社会生活中则缺乏与异性交往的能力或交往的成功经验。

(四)窥阴癖

窥阴癖是指以窥视异性性器官或性活动而获得性满足的异常性心理障碍,多见于男性。窥阴癖患者和露阴癖患者一样,往往在人格上怯弱、卑微,对自己的能力缺乏自信,对于内心深处的冲动又不能自制,于是就以这种与人际关系脱离的闭锁性行为来满足性欲。从某种意义上说,这是对社会交往失败的一种恐惧和逃避。

第二节　爱,是一种艺术

《圣经》上说,神用泥土创造了亚当,又用亚当的肋骨创造了夏娃。于是每一个个体自从他(她)出生以后就开始寻找他(她)的另一半,直到找到了,他(她)才会变得完整。从自然规律来说,当人体成熟达到正常的激素分泌量时,就会自然而然地关注到异性,对异性产生渴慕,从而热烈地渴望爱情的发生。从心理学来说,青年期的人们处于亲密与孤独的关键期,他们强烈地渴望与他人建立友谊和爱情等亲密感情,如果不能与他人进行深层的情感交流,就会陷入孤独和寂寞中。所以许多心理学家认为,大学生谈恋爱有利于心理的成熟和健康,可以缓解因性而产生的紧张和焦虑,可以帮助他们真正认识到性别角色上的差异,促进性别角色的社会化,学会在生活中去适应异性,有利于大学生发展完整的自我同一性,形成独立的人格。因此在现代大学生中,谈恋爱已成为一种普遍现象。

爱情是人类一个永恒的话题,它也是大学生生理心理发展的必然结果。了解大学生身心发展规律,帮助他们解读爱的本质,科学地审视大学生恋爱心理的发展及特点,客观地分析大学生常见的恋爱心理困扰,帮助大学生做好爱的心理准备,培养他们爱的能力,对大学生恋爱心理健康发展是很有必要的。

一、爱的本质

弗洛姆说过,爱本质上是一门意志的艺术,一门决定以自己全部的生命去承诺另一个人生命的艺术。作为一门艺术,是需要学习的,没有一个人天生就是艺术家,当然也就没有一个人是天生懂爱的,对爱的本质的体会和掌握需要在理论上不断地学习,在实践中不断地把握与提升。

(一)爱是给予

弗洛姆认为,对于"爱者"而言,并不是因为他有许多东西,他才富有。不管他有多少东西,只要他能给予自身之物(无论是精神的,还是物质的),他都是富有的。"爱者"在将自己的生命力给予对方的时候使对方也富有了起来,"给予"在提升自身生命感的同时也提升了对方的生命感。"给予"暗示着使另外一个也成为一个给予者。在给予的过程中,爱的双方分享着他们共同使之复返生命的东西,分享着他们的真爱。

如果因为给予别人一些东西而感到焦虑的话,那是贫穷、没有爱的能力的表现。因为爱能产生爱的能力,而软弱无能就没有能力产生爱。

(二)爱是关心

爱情说到底是对所爱对象的生命和成长的积极关注。如果缺乏这种积极的关注,那么这种爱就称不上是真正的爱。关心是具体的,一点一滴的,大到关心对方的前途、命运,小到给对方买一杯水等。细腻的关心需要敏锐地捕捉到对方的内心感受,同时,关心不能凭自己的主观臆测,想当然地强加给对方。真正的关心是悉心的观察、洞悉对方内心的真正需求。关心不仅要关注对方的需要,更要关注对方的成长,在他(她)取得成绩时予以掌声,失败时予以鼓励,在他(她)困难时予以支持,使对方能够真正成长起来。

(三)爱是责任

关心自然会牵动爱的另一个方面,即责任感。当今人们所理解的责任感通常指应尽的义务或职责，这是强调人的外部影响力的东西。从真正的意义上理解责任，则完全是人的一种由心理掌控的自觉行为，是个体对另一个有生命意义的客体表达出来或尚未表达出来的积极的愿望和反应。评价一个人"有责任感"，意味着这个人有能力并准备对所爱对方愿望与承诺作出相应的反应。所谓爱人的责任感，就是建立在对他人的负责就像对自己负责一样的基础上，表现为个体内心对他人精神与物质需求的积极主动的担当。

（四）爱是尊重

尊重，这个词的实际意义就是指客观地正视对方的全部，并容纳对方独有个性的存在，努力地使对方健康成长和根据他（她）自己的意图自行发展。要尊重对方的职业、爱好、选择、隐私和不同于自己的观点与生活习惯等。只有当自我达到真正的独立的时候，即在没有外力支援的情况下能自由自在地走自己的路，既不想去支配别人也不想利用别人时，唯有此，尊重才会成为可能。所以，只有在自由的基础上才会有爱情。

（五）爱是认识

要想尊重一个人，首先要认识这个人。认识是对所爱对象的全面了解，只有这样，才能做到对对方的真正关心、责任和尊重。如果对对方所持有的关心、责任不是以了解为基础的话，那么一切都是盲目的、空洞的。认识作为爱的一个重要方面，这个过程绝不能滞留在表层上，不能满足于蜻蜓点水似的一知半解，而是要深入到内部的本质之处。只有用超出自我关心程度的眼光来看待他人，才能达到真正认识对方的目的。比如，虽然对方没有表露什么，但我知道他是在生气，如果进一步地深入下去，我还会知道他心里一定很害怕或烦躁，再进一步，我知道他之所以害怕或烦躁是因为他内心感到孤独或没有安全感。这时，我就不会把他单一地看成是一个容易生气的人，而是愿意帮他寻找生气的原因，愿意与他一起解除孤独或没有安全感的情绪干扰，愿意陪伴他并给他安全感。

（六）爱是信任

信任是指相信而且敢于托付以及能够接受托付。恋人之间最重要的是相互信任。没有了信任，爱情就会处于风雨飘摇的危险境地。信任既是一种对对方的尊重，也是一种自信。不必盘问对方每个细节，更不必去跟踪和调查，爱他（她）就要相信他（她），不要凭感觉随意猜疑，给对方一个充分自由的时间和空间。相信具有强大的心理暗示作用，当你相信他是爱你的，他会在你的信任中不自觉地按照你所希望的那样来爱你。信任是一种有生命的感觉，也是一种高尚的情感，更是一种连接人与人之间关系的纽带。你有责任和义务去信任另一个人,除非你能证实那个人不值得你信任;你也有权利接受他人的信任,除非你已被证实不配被信任。学会信任,乐观积极地看待他人,这样的人是最有魅力的。

二、大学生恋爱心理的发展

大学生恋爱心理一般要经历理想对象建构、初恋、热恋、心理调适到感情平静等五个发展阶段。

(一)理想对象建构阶段

理想对象建构阶段,即爱的意识萌生阶段。大学生恋爱意识的准备阶段是自中学时代开始的。初中是恋爱意识的朦胧期,此时开始关注异性,其表现为男女生之间的互相排斥,对异性强烈的关心和亲近的愿望以一种疏远和冷淡的方式表现出来。高中为恋爱意识的探索期,高中生有了恋爱的意向和关于爱的思考,常常以欣赏的眼光和友好的态度来对待异性的言谈举止,在异性面前喜欢表现自己。然而,因背负高考的重压,尚无暇顾及恋爱问题。进入大学之后,重负释去,恋爱意识便萌生了,开始考虑自己心目中的"白马王子"或"窈窕淑女",建构自己理想中对象的内在和外在的素质模型。

(二)初恋阶段

初恋阶段,即现实对象的确定阶段。当大学生觉得自己已找到那个心中的他(她)时,初恋就开始了。有人把初恋的心理发展细分为醉我、疑我、非我、化我四个阶段。"醉我"是指被追求对象迷住而陶醉。"疑我"是怀疑对方是不是爱上了我,他(她)今天对我多说了几句话,是不是想表露和我的亲密?"非我"则进入了实质的求爱,可以为对方抛弃自己的兴趣爱好等,一切以求适应对方的需求为自我存在的意义与价值。"化我"指恋爱初步固定,恋人把对方利益置于自身之上。由于初恋是情窦初开时的第一次对异性敞开的爱的体验,双方的内心往往都充满了一种新奇的兴奋和激动。初恋具有单纯性、强烈性、持久性等特点。单纯性指初恋是第一次向异性敞开爱,恋情往往单一、纯真;强烈性指初恋是爱情积聚的爆发,常表现出强烈的亲近欲;持久性指初恋的感情影响旷日持久,人们一生中会长存着初恋的感情记忆。

(三)热恋阶段

热恋阶段,也称激情热恋阶段。初恋时爱的感受十分强烈,但表达方式较为含蓄,关系也不过于密切。而热恋阶段,求爱已经完成,便进入恋人朝夕相处、关系十分密切的阶段。这一阶段恋人依依不舍的眷恋之情常常使他们忘记了时间和空间,即要求相处的时间更长,空间距离更短。处在此阶段的大学生男女，其理智处于脆弱状态，感情几乎支配了一切，看不到对方的缺点，诸如"情人眼里出西施" 就是这一阶段的典型反映。处在此阶段，在性冲动中很容易发生越轨行为，而对其后果也不可能冷静地作出理智的判断。

(四)心理调适阶段

热恋是甜蜜的，但过后随即会进入心理相撞调适阶段。由于热恋中的朝夕相处，双方增进了互相了解，热恋过后，双方都会想去证实自己在求爱阶段对恋人的一些理想化看法，发现一些在求爱中尚未注意到的优缺点。恋爱双方根据这些优缺点的综合印象作出判断，用以判断这段感情值不值得延续下去。因此在这一阶段双方会发生争论、冲突、心理碰撞，感情也会起伏波动，时而达到最高峰，时而进入低谷。如果在心理相撞调适阶段作出了否定的判断，就会导致恋爱的破裂，出现失恋。

(五)感情平静阶段

如果在心理相撞调适阶段作出了肯定的判断，恋爱双方就进入感情平静阶段。在这一阶段，恋爱双方既爱慕对方的长处与优点，又能容忍对方的缺点与不足，彼此心平气和，达到了一种几近和谐的境地。这样恋爱状态是可以慢慢发展到家庭角色扮演阶段。恋人从浪漫的迷雾落回现实，开始考虑柴米油盐、谋生途径等。这种家庭角色扮演就为以后的婚姻生活打下了基础。

三、大学生恋爱心理的特征

(一)大学生恋爱的动因

男女大学生们生活在同一校园里，生理发育成熟，情感需求强烈，出现恋爱现象是自然的。从大学生的恋爱动因来看，有以下几个方面：

1. 生理和情感的需要

大学生的年龄一般都在 18—25 岁，他们性生理发育已完全成熟，性意识增强，渴望与异性交朋友，恋爱欲望强烈。中学阶段由于升学的压力而被压抑的丰富的青春期情感此时得以爆发，他们积极构思配偶对象的理想模式并尝试付诸实践。当遇到接近理想的异性时，便寻找各种机会进行试探和追求。

2. 从众心理

如今在校园中流传着"在大学中没有谈过恋爱，就等于没有上过大学"、"女生是一年骄，二年傲，三年拉警报，四年没人要"等鼓动大学生恋爱的暗示性话语。有些学生刚进校门时并没有谈恋爱的打算，但受到身边室友、高年级同学以及来自电影小说等爱情文化的熏染，久而久之也接受了"恋爱是大学的必修课"的说法，对自身的实际情况不加以辨析就不加选择地将他人的恋爱模式直接套用在自己身上，匆匆随流加入到大学恋爱的大军之中。这就是一种从众心理的表现。

3. 社会和家庭的影响

社会上大男大女成了恋爱结婚“老大难”的信息不时传到高校，对大学生产生了一定的影响。许多同学担心自己毕业走上工作岗位后找不到合适的对象，也会加入大男大女的行列。尤其是女大学生，更担心自己“曲高和寡”，成为“剩女”。一些家长也出于这种担心，希望子女在大学期间谈好对象以解除后顾之忧，这种外在压力对大学生恋爱之风起到了推波助澜的作用。

4. 价值观念的变化

社会的变革和发展引起了人们价值观的变化，部分大学生价值取向的消极因素反过来影响了他们对生活的态度，如淡化政治意识、回避社会问题、学习动力不足，甚至玩世不恭、一味追求享乐等，于是试图用谈情说爱来弥补精神上的空虚。再加上高校对大学生谈恋爱大都采取“不提倡，也不反对”的回避态度，学生恋爱得不到必要而正确的引导，只有根据自然本能之需要，盲目地去尝试。

(二)大学生恋爱的特点

大学时期是一个人走向独立的缓冲期，这一时期的心理变化非常剧烈，表现在爱情方面则特征鲜明。同时，随着时代和社会环境的变迁，大学生的恋爱也呈现出明显的时代特征。

1. 情感热烈且波动大

大学生正处于生理发育的旺盛时期，情绪容易冲动，表现在追求恋人上，往往是热情有余，含蓄不足。一旦发现自己对对方有好感就采取行动，感情升温很快。恋爱一旦开始，激情便如排江倒海般难以平静，从初恋到热恋很难找到一个明显的分界线。由于大学生欠缺爱的知识和责任意识，对可能面临的困难和挫折等缺少充分的心理准备，再加上心理的不成熟，价值观和人生观的不完善，缺少主见，经常会凭一时冲动作出草率的决定，因而分手的可能性也大大增加，失恋之后容易陷入情绪的低谷，不能自拔，导致大学生们在执著地追求爱的过程中充满跌宕起伏。

2. 恋爱动机和价值取向的多元化

有越来越多的大学生涉足爱河，乐此不疲，但他们恋爱的动机却各种各样。有为消除内心的寂寞，弥补空虚心灵的；有为选择结婚“对象”练兵，积累经验，为今后真正找对象做准备的；有为寻找浪漫的感觉，从中获得情感上的满足和身心愉悦的；有受到周围同学都在谈恋爱的环境影响，产生了从众随大流的想法，也想尝试一下二人世界的美好感觉的；有为寻求学习和生活上的帮助的；而有的同学谈恋爱则仅仅是为了展示自己的魅力等，各种想法不一而足。

不同的恋爱动机催生了不同的恋爱态度。有的同学注重恋爱的感觉，“不求天长地久，只求曾经拥有”是他们的座右铭；也有的同学把恋爱的权利和义务相互分离，信奉好聚好散的理性恋爱；也有的同学把学业和事业作为人生奋斗的目标，而把爱情作为生活中的调味品；还有不少同学希望寻找志同道合的爱人作为事业上相生相伴的伙伴，并希望彼此相互激励，共同成长。

3. 自主性强而耐挫性弱

大学生在恋爱问题上独立自主的意识特别强。一些学生认为恋爱是个人的私事，别人无权干涉，对于来自成人世界的指导，甚至对父母的意见和建议抱有排斥、抵触的态度。由于大学生涉世未深，缺乏处理重大问题所需要的阅历及相应的心理素质，在遇到挫折的时候常常显得力不从心。虽然他们对他人的失恋和分手可以以宽容的态度去谈论，而当这种情况真正降落到自己身上时，还是有相当一部分学生难以走出心理阴影而长期沉迷在失恋的痛苦中，产生忧郁、自卑等不良情绪，严重者甚至采取报复乃至自杀等方式来排解心中的郁结。

四、大学生常见的恋爱问题

(一)单相思

单相思包括暗恋和单恋。当一个人爱上另一个人时，没有告知或者暗示对方使之知道自己的想法的，叫作暗恋。而一个人爱上另一个人，通过表白或者暗示让对方知道你爱她(他)，且对方不接受你的感情时，叫作单恋。单相思的人以丰富的想象和细腻的感受为自己编织着爱的梦幻，他们独自沉浸在对对方的爱恋和相思之中久久不能自拔。还有一些单相思的人错把对方的友谊意会成“有意”或“暗示”而产生“爱情错觉”。

一般来说，每个主动求爱的人在求爱之前都有过单相思的体验，一旦求爱成功，单相思就转化成了互爱。如果没有求爱，或者求爱不成功，不能转化成互动的关系，那么，无论是哪种类型的单相思都一样，都是一个人的“恋爱”，所以都不是真正的恋爱。

如果你在单相思，那么在做好心理准备的情况下，可以鼓起勇气向所爱的人表白。如果对方也同样对你心存好感，那么就一般情况而言，是可以开始一段真正的恋爱历程了；如果对方对你并没有好感，甚至拒绝了你，那么就应该拿出勇气来，勇敢地面对现实，用自己的理智去战胜情感，调整理想和现实之间的差距，总有一天你会找到属于自己的真实爱情。

(二)选择恋爱对象的困惑

当一个可能的恋爱对象在自己身边出现的时候，心里不免会打鼓，他(她)真的适合我吗？当同时有两个可能的恋爱对象出现的时候，又会想到底哪个更适合我？为了做出合适的选择，就会尽力去了解和认识对方，他(她)的性格、家境、知识、信念……特别是对方对自己的感情程度等，这些都是选择对象时的参数。即便对对方已经有了一定程度的了解，但在选择和决定的时候还是会产生迷茫，因为处于恋爱中的年轻人往往并不清楚自己究竟想要什么，恋爱中的犹豫和彷徨，各种暧昧关系或多角关系，最终会导致对自己和他人的伤害。因此，恋爱中的大学生们必须对自己的感情和需要有所了解，帮助自己做出合适的选择。

为了更加确定自己的感情和需要，可以与父母或朋友讨论，多听取一些过来人的想法和建议，他们的经验和智慧会帮助自己更准确和有效地达到自我认知。

(三)缺乏自我保护意识

热恋中的大学生相互有些亲密的肌肤相触，比如接吻和拥抱，自然是在所难免的。但肌肤是很敏感的，过于缠绵的亲昵，往往很容易激起人的性欲望。尤其对于女大学生来说，面对男友的一些过分要求，她们可能会心慌意乱、手足无措。如果拒绝对方的亲昵举止，可能会失去这位自己倾慕的对象，或者被误会自己不喜欢他；但如果答应对方，又怕他怀疑自己太随便、太轻浮，并难以对可能产生的后果有担当。面对这个敏感问题的时候，大学生一定要提高自我保护意识，真正的爱情是要相互尊重和相互爱惜的。在面对异性过分要求的时候，我们一定要维护自己的尊严，洁身自好。应该以开诚布公的态度来面对这类事情。不妨坦白地向对方言明利害关系，相信在合理的解释下，对方会尊重你的感受，并深深佩服你的坚持。同时在约会过程中应该尽量注意控制自己的行为，肌肤相触以“蜻蜓点水”为妙，切勿缠绵；尽量减少与男友单独在室内幽会的情况；服饰尽量避免单薄。

不光是在有关性的敏感问题上，在情感方面大学生也不太会保护自己。人们常说恋爱中的人智商为零，大学生一旦陷入热恋之中更会如此。恋爱中的大学生彼此顺心，沉浸在浪漫情怀的美好之中，过于沉醉的他们往往不善于控制自己的情感，任感情随意放纵，缺乏理智的驾驭能力。一旦恋爱受挫，即会情绪失控，无法自拔，对学习和生活造成严重影响。

(四)缺乏自信

对自己不自信的学生,认为自己对异性没有吸引力,内心会比较自卑,通常认为对方会看不起自己,不敢坦然与异性交往,更怕在异性面前失误,因而会回避与异性接触,以此来保护自己脆弱的自尊心,但内心却深感痛苦与失落。

还有一些缺乏自信的大学生,虽然他们恋爱了,但在恋爱的过程中表现出容易妒忌和猜疑,整天担心别人会把自己的恋爱对象抢走,或者担心自己不够可爱。因为没有自信,所以内心缺乏安全感,这样的人常常会在失去对方的忧虑、恐慌和绝望中挣扎,内心十分紧张和焦虑。

如果希望自己能拥有美妙的恋情,那就要找回自己的自信。可以通过多参加集体活动等方式,学会与异性建立正常的接触。只要在与他人相处中真诚大方,爱情终究会向你招手。另外我们也可以多交一些性格开朗的同性朋友,一来可以开拓自己的思维,二来也可以从别人身上吸取经验。我们还应该经常和自己对话,努力寻找自己心中积极、乐观和优秀的一面,即使自己现在还不够好,也要相信事情总是会发生变化的,只要努力将自我伤害的想象转化为自我帮助的行动,我们会变得越来越好、越来越可爱。

(五)分手和失恋

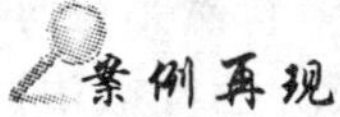

某高校一位大一女生,在放假回家的火车上认识了一位老乡,两人一见如故,交往了不长时间就确定了恋爱关系。随着交往的加深,两人的个性差异就显现出来了,女孩觉得两人在一起不愉快,提出了分手。男孩不同意,女孩选择了避而不见的做法,几天后男孩手持凶器冲进女孩寝室,砍伤其室友,然后跳楼自杀。

曾经的恋爱是如此幸福,让人难以忘怀。失恋后的大学生总是会沉浸在对过去的美好回忆中无法自拔。所有的失恋者都有一种难以摆脱的情结,那就是“我的终生幸福没有了”。怀着这种悲观的情绪,失恋者不敢面对失恋的现实与未来,由此陷入越痛苦越思念、越思念越痛苦的怪圈中。而且,如果一段恋情走到了分手的地步,会让人们怀疑自己、否定自己,从而感到更加的痛苦和受伤害。

虽然伤害不可避免,但当感情走到尽头不得不与对方说分手的时候,需要注意方式方法,尽量减少对对方的伤害。分手有几种方式,诸如什么也不说和不做,渐渐疏远和不联络,自然分手;将不愉快的情绪发泄出来,明确告诉对方要分手；约个时间和地点，将不合适在一起的原因说明白，给对方一点时间和空间去处理情绪等。如果自己是被动分手的一方，请保持冷静，不要从“我被甩了”的角度去考虑事情，克制对对方的愤怒；找一个亲近的人分担自己的悲伤和压力；积极地转移注意力，将自己的重心转移到事业或其他有意义的事情上来；不要过多沉溺于回想过去的快乐时光，而要分析感情失败的原因，给予自己正确评价，避免产生“自己一无是处”的错误想法；分析自身的优势，调整自己的爱情诉求，重新定位自己的爱情目标。

其实，分手不见得都是坏事，在分手中我们也可以学习和成长：男性会更懂得控制情绪，女性也会更了解独立的重要性；看清楚自己对感情的真正需要，了解以前对爱情想法的不切实际，找到真正的情感归宿；更能体谅别人，更能与别人沟通，也更值得爱。

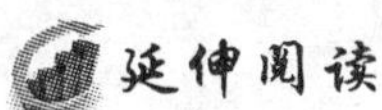
延伸阅读

大学生看爱情

在大学生中，对于恋爱的利弊、自己是否应恋爱的问题，一直存在不同的观点和心态。大致有以下几种情况：

(1)持赞成观点。持赞成观点的同学认为，在大学里谈恋爱容易找到合适的伴侣，因为大家年龄、文化程度相当，共同语言多，感情基础相对较为稳固。而且，大学生身心发育已经成熟，谈恋爱也是“天经地义”、“无可厚非”的。

(2)持反对观点。持反对观点的同学认为，大学期间，学习机会难得，没有任何理由把宝贵的时间分散到谈情说爱上去，等到毕业工作后再考虑恋爱婚姻问题也不迟。更何况，目前大学生自主择业，前途未卜，大学生谈恋爱经常是“无花果”，实在是“劳民伤财”、“空耗感情”。

(3)持“有利有弊、得失参半”的观点。认识上的多元化，使一些同学对谈恋爱持较为现实的态度。他们愿意从自身的角度看待自己的恋爱问题，而对别的同学的恋爱问题则不作评判。

(4)暂不考虑。这类同学对恋爱问题还没认真考虑过，觉得爱情是既美好又挺“遥远”的事情。他们大多能潜心学习，平时生活也挺愉快、挺充实的。

(5)“缘分”观。这种观点在大学校园里挺流行的。有很多同学都相信“有缘千里来相会，无缘对面不相逢”这一说。故而在校期间，遇到意中人就谈，没有合适的也不强求，谈成就算有缘，谈不成也无所谓。

大学生谈恋爱，由于所持观点不一样，其利弊得失不可一概而论。

谈恋爱,你准备好了吗?

谈恋爱本来是自然而然发生的事,但是谈恋爱不仅仅是一个人的事,还涉及对方和其他人,如果一个人心理尚未成熟,就贸然开始谈恋爱,有可能给对方造成伤害,对自己一生的发展也会有很大影响。某高校有一位老师,20世纪80年代年仅16岁的他就考上了一所名牌大学,可谓意气风发,前途无量。但是在校期间与同学谈恋爱遭受挫折,无法走出失恋的阴影,造成精神失常,到了30多岁才同一位一字不识的农村女性结婚,婚后没有共同语言,感情淡漠,双方都不幸福,自己的事业也受到很大影响。

下面是5个自问自答题,如果你都能给出肯定回答,说明你已为恋爱做好了准备。

(1)你在心理上能够完全离开父母而独立吗?

(2)你有真正意义上的朋友吗?

(3)对你的恋人,你能给他(她)什么呢?

(4)对性欲,你有自己明确的看法吗?

(5)如果恋爱受到挫折,你能做到不无理地憎恨和伤害对方吗?

恋爱婚姻心理小测试

到底什么是爱情,你是怎么看待恋爱的?下面的恋爱婚姻心理小测试有13个题目,请仔细阅读每道题,按照自己的真实想法选择符合或者不符合。

1. 我爱他(她),她(他)就应该爱我。
2. 只要能和他(她)在一起,我可以抛弃一切。
3. 我特别想找个异性安抚我。
4. 只求曾经拥有,不求天长地久。
5. 爱情是生活的全部。
6. 不谈恋爱说明自己没有魅力。
7. 人生就是追求快乐,谁给我快乐,我就和谁谈恋爱。
8. 恋爱对象多多益善。
9. 爱一个人,就要想办法改掉他(她)身上的缺点。
10. 恋爱是你情我愿的,不需要负什么责任。
11. 对有些人来说同性恋是正常的。
12. 摆脱失恋痛苦的最好办法是尽快找到另一个恋爱对象。
13. 有了男(女)朋友,夜里还可以和别的人私密幽会。

选“符合”得1分,选“不符合”得0分,将得分相加,得分越高,对爱和恋爱的认识越偏激。如果得分高于10分,则反映你对爱情、恋爱的看法可能会影响你的恋爱关系,需要好好反思。

五、培养爱的艺术

(一)树立正确的恋爱观

所谓恋爱观是指对待配偶和爱情的基本看法和态度,是社会经济制度、婚姻制度和伦理道德观念在恋爱问题上的反映。男女双方共同培养美好爱情的过程必须遵守一定的道德规范,并以此来调节和制约恋爱中的行为和各种关系。树立正确的恋爱观是培养美好爱情的基础。大学生要加强对爱情内涵、恋爱道德和爱情责任的培养,摆正爱情与事业的关系:爱情是人生内容的重要部分,但不是人生的全部,它应该服从于事业,促进事业的发展。在选择恋爱对象上,提倡志同道合的爱情,思想品德、事业理想、生活情趣等大体一致,同时还要懂得爱情不仅是得到,更重要的是对他人的一种责任和奉献。

(二)学会表达爱和拒绝爱

当我们心中有了爱,要把握时机,学会表达爱。在生活中,往往越是珍视这份感情,越难以启齿;越担心会被拒绝,就越顾虑重重。这是正常的心理状态。为了得到我们期待的爱情,我们必须鼓起勇气表明心迹。表明爱意就是让对方了解自己的心意,让对方也来爱你。表达爱的方式是多种多样、因人而异的。比如,在对方生日或一些特殊的节日里送上一份自己精心准备的礼物,寄一份情书或情诗,在对方遭遇到难以解决的问题时伸出援助之手,等等。在爱的告白中,有些人主动、大方,有些人被动、含蓄,不管采取怎样的方式,我们都应该去大胆告白,没有告白的爱情会让我们遗憾终生。只是,表现爱意一定要适可而止,如果表达的内容、方式不尽恰当,反而会令对方觉得反感,要自我控制得宜,以免适得其反,造成不良效果。

当前来求爱的人不是自己喜爱的对象时,我们要学会拒绝。在拒绝对方的求爱时态度一定要坚决,因为爱情来不得半点勉强。如果优柔寡断的话,很容易让对方造成误解,觉得还有希望,这样更不好。只是拒绝对方时要选择恰当的理由,不妨先对对方的人品和才华加以赞许,然后从有利于对方角度着想,让对方觉得拒绝其实是为他(她)好。对于心理脆弱的人,尽量将一些消极原因归因于自己,以避免对方做出一些极端行为。拒绝对方时也要选择恰当的方式,根据双方的关系程度以及对对方的个性特点的了解,选择面谈或书信等表达方式,最好不要托人转告,因为这显然对对方不够尊重。拒绝还要选择合适的时机,不要在对方告白后立即拒绝,因为此时对方还没有充分的心理准备,也不要拖延太久,以免对方误会。最好在表白后三四天的时间内,在对方情绪比较稳定的时候，表明自己的态度。另外，拒绝应该以真诚为本。虽然每个人都有拒绝爱的权力，但是珍重每一份真挚的感情是对他人的尊重，也是一种自重，同时是对一个人道德情操的检验。不顾情面，处理方法简单轻率，甚至恶语相加，结果会使对方的感情和自尊心受到伤害，这些做法是很不妥当的。虽然真诚的拒绝不代表没有伤害，但还是请你对爱你的人尽量态度温和，尽量少用生硬的否定词，把话说得委婉些。

（三）学会发展爱

尽管恋爱的起初一般是一方施爱、一方受爱，但就恋爱的整个过程来说必定是男女双方互相施爱和受爱的过程，否则爱就无法持续下去。发展爱的能力就是给予、关心、责任、尊重、认识和信任他人的能力。培养爱的能力就是要培养这些品质。在人生漫长的旅途中，积极发展爱的能力是每个人的任务。为了培养爱的能力，我们应该在平时生活中对自己、对他人、对生活保持敏感和热情，主动关心他人，热爱他人，培养无私的品格和奉献精神。要善于理解他人，善于交流和沟通，有效化解矛盾，对爱人、社会和家庭负责。发展爱的能力就是要培养正确的行为方式，塑造自身良好的人格，只有拥有美好行为和心灵的人才能拥有幸福美满的恋爱和婚姻。

（四）提高挫折承受力

大学生恋爱受到许多因素的制约，因而在追求爱情的过程中，遇到如单恋、失恋、爱情波折是在所难免的事，这些波折是对大学生心理承受能力的一次巨大考验。对情感失败的应对方式反映了一个人的心理成熟水平。如果我们能够经历情感的考验，理智地从失败的感情中解脱出来，往往会使自己变得成熟起来。

有的人沉浸在对过去的回忆中无法自拔。过去的日子多么美妙，而如今却形单影只，孑然一身。这种对比只能让我们深陷痛苦，自怜自哀更是毫无用处。还有一些人在失败的感情经历中不仅失去了爱的对象，更失去了对自己的自信、对未来生活的希望和对他人的信任，并非理性地推导出一些错误的观念，概括起来有四类：一是以偏概全。以个别事物推测所有事物，如“我没有恋爱的能力”，“我是个失败者”，“天下男人都不可信”，“再不会有人爱我了”等。二是夸大了失恋的消极后果。“我的生活被他（她）毁了”，“没有他（她），我活不下去”，“生活对我来说还有什么意义呢”，“谁都知道我被甩了，我还怎么抬得起头啊”等。三是追求完美。“付出就应该有回报”，“我们的爱情是真挚的，不会失败”，“爱情是永恒的”等。四是不合理的归因。“都怪我不好，才会造成我们分手的”，“他（她）是个负心人，我的痛苦都是他（她）造成的”，“如果不是第三者的出现，我们不会分手”等。

如果我们失恋了，请积极行动起来调整自己的心态，提高爱情挫折承受能力。一是在爱情受挫后增强自己的理智感，冷静客观地分析一下恋爱失败的原因，进而总结经验教训，提高自己的心理承受能力和认知水平，寻找解决问题的方法和途径。二是通过适当的情绪调节，转移并减轻痛苦，如不妨适当地发泄自己的情绪，感到委屈就尽情地哭，或向好友倾诉自己的经历和感受，也许对方会给出对事情不一样的看法或给出一些有用的建议。还可以运用“酸葡萄效应”理论进行自我情绪调控——既然在乎也不能挽回什么，那就不要再去在乎了，相信有更好的对象在前面等着自己。多参加一些有益的活动，转移自己的注意力，如参加派对、聚会、郊游等各项活动，多结交一些新的朋友。再就是将精力投注到学习和工作中去，化悲痛为力量，好好努力，成就更加美好的将来。

参考文献

[1] 刘达临，姚中本主编. 性学浅说[M]. 上海：上海科学技术出版社，1989.

[2] 邱鸿钟主编. 大学生心理卫生[M]. 广州：广东高等教育出版社，2002.

[3] 张海燕主编. 大学生心理健康教程[M]. 上海：上海人民出版社，2010.

[4] 陈莉. 大学生恋爱的伦理审思及其相关研究[J]. 校园心理，2009(5).

第九章　鸿鹄高飞　一举千里
——大学期间生涯规划及能力发展

凡事预则立，不预则废。

——《礼记·中庸》

明天的饭碗在哪里

怀揣着丰富多彩的大学梦，带着无限的憧憬，我们跨入了林学院的大门，然而转眼间，匆匆忙忙的大一生活已经过去了，在即将迎来的下一个学年中，我们将要准备计算机二级和英语四级考试…… 刚步入大学时，我们总感觉无事可干，以前每天被作业包围的日子一下子没有了，取而代之的是整天无聊地上一些基础课，然后便是奔波于各种社团活动和学生会的活动，或者就是呆在寝室里上网、玩游戏、看电影。日子就这样每天从我们的指缝中流走了，我们无奈，我们彷徨。我们想过得充实点，原以为努力学习可以解决问题，可到头来不禁会问自己，这样学，到底是为了什么呀？难道就是为了在期末考试中得高分，为了过计算机和英语等级考试吗？我们又茫然了。竺可桢任浙大校长时曾对每一届考入浙大的新生说："你们来浙大干什么，大学毕业后你们想干什么？"如今，面对这个问题，我们中的很多人会说为了将来能找到一份好工作，当然有些人的目标是考研，但考研的目的又是什么呢？我们到了应该为自己的职业生涯作规划的时候了。

不知从何时开始，曾经有着傲人光环的天之骄子们在就业的大潮中被溅湿，被淹没；在这一大潮中，不仅饭碗成了泥捏的甚至连找一个合适的饭碗都变得相当困难，不管我们承认与否，这是一个职业危机的时代。新一轮的毕业生就业开始了，新一轮的找工作热潮涌过来了，看着那些疲劳奔波于各种招聘会的大学生们，看看那些在说及未来工作的时候迷茫的大学生们的眼神，看看各种新闻媒体的大标题触目惊心地标明着"就业难"…… 我们应该怎么办？大学四年，转瞬即逝，在这短暂的大学生活中，我们该干些什么？我们需要一盏指路明灯。

（引自"豆丁网"，http://www.docin.com/p-92721883.html）

在这个就业市场呈现高度竞争状态的现代社会，职业生涯规划，从我们进入大学的第一天起就应该有意识地着手实施。

第一节　大学生职业生涯规划概述

一、职业生涯概述

(一)什么是职业生涯规划

在分工精细、科技发达的多元社会中，工作不再只是个人寻求糊口和温饱的手段，更是个人表现自我、发展自我的途径。而职业的选择亦因之成为一种复杂的历程。

所谓的职业生涯规划是指大学生在对影响自己职业生涯的主客观因素进行评估和分析的基础上，对自己未来的职业进行定位，确立奋斗目标，进而为实现自己的目标采取行动，制订相应的计划，合理地安排好每一个步骤的时间、措施和方向。

当前高校毕业生的双向选择、自主择业的就业模式使得大学生必须要长远设计自己未来的发展方向，尽早开展职业生涯规划，确立自己的职业奋斗目标，不断提高自己主动适应社会的能力，提升自己的职业胜任力，从而为成功步入社会，实现自己的社会价值和人身价值做好准备。

(二)职业生涯发展阶段理论

现代职业生涯发展理论，根据人的生命周期和不同年龄段所面临的主要任务，将职业生涯分为成长、幻想、探索，进入工作角色，职业生涯初期，职业生涯中期，职业生涯后期五个阶段。职业发展的每一阶段以及每一个阶段的前后期之间都有着密切的联系，它们共同决定着未来职业的发展趋势。

二、大学生职业生涯规划的特点

(一)职业生涯规划普遍缺乏

开学了，又一批的新生步入“象牙塔”，在高中阶段饱受“折磨”后，一些新生计划大学一、二年级先轻松一下，到大三、大四年级再努力也来得及。但回顾最近几年大学生毕业时的情形，看到更多的是毕业生们找工作时的慌乱、艰难、没有工作经验、知识储备不足、英语不够好、自我定位不够准确等，对大学毕业生就业产生了很大影响。

很多大学生在被问及关于规划职业生涯这个问题时，都觉得在目前严峻的就业形势下，工作应“随行就市”，考虑职业生涯规划这个问题显得很不现实。在这样的氛围下，大学生对待工作的态度越来越现实，谁出的价高、谁的工作轻松就去谁那儿，找工作很少与自己的理想兴趣结合在一起。一位学生自嘲地说，小学时梦想自己当一名科学家，中学时想当个叱咤风云的企业家，大学时想进入一个一流企业当白领，毕业找工作时只想能在大城市混口饭吃就行了。

延伸阅读

湖北师范学院大学生职业生涯规划大赛

由湖北师范学院毕业生就业指导中心主办，职业发展协会和创业协会承办的湖北师范学院大学生职业生涯规划大赛目前已经成功举办了两届。大赛采用初赛和决赛的方式进行，初赛由各院系自行组织并推荐优秀者参加校级决赛，通过比赛，为大学生了解自己、清晰定位提供了重要的科学依据。

该大赛的目的在于帮助大学生尽早树立竞争意识、危机意识、职业规划意识，引导大学生学会科学定位自己的发展方向，做好职业生涯规划；在努力学习文化知识的同时，发掘自身的潜力，提高自己的就业竞争力和综合素质；不断丰富实践经验，积极应对社会变化，从容面对日趋激烈的就业压力，化“被动就业”为“主动择业”，赢在职场起跑线。

(二)职业生涯发展目标不明确

有的大学生对自己的学业进行规划时，发现不喜欢所学专业，但又没有找到自己喜欢的专业；希望将来能成就一番事业，但是找不到成就事业的专业方向。很多学生经常自问：“我到底喜欢什么？”“我能做好什么？”这些现象的产生，究其原因，就是大学生在入学前的自我认识、自我探索不够。高考填报志愿时，很多学生由家长、老师代劳，在进行专业选择时，没有充分考虑自己对所报专业的兴趣，没有深入思考自己到底适合做什么，以至于出现有些学生学习目的不够明确、学习动力不足，有的学生甚至沉迷于和学业无关的事情不能自拔，导致大学生因学习成绩不合格而被迫退学的现象时有发生。

(三)生涯发展长期目标与所学专业的相互冲突

有些大学生的专业兴趣不在被录取的专业上，而是喜欢其他专业。就其本专业来说，该生应该完成规定的学习任务才能够取得毕业资格，而兴趣与爱好又会指引该生将很多精力放在与所学专业关系不大的领域里。处于这种状态下的大学生，会感到无从抉择、无所适从，甚至出现被分数线很高的专业录取的学生因不喜欢该专业而要求退学的现象。

(四)生涯发展短期目标与专业学习的冲突

有些大学生不能分清主次,随波逐流。如看到别人参加社团活动锻炼综合能力,自己在一入学时就参加了几个甚至十几个社团,一学期下来,由于忙于各种社团活动,在学业考试时没能取得自己期望的成绩;有的学生干部没能处理好学习和学生工作的关系……这些问题的出现主要是学生不能够将目标系统化,主次不清,没有一个逐步实现各种目标的计划。

三、大学生涯阶段目标及任务

尽管对于大部分大学生来说,求职面试是在大学四年级才开始的,但实际上考虑自己未来的发展方向很早就应该开始。大学四年时间宝贵,每年都应该有一定的目标和任务,并选择需要采取的方式和途径。大学生在校期间的生涯规划大致可以分为以下四个阶段:

(一)大学一年级——专业认识与职业探索

大学一年级新生刚刚走进大学校门,需要学习很多东西,其中最重要的莫过于专业了。无论所学的是当初自己选择的专业,还是调剂到现在的专业,当你开始学习时,都会发现与自己当时设想的不尽相同,这就有一个对专业重新认识的过程。大学里专业知识的学习,重在培养学习能力,这是将来职业选择时的坚实基础。

在大学一年级阶段,不应只埋头苦读,还要初步了解职业现状,特别是自己未来想从事的职业或自己所学专业对口行业的现状。具体行动可包括多和师哥师姐们进行交流,尤其是向大四的毕业生咨询就业情况。大学一年级学习任务不重,多参加学校活动,增加交流技巧。要学习计算机知识,争取可以通过计算机网络辅助自己的学习。

(二)大学二年级——能力锻炼与职业定向

一年的大学生活,使自己不再像刚进校门时那样迷茫了。这时候可以考虑在大学阶段应该怎样在学好专业课的基础上,结合自己的兴趣和特点,为今后的发展铺垫道路。大学里充满各种机会,有各种比赛,如演讲比赛、辩论赛、职业生涯规划大赛等,有各种协会,如口才俱乐部、教师技能促进会、模拟法庭等,都为大学生发展个人兴趣、提升个人能力、丰富课余生活提供了不少机会。

大学二年级的同学到了应该考虑未来是继续深造还是就业的时候了,通过参加学生会或社团等组织,锻炼自己的各种能力,同时也检验了自己的知识技能;可以开始尝试兼职、社会实践活动,要有毅力,最好能在课余时间里尝试从事与自己期望的未来职业或所学专业有关的工作，提高自己的责任感、主动性和受挫能力；增强英语口语能力，增强计算机应用能力，开始有选择地辅修其他专业的知识以充实自己。

(三)大学三年级——做出决定并参与实践

大学三年级是为自己的决定而努力，实现大学阶段目标的关键时期。这时摆在大学生面前的有几条道路：就业、创业、考研、出国、参军，等等。不论选择哪条道路，也许都不是很容易的一件事情。但无论选择考研还是就业，或是其他，都需要做出决定并付诸实践。

对于选择就业的大学生来说，因为临近毕业，所以目标应锁定在提高求职技能、搜集单位信息等方面：参加和专业有关的暑期工作，和同学交流求职工作心得体会，学习写简历、求职信，了解搜集工作信息的渠道，并积极尝试，加入校友网络，和已毕业的校友、师哥师姐谈话了解往年的求职情况。

决定考研的同学要尽快把自己要考的专业和报考的学校确定下来，准备好考研所用的书籍及参考资料，并多方搜集所考专业、所报学校以及导师的相关信息，写出具体的考研计划，从物质、精神等各个方面都要做好充分的准备。

计划出国留学的同学，可多接触留学顾问，参与留学系列活动，准备TOEFL、GRE等考试，注意留学考试咨询，向有关教育部门索取简章参考。另外，在撰写专业学术文章时，可大胆提出自己的见解，锻炼自己的独立解决问题的能力和创造力。

(四)大学四年级——准备充足并开始分化

大四是自己大学生活总结和收获的时期。找工作的找工作、考研的考研、出国的出国，此时是关乎自己前程和发展的重要阶段，不能犹豫不决。这时，求职的同学可先对前三年的准备做一个总结：首先，检验自己已确立的职业目标是否明确，前三年的准备是否充分；然后，开始申请工作，积极参加招聘活动，在实践中检验自己的积累和准备；最后，预习或模拟面试，积极利用学校提供的条件，了解就业指导中心提供的用人单位信息、强化求职技巧、进行模拟面试等训练，尽可能地在充分准备的情况下进行实战演练。

四、大学生职业生涯规划制定

科学合理的职业生涯规划是每一个大学毕业生顺利就业要做的必需工作，也是每一个大学生职业生涯发展过程中的必然要求。每一个大学生都应该知道自己适合做什么，应该做什么，以及怎样实现自己的目标。机会只垂青有准备的人，要想在职业竞争中脱颖而出，大学生就应该尽早着手职业生涯规划。

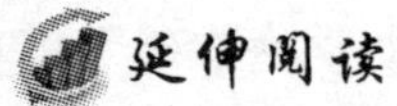

延伸阅读

大学生职业生涯规划的模式——五个"WHAT"模式

很多专业的职业咨询机构和心理专家在进行职业咨询、规划时通常会采用五个"WHAT"的"归零思考模式",从提出"你是谁"的问题开始,一路追问下去,一共是五个问题——①What are you? ②What you want? ③What can you do? ④What can you support you? ⑤What you can be in the end? 回答了这五个问题,找到了它们的最高共同点,也就有了自己的职业生涯规划。对于第一个问题的思考——我是谁?应该对自己进行一次深刻的反思,把优点和缺点都一一列出来。第二个问题——我想干什么?是对自己职业发展的一个心理趋向的检查。每个人在不同阶段的兴趣和目标并不完全一致,有时甚至是完全对立的,但会随着年龄和经历的增长而逐渐固定,并最终锁定自己的终身理想。第三个问题——我能干什么?则是对自己能力与潜力的全面总结。一个人的职业最根本的还要归结于他的能力,而他的职业发展空间的大小则取决于其潜力。对于一个人潜力的了解应该从几个方面着手去认识,如对事的兴趣、做事的韧性、临事的判断力以及知识结构是否全面、是否及时更新等。第四个问题——环境支持允许我干什么?这种环境支持在客观方面包括本地的各种状态,比如经济发展、人事政策、企业制度、职业空间等;人为主观方面包括同事关系、领导态度、亲戚关系等,两方面的因素应该综合起来看。明晰了前面的四个问题,就会从各个问题中找到对实现有关职业目标有利或不利的条件,列出不利条件最少的、自己想做而且又能够实现的职业目标,那么对第五个问题的思考——我的最终职业目标是什么?答案就比较明晰了。这一模式对大学生进行职业生涯规划能起到指导作用。

(引自"大学生成才网",www. dxscc. com)

(一)认识自我

自我认识就是要对自己作出全面的分析,主要包括对个人的需求、能力、兴趣、性格、气质、能力等的分析,全面认识自己的优势与不足,以确定自己具备哪些能力以及什么样的职业比较适合自己。

在职业生涯规划中,可以通过职业测评,结合学生的社会生活实践,帮助学生正确认识自己的职业取向,了解自己的职业兴趣。我校大学生就业服务中心已购买并使用由国家劳动和社会保障部劳动科学研究所、清华大学就业中心和北森盛世科技有限公司联合开发的职业测评软件——职前网络学堂和职业测评和导航系统，网址为 www. jygz. hbnu. edu. cn，会帮助学生准确了解自己的职业性格类型和职业兴趣，更好地认识自我。

(二)了解社会

通过与父母、亲戚、朋友、老师、同学的沟通，了解他们对自己的看法与期望，了解社会就业形势和社会对人才的相关要求，从而认识社会环境对人才和职业发展的影响，增强自己的社会责任感。在此环节中，对于社会的了解主要有以下几个部分：①社会政治经济发展现状及发展趋势；②社会职业发展状况；③社会职位设置状况；④与大学生就业相关的法律及政策规定；⑤社会对于人才的素质要求。

(三)确立目标

每一个人都应该知道自己现在和将来要做什么。对于职业目标的确定，需要根据不同时期的特点，依照自身的专业特点、工作能力、兴趣爱好等分阶段制定。职业目标的选择并无定式可言，关键是要根据自身实际，适合于自身发展。值得注意的是，伴随现代科技与社会进步，个人要随时注意修订职业目标，尽量使自己的职业选择与社会的需求相适应，只有跟上时代发展的脚步，适应社会需求，才不致被淘汰出局。

另外，大学生在确定职业目标的时候，也要分清楚长期目标与短期目标。长期目标一般是未来职业规划的较高点或顶点，但要细化至具体的阶级工作目标，如毕业后进入省内外著名中小学从事教学工作等。短期目标设立一般是指素质能力的提高或通过考试获取相关证书等。只有通过不断地实现短期目标，才能一步步实现自己长期的职业目标。

(四)自我评估与环境评估

自我评估的目的是认识自己、了解自己。只有认识了自己，才能选定适合自己发展的职业生涯路线，也才能对自己的职业生涯目标做出最佳选择。自我评估包括对自己性格、兴趣、特长、学识、技能、思维、道德水准以及社会中的自我等进行客观的评价，要求将自我认识和他人评价相结合。

环境评估主要是评估各种环境因素对自己职业生涯发展的影响，主要分析社会环境、职业环境和组织环境。每一个人都处在一定的环境之中，离开环境便无法生存与成长。所以，在制定个人的职业生涯规划时，要分析环境条件的特点、环境的发展变化情况、自己在环境中的位置、环境对自己的要求以及环境对自己有利和不利的因素等。

(五)选择职业生涯路线，设定职业生涯目标

职业选择的正确与否，直接关系到人生事业的成败。在选择职业的过程中，要考虑性格与职业的匹配、兴趣与职业的匹配、特长与职业的匹配、内外环境与职业的适应等问题。良好的职业选择是以自己的才能、性格、兴趣、环境等信息为依据进行的,适合自身特点是毕业生就业的着眼点。社会上的职业多种多样,不同的职业对从业人员的知识、技能、素质的要求不同,而且毕业生的自身条件也不一样。所以,大学生对职业的选择,一方面要从社会需要出发,另一方面也要考虑自身的实际情况,扬长避短,做到人尽其才、才尽其用。

选择职业生涯路线时应把握四条原则:择己所爱、择己所能、择世所需,并在保证了前三个原则的基础上,追求就业收益的最大化,也就是择己所利。在目标设定上,应根据主客观条件来设计,目标不可过高或低,同时还要把长远目标与短期目标结合起来,并通过不断实现短期目标来最终实现长远目标。

(六)制定实施措施

确定了职业生涯目标后,行动是关键。而在行动前,需要制订一套周密的行动计划并辅以考核措施,以确保目标的实现。这里所说的行动是关键,指落实目标的具体措施,包括教育、培训、实践等方面的措施。

实施措施制定的过程,就是自我约束和自觉实施生涯规划的过程。大学生根据自己的总体目标,宜采取链条分解法逐层分解,将总体目标分解成一个个具体目标,在每一学年、每一学期甚至每一个月都有自己的小目标,然后根据具体的小目标,采取相应的具体措施步步落实、一一实现,最终完成总体目标。

(七)反馈与修正

社会环境的巨大变化和一些不确定因素的存在,会使原来制定的职业生涯目标和规划有所偏差,这时需要对职业生涯目标与规划进行评估并作出合理的调整,从而进一步加深对自己的专业、对自身素质的发展变化,以及对社会就业市场的变化的认识,结合大学生综合素质测评和父母、同学、朋友、教师的评价,对自己的职业生涯规划进行分析评估,及时调整奋斗目标及其实施措施,使之符合自身发展和社会发展的需要,靠科学的选择和不懈的努力找到适合自己的发展道路。

第二节 大学生择业的心理准备

一、择业心理概述

人的一生中有两次最重要的选择,那就是择偶与择业,选择恰当与否都是关乎一辈子的事情。择业就是选择职业，随着我国高等教育体制的改革，大学生已走上自主择业的道路，怎样择业、就业、创业，成为高校、家长和学生关注的焦点，职业选择就成了人生选择的重要内容。职业虽然各不相同，但它在人们的心目中，一般都具有三个方面的意义。

1. 谋生需要

劳动作为人们谋生的手段，是人类社会的普遍现象，有劳才有得，不劳就无获。中国作为一个发展中国家，我们遵循的就是按劳分配的制度，并辅之以其他的分配形式。很明显，人们劳动的目的之一就是要获取经济利益，所以，有了稳定的工作并投入辛勤的劳动就有了赖以生存的基础。在计划经济时代，劳动与其所获的经济效益受到了人为的抑制而分离，从而大大挫伤了劳动者的积极性。在今天的市场经济时代，劳动逐渐恢复了它的本来面目，职业是人们生活的必需。

2. 社会义务

人们的职业劳动一方面是为了个人的生存需要，但这不是唯一的目的，在更大程度上来说，是为社会的发展与进步尽自己应尽的义务。因为一个人生存所需要的各种生活资料，不可能全由个人自己来完成，需要把自己的个人劳动转变为社会劳动，然后通过劳动成果的互换，在满足自己需要的同时，也满足社会上其他人的需要。因而我们在为自己服务的同时，实际上也在为社会尽责任和义务。

3. 个性发展

人的一生中，职业生活占有举足轻重的地位，它对于人的个性发展意义极大。今天我们特别强调人的个性发挥和拓展，它是一个人一生的价值和意义之所在。相比以前的统招统分，职业意向被忽视，人的个性也因此被扼杀，从事什么样的职业，不在于个人能否有发展，而是要服从国家和组织上的安排。改革开放以后，为了搞活经济，促进人才流动，人们开始注重自己的职业意向，关注岗位与自己的适合度，并努力寻找适合自己专业特长和兴趣爱好的工作岗位，以更好地发挥自己的潜能，这是社会进步的显现。

自 20 世纪 20 年代以来，出现了不少有关职业发展的心理学理论，其中具有代表性的有以下几种：

第一种，心理发展理论。该理论由金兹伯格(Ginzberg，1951)等人提出，他们认为，职业发展如同人的身心发展一样，可以分为若干个阶段，每个阶段都有不同的特点和任务，如果每一个阶段的任务都能够完成，也就达到该阶段相应的目标，人也就会朝着职业成熟的方向发展，因此，职业选择也就从模糊的空想走向现实。这一逐渐成熟的心理过程大体包括职业幻想阶段、尝试阶段和现实阶段。

第二种，自我概念理论。该理论由塞普尔(Super，1957)提出，他认为个人在能力、兴趣、人格等特质上各有差异，每个人在个性特质上也各有所适。职业的选择适应是一种持续不断的过程，这个过程构成一系列的生活阶段——成长、试探、建立、保持和衰退。

第三种，人格类型理论。该理论由霍兰德(Holland，1966)提出，其核心是将职业的选择看成人格特征的表现，并提出了现实型、研究型、艺术型、社会型、管理型和常规型六种人格类型，以及与之相应的职业环境。经多年的研究，这六种职业人格结构模型，被认为具有相当的跨时代的稳定性和跨国家民族的一致性。该理论是迄今为止影响较大的职业心理理论之一。

第四种，职业层次理论。该理论由罗安(Ann Roe)提出，强调人们在职业需求方面普遍具有不断从低层次向高层次追求的心态。他将职业由低到高分为非技术、半技术、技术、半专业及管理、一般专业及管理、高级专业及管理六个层次，并结合不同的职业领域，得出了职业层次分类系统，分为服务、商业交易、商业组织、技术、户外、科学、文化、演艺八类职业，然后再与六个层次相对应，由此产生了不同的职业人群。

二、当前大学生择业的心理特点

择业心理是大学生在择业时，对择业过程中可能出现的各种情况所进行的估计和评价，以及为解决这些问题而建立的某种思想观念和强化某些心理品质的心理活动。大学生在择业关头，心理变化较为复杂，主要表现有以下一些特点：

(一)择业热情高涨

大学生从上幼儿园起，一直到上大学，都在家长和老师的关怀下成长，没有真正地面对社会，因此对即将走向社会充满好奇，非常渴望上班。加之一直以来没有独立的经济来源，全由父母做主，按计划消费，感觉受尽了约束。因此，对马上能够自己上班挣钱，对自己做主做自己喜欢的事充满了向往，认为从此可以放开手脚了，从他们不厌其烦地修改和整理自荐材料上就可以看出这种热情。但由于大学生所处的年龄层还不是非常成熟，对高涨的热情要适当引导，才能使火热的激情带来圆满的结果。

(二)对未来充满憧憬

大学生血气方刚，追求理想，面临毕业，胸中都有一幅宏伟蓝图，既想成就一番事业，也希望能为国家作出贡献，并把二者协调起来，做到尽善尽美。这是学生自己的愿望,也是国家的愿望。美好的蓝图如何去绘就,大学生需要有充分的能力作保证,并且要善于把握机遇,创造条件,克服困难,相信只要心中有远大的目标,就不怕前面的道路有多曲折,一定有能力跨过去。

(三)崇尚双向选择

目前,双向选择的就业机制为大学生求职拓展了择业空间,被广大毕业生肯定。在调查部分学生时有这样一个问题:"如果让你去一个你不喜欢或不适合的工作单位,你将怎么看待?"绝大多数学生认为,那将是一件十分痛苦的事情,这一答案表明大学生择业的自主意识增强了。大学生不仅要乐于参与选择和被选择,更要首先充分认识就业市场的客观现状,不仅要爱一行、干一行,还要干一行、爱一行,全方位地分析自己,最终实现远大的抱负。

(四)择业易冲动

大学生因为年龄的原因,容易受社会热点因素的影响,在择业过程中难免感情冲动。每个时期都有每个时期的职业特点,它随着社会的变化而变化,比如曾经的外企热、机关热、高校热等,随之引起大学生中的经商热、从政热、从教热。在社会因素的影响下,大学生择业的冲动性就更加突出,此时,理智成分减少,功利成分增加,以前是哪里困难哪里去,现在是哪里热门哪里去,对这种盲从带来的隐患要及早认识和克服,避免因一时冲动而留下后患。

(五)心理容易受打击

在择业阶段,大学生经受的考验和磨难比以往任何时候都多,他们面对的不再是熟悉的校园、亲切的师长和同学,而是一个完全陌生的社会,那里既有热情的欢迎,也有冷漠的拒绝。由于社会阅历浅,经历的磨难少,大学生便缺乏相应的自我调节能力,在遇到不如意的时候,心里容易不平静,从择业初的豪情万丈,到受挫后的一蹶不振,这在很多毕业生身上都有所体现。

(六)保守和风险意识并存

当前,仍有一部分毕业生在择业时,缺乏创新意识,害怕冒险,想端"铁饭碗",从每年的公务员考试报考热就可见一斑,这明显是受传统观念的影响,过于保守所致。相比而言,绝大多数毕业生的风险意识在增强,一些个性突出、具有一定知识和技能、社会生存能力强的人,开始进入自由职业者的行列。自由职业作为一种新的社会现象,以其特有的弹性方式,弥补了传统职业结构的空缺,发挥着独特的功能。

(七)机会和实惠心理并重

今天的大学生更讲求实惠,据一项针对毕业生的调查显示,有90%的人把经济收入放在择业的第一位来考虑;同时,入职后能否有足够的发展机会,也成为大学生择业考虑的重点。

三、择业前的心理准备

择业活动是一个复杂的过程，对初次择业的大学生来说，要想择业成功，就必须了解自身的心理素质情况，即自身的气质、兴趣、性格、能力等个性心理特征，对自己有一个实事求是的评价，并根据择业的现实需求，积极调整自己的心态，做好择业的心理准备。

(一)正确地认识现实的就业形势

大学生面对现实，首要的任务是对市场经济条件下的就业机制进行理性的认识，客观地分析当前的就业形势。随着知识经济的到来，发展科学技术成为提高劳动生产率的主要手段，产业结构也发生了根本的变化，大量的劳动力通过人才市场实现转移。在这种转移的过程中，双向选择已被广大的劳动者和用人单位所认同，用人单位根据自身的行业特点来选才，而劳动者也根据自身的兴趣和爱好来择业，这是一种相互认定和相互结合的过程，它不以个人的意志为转移。尤其是随着我国高等教育的普及，每年有数百万的大学生要进入人才市场，相对于市场所能提供的就业岗位，可说是僧多粥少，只有具有较高的知识层次，才有可能比较顺利地实现就业，这也是越来越多的人要考研的根本原因，面临毕业这是要做的第一手心理准备。

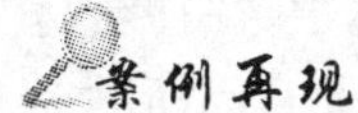

吊在半空只有“啃老”

张文是个本科生，严格说起来，是个与研究生只有一步之遥的本科生。考研的时候，他专业课成绩不错，外语只差1分，本来可以列为3类，可是在二选一的时候，一个排在他后面的人，因为门子硬，将他挤掉，让他领悟到什么是权力。于是，张文下决心考公务员，但是，谈何容易？连考三年，第一年、第二年，明明感到成绩不错，就是没有上线，第三年倒是获得了面试机会，但是不过是多当一回“分母”而已，最终，公务员的梦还是没有实现。可他还是不甘心，不肯脚踏实地去找工作，他认为打工就是“地狱”，成为公务员才是“天堂”，既然与“天堂”也只差一步，那就不能心甘情愿地进入“地狱”。就这样，他将自己“吊”在半空中，不上不下，“天堂”不知何年有望，“啃老”倒是已成现实。

(二)适时地调整自己的理想

数年的寒窗苦读，每个毕业生的心中都有一份美好的职业理想，渴望学好本领，报效祖国，成就自身的事业。这种对未来的美好憧憬，只有在择业后才能顺利实现。而在择业过程中，大学生就会发现，社会现实不是自己所想的那样，很多的条件制约着理想的实现，理想与现实的差距实在是太大，往往是一腔热情遭遇一盆冷水。对此大学生要有充分的思想准备，要不断调整自己的职业理想，使其在一个动态的过程中得以与自身的能力达到平衡。正确的职业理想应当在发展中不断补充，不断完善，使之达到社会需要与自我价值实现的结合，有了这样的心理准备，就能及时主动地调整自己的职业理想，从而顺应社会。

（三）做好面向基层艰苦奋斗的准备

当前，我国各部门正进行全方位的结构调整，企事业单位和机关都在实行减员增效，原先这些单位是接纳毕业生的大户，现在的需求量却是大大减少，有的已人满为患。与此相反，一些国防科技企业、国家重点建设单位、边远地区、艰苦行业又急需人才，为了解决基层人才紧缺的问题，国家号召毕业生到基层去，做艰苦的创业者，为人民服务。古人说："千里之行，始于足下。"任何大事业都要从基层做起，基层是社会的基础，在那里，大学生可以体验到主人翁的责任感，激发出改造落后面貌的热情。扎根基层，是成就辉煌事业的起点。

（四）做好跨专业就业的准备

学以致用，是大学生就业的一个原则，但在实际就业的过程中，往往会碰到专业无市场的状况，面对琳琅满目的招聘信息，就是找不到需要自己所学专业的单位。面对这样的情况，大学生应该在正确认识社会需求与自身竞争条件的基础上，以社会的需求作为自己求职的第一选择，适当降低期望值，先入职，有了立身之地，再寻求发展。即使专业不对口，大学生的可塑性也很大，应该放开思路，勇敢跨专业就业，不要死抱着已学的专业不放，要相信"是金子总会发光"。另一方面这种状况也表明大学生在校期间，需要努力拓宽自己的知识面，使自己成为一个复合型人才。

（五）做好敢于竞争、善于竞争的准备

竞争是市场经济的法则，面对日益激烈的竞争机制，大学生要做好勇于竞争的思想准备。要在正确自我评价的基础上，充分相信自己的实力，敢于通过竞争去达到理想的目标，在心理上准备同"铁饭碗"、"大锅饭"的传统告别。大学生应从社会进步和深化改革的角度来加深对竞争机制的认识，强化自身的竞争意识，自觉地正视社会现实，转变观念，做好参与竞争的心理准备。

大学生既要敢于竞争，也要善于竞争。在求职与择业竞争中，应注意期望

值是否恰当,在求职面试时情绪一定要轻松自如,要做到在面试时仪表端庄,举止得体,给人留下良好的第一印象,这样才能在竞争的大潮中脱颖而出,最终获得用人单位的青睐。

(六)要正确对待挫折

在求职择业中遇到挫折是正常的,切不可因此而自卑。顺境中有自信心不足为奇,逆境中更需要自信心的支持。遇到挫折后应放下心理包袱,仔细寻找失利的原因,调整好目标,脚踏实地前进,争取新的机会。挫折是一种鞭策,它对失败者来说并不是淘汰和鄙视,相反,它能促使失败者振作起来,彻底摆脱"等、靠、要"的就业心态,使自己加快自立自强的转化过程,成为新时代的开拓者。因此,大学生在择业时,要有一定的承受力和忍耐力,不能自乱阵脚。当然,每个人的承受力和忍耐力因个体不同而有所差异,但要做一个成功者,在面对各种不利因素时,能够临危不乱、镇定自若是最起码的素质,只有从容不迫才能为自己赢得时间,慌乱则只会导致手足无措,最终失去机会。

第三节　大学生的就业心理问题及其调适

一、大学生择业心理问题产生的原因

(一)不能正确认识自我

有的大学生过高地估价自己,以为自己是"皇帝的女儿不愁嫁",盲目地把自己和已经成功就业的师哥师姐去比较,认为自己肯定能找到好工作,不必提前自寻烦恼;有的人在就业竞争失败时,对自己的认识又一落千丈,产生自卑心理;有的则过低地评价自己,认为毕业后能找到一份工作就满足了。

(二)不能正确认识社会

有的大学生对社会人才市场的激烈竞争抱有"恐惧"心理,对自己的学历、性别、技能、经验等缺乏自信,容易产生紧张、焦虑、抑郁等心理困扰;有的人负性情绪持续时间较长,直接影响正常的学习、生活和心理健康。

(三)缺乏就业技巧

有的同学在应试中自以为是,过高估计自己的水平,因而在交谈中夸夸其谈、东拉西扯,甚至故意卖弄,给用人单位留下不可靠、做事不沉稳的负面印象。诚实、自信、适度与巧妙的自我表现、机敏的应变能力以及优雅大方的仪表是择业技巧的基本要求。

二、大学生择业中常见的心理问题

社会现象是复杂的，个体对外部世界的了解也不可能全面、深刻。大学生长期生活在一个比较封闭的环境中，其社会生活经历和实践经验相对欠缺，因而在择业过程中难免会出现一些心理问题，从而导致初次求职的不顺利甚至失败。在求职过程中，大学生容易产生以下一些不良的心理问题。

（一）盲目从众

一些毕业生在择业时存在着从众心理，“跟着感觉走”，不顾主客观实际情况，盲目从众。毕业生在择业时，究竟应选择哪个地区、选择哪种职业或者以什么方式选择职业，往往要受到其他人的影响，这对那些自身能力和条件评价不高，或较晚才开始择业的毕业生影响更大。在从众心理的影响下，毕业生在择业时往往缺乏理性思考，忽视了对社会需求和求职单位的了解，忽视了对自己特点特长的分析，结果仓促决策，导致失误。所以，在择业时要尽量避免这种盲目心理的影响，对别人的观点和做法，可以借鉴，但绝不能盲从，要综合分析就业环境和自己的意愿、条件等，做出符合自身实际情况的选择。

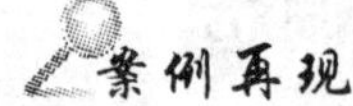
案例再现

思考，而不是盲从

小赵是班里年龄最小的学生，大家都把她当小妹妹看待，学习上特别是生活上经常给予她许多关照，小赵也早已习惯接受照顾。临近毕业，大家都忙着到处参加招聘会、联系就业单位，也经常给她传递各种信息。她不知道自己可以做什么，也不清楚什么单位适合自己。结果经常是好朋友去哪里应聘，她就跟着去；朋友参加什么考试，她也跟着参加，并心想：哪儿要我，就去哪儿呗。

（二）犹豫不决

一方面，有的大学生在择业时谨小慎微，不敢冒风险。这些毕业生考虑到职业选择对于未来人生和工作的重要性，因此在择业时顾虑重重，过于谨慎，缺乏风险意识和风险承受力，从而妨碍了自我推销的有效开展。也有的学生求职时出于求全而慎重，这山望着那山高，也会表现出迟疑犹豫的心态；他们对未来职业利弊的权衡过于挑剔，求稳求全，缺乏果断性，最终亦将妨碍择业的成功。另一方面，有些毕业生在择业时标准很高，既要求单位的地理位置优越，又要求工资与待遇丰厚、工作舒服，还要考虑专业对口，能发挥自己的特长，能得到领导的重用，有发展机会。总而言之，想要鱼和熊掌兼而得之。但往往事与愿违，很难尽善尽美，这种求全心理可能导致毕业生面临择业时，错过良好的就业机会。

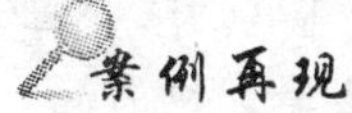

迟疑，拿不定主意

小曾是市场营销专业的毕业生。他发现当前许多企业都需要市场营销人员。在发送了5份求职信等个人资料后，居然有3个单位表示可以和他面谈，分别为一家日本企业、一家合资企业、一家民营企业。按照约定，小曾一家一家地接受面谈。他发现日本人的企业规模大、设备先进、工资还可以，只是经常要加班，节假日有时都要搭上。那家合资企业规定新员工试用期3至6个月，如果没有完成工作指标就要被解雇。民营的这家企业规模较小，老板是自主创业的大学生，管理上相对人性化，但是产品不稳定，资金周转有一定困难。小曾觉得日本企业还不错，但是经常加班，一是太累，影响身体，二是谈恋爱的时间都没了；对于合资企业的营销指标，他认为自己毫无经验，要完成任务太难了，如果完不成，还得重新找工作；民营企业的老板挺好，也是大学生，大家共同语言多一些，但市场竞争这样激烈，它会不会倒闭呢？小曾就这样思前想后，拿不定主意，最终错过了签约的时机。

（三）过度依赖

中国传统教育模式在大学生心中留下了“在家靠父母，在校靠老师，出门靠朋友”的陈旧观念。市场经济大潮下，竞争日趋激烈，于是，“学好数理化，不如有个好爸爸”、“学得好，干得好，不如嫁得好”的观念在大学生中很普遍。这些毕业生往往放弃了主动择业的机会，把自己的命运全部交给了老师、家长或者亲友，自己不主动选择用人单位，也不愿意接受用人单位的选择，放弃了竞争，把希望寄托在别人身上。

依赖心理，其实质是缺乏自信心的一种表现。不相信自己的能力和实力，只相信“关系”、“面子”，只相信别人。要克服依赖思想，关键是要加强自我意识。心理学家埃里克森曾指出：自我是自主的、有力量的实体，自我能决定个性的命运，参与决定个体行为的方向。

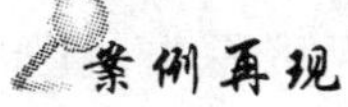

过度依赖而不能自立

小林是父母的心肝宝贝，从上小学起，父母就不让他因家务或生活上的事分心，他的任务就是读书，考出好成绩。高考时他发挥不佳，但还是被一所本科院校录取。大学期间，他的成绩一直很好，只是生活能力较差，连脏衣服都是带回家由母亲洗。现在都大四了，其他同学都忙着找工作，他一点也不着急，因为父母说已经联系好当地教育局，没有问题了，只等时间。面试时，父母双双陪同，一直将其送进面试现场，这种场景令考官瞠目结舌，结果可想而知。

(四)虚荣攀比

大学生在择业过程中常表现出虚荣和攀比心理，正所谓“这山望着那山高，到了那山又不高”。虚荣攀比心理实际上是一种求名心理，有些毕业生择业时不考虑自己的主客观条件，不深入了解职业的内在要求，一心只想找一份“让人羡慕的工作”，往往把注意力集中在社会知名度高、经济效益好的单位；或者只图金钱、只图实惠，只要挣钱多，什么单位都行；或者只考虑区域、工作地点，“宁要大城市一张床，不要小城市三间房”，非京广沪深不去，非沿海发达地区不去，否则就没有“面子”，以这种心态来择业，必然失败。

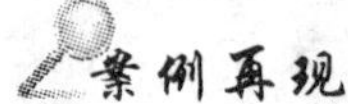

虚荣攀比实在累　死要面子活受罪

小顾是学计算机及应用专业的，开始联系工作时，有两家公司可以选择，一家是当地有名的房地产公司，试用期工资是1500元，转正后可达2000以上；另一家是软件开发公司，名气不大，公司设在远郊，交通很不方便，试用期工资是1000，转正后可达1500元，如果软件设计被采纳，可以提成和获得奖金。小顾本想去软件开发公司，认为这在专业上有很大挑战，但觉得自己老乡同学找到的工作工资都在1500以上，而且单位的名声也比较大，自己去了这样一个小公司，人家会认为自己没有本事，于是进了房地产公司。进公司后才发现岗位的主要任务是打字、数据输入，这样的任务，一般中专生就可以胜任，自己在大学期间学习的计算机网络和程序设计等技能都没有使用的机会，他实在担心所学专业的荒废。

(五)急功近利

在用人单位的收入、待遇目前已经成为毕业生择业时考虑的重要因素。想找到一个待遇较好的单位，当然是一般求职者正常的心理，无可厚非，但如果不考虑自身的发展、能力特长的发挥，只考虑眼前利益，必将走向功利主义的泥潭。

有些同学在择业时过分看重地位，过分看重实惠，一心只想进大城市、大机关，去沿海发达地区，到挣钱多、待遇好的单位，甚至为了暂时的功利宁可抛弃所学的专业，宁可不要工作所在地的户口。这种心理可能会使人得到一些眼前的利益和满足，但从长远发展来看恐怕并非明智的选择。

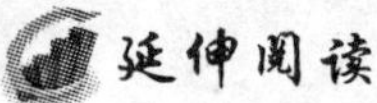

大学生择业显露急功近利心态

在潍坊市人才服务中心举办的招聘会上，记者发现一个怪现象：企业招聘爱用“储备干部”岗位来吸引人才，而大学生在择业时也往往青睐这样的岗位。

在一家化工企业的展台前，挤满了前来投递简历的大学生。这家企业打出的招聘岗位只有一类——储备干部。潍坊职业学院市场营销专业的学生张斌表示，不管怎么样，“储备干部”总比业务员好听多了。该企业的招聘人员告诉记者，不少学生就是冲着将来能当领导来的。在现场，类似招聘“储备干部”的企业还不少。一位负责招聘的工作人员告诉记者，其实企业只是借“储备干部”之名，来满足一些大学生求职时的虚荣心。不论是“储备干部”，还是一般工作人员，在企业中升迁的机会都是均等的，要靠自己的努力。

潍坊市人才服务中心的工作人员表示，一部分大学生争当“储备干部”并不是一个好现象，刚走向社会，不少大学生给自己的定位和期望太高，这其实是一种急功近利的心态。

（六）自卑懦弱

自卑是毕业生中最为常见的一种不良的择业心理。自卑是自我情绪体验的一种形式，是个体由于某种生理或心理上的缺陷或其他原因所产生的对自我认识上的态度体验，表现为大学生对自己能力作出过低的估计和评价，总是自己看不起自己或轻视自己。在择业过程中，这一类大学生缺乏信心，缺乏勇气，不敢去竞争。如部分毕业生学业成绩平平，能力又一般，所学专业又非热门，等等，这些原因导致毕业生自卑，不敢主动面对竞争。自卑是缺乏自信心的一种表现，尤其是在自我意识发展不健全、性格内向的毕业生身上尤为突出。在屡遭挫折之后，一些大学生容易产生强烈的自卑心理，胆小、畏缩，总觉得自己事事不如人。自卑使一些毕业生悲观失望、忧郁孤僻、不思进取并降格选择就业单位，从而阻碍了毕业生聪明才智的正常发挥。

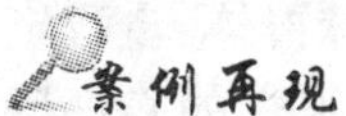

充满信心去面试

小佳是个腼腆的女孩，每次去应聘，都是输在面试上。见了面试官，她就如履薄冰，手脚不知往哪放，头不敢抬，眼睛也不看人，低着头在那等过关。本来平时都能回答上来的问题，面试时由于脑子一片空白，还出现所答非所问的现象，回来后又懊恼不已，自惭形秽。越是这样，就越是严重影响下次面试的心态，小佳由此产生自卑心理，形成恶性循环，慢慢失去了信心。

(七)焦虑恐惧

有的毕业生由于心理承受能力和自控能力较差，当面临毕业时，在各种压力面前心理失衡，难以自控，表现出焦虑、烦躁不安；有的毕业生甚至害怕参与就业，表现出择业恐惧心理。他们可以为小小的得失耿耿于怀，为尚未到来的困难忧心忡忡，既不想迷失自我，又不能勇往直前，对未知的求职单位感到莫名的害怕。有关研究表明，引起毕业生焦虑的主要有：自己的理想能否实现、自己的专业是否受重视、用人单位是否会选中自己、被拒绝了怎么办、选中了却又不能够胜任怎么办，等等。特别是一些学习成绩不佳、学历层次不高的大学生以及女大学生，表现得更为焦虑。焦虑一旦形成，往往是一提择业就心情紧张。一般来说，出现暂时的焦虑并不是什么问题，也不一定会影响择业的成功，相反，有一定的心理焦虑还是有好处的，适度的焦虑可以催人奋进，促使人为自己的前途作全面的规划，但是过度的焦虑恐惧，或时间持续较长的焦虑恐惧则是不可取的，是会妨碍职业选择的。

案例再现

就业焦虑——我们怎么了？我们怎么办？

从去年下半年到现在，只要有招聘会，小张都尽量赶去参加，简历投出去几十份了，可目前一个预约面试的电话都没来。开始时他还有些耐心，可最近一段时间，他饭吃不下，觉睡不好，心里空落落的，坐立不安，满脑子都是想赶快找个工作单位。还有一些同学求职也是屡屡受挫，有的递了简历后，一天要反复查看邮箱好几次，手机 24 小时不敢关，时不时掏出来看看有无未接电话，整天愁眉苦脸的，神情恍惚。

三、大学生择业心理问题的调适

(一)客观认识自己

大学生群体是一个承载社会、家长以及自身高期望值的特殊群体，自我定位比较高，成才期望强，社会对其要求也很高，这使大学生面临很大的心理压力，这种压力随着年级的增高而日益显现，如果处理不当，就会使大学生在择业过程中无所适从。《孙子兵法》道：“知己知彼，百战不殆。”这不仅仅是古代的战术，更是现代大学生求职择业之道：第一，面对择业中的各种矛盾和问题，毕业生首先要正确认识和评价自我，明确自己今后的职业发展方向，从职业发展的角度分析最适合自己的岗位特征和地域范围；第二，深刻反思自己所接受的学校和家庭教育。

1. 了解自己的专业知识、技能

专业技能知识是毕业生在择业中比其他非本专业人员更具有竞争力的一个主要因素。专业知识通常包括基础理论知识、专业技术技能、灵活运用理论知识的能力等。毕业生可以通过自己的学习成绩来衡量自己基础理论知识掌握的程度；通过实验仪器的使用、机器的操作及其他生产实习来认识自己专业技术技能掌握的程度；通过毕业设计或论文完成的情况来评价自己灵活运用本专业基础理论知识的能力。

2. 了解自己的职业气质

气质是指一个人稳定的心理活动的动力特征，是个性特征中的重要因素之一，不仅影响一个人性格的表现，而且在某种程度上会影响性格和能力的形成。不同气质的人适合从事的工作类型也有所差别。

职业气质是说选择一类共同职业的人，往往具有共同的气质特征。每个人的气质都有所长，也有所短，一般来说，胆汁质的人精力旺盛，热情直率，激动暴躁，情绪体验强烈，神经活动具有很强的兴奋性。他们能以极大的热情去工作，克服工作中的困难，但若对工作失去信心，情绪即会低沉下来。此类人适宜竞争激烈，冒险性、风险意识强的职业，如探险、地质勘探、登山、体育运动等。多血质的人活泼、好动，反应迅速，易适应环境，喜欢交往。这类人工作能力较强，情绪丰富且易兴奋，但注意力不稳定，兴趣易转移，对职业有较广的选择范围和机会，适合于从事要求迅速灵活反应的工作，如导游、外交人员、警察、军官等，但不适宜从事单调机械的工作和要求细致的工作。粘液质的人安静、沉稳，情绪不易外露，灵活性不够，比较刻板，有较强的自我克制能力，能埋头苦干，态度稳重，不易分心，不易习惯新的工作，善于忍耐。这类人适合于从事要求稳定、细致、持久性的活动，如会计、法官、管理人员、外科医生等，但不适宜从事具有冒险性的工作。抑郁质的人敏感，行动缓慢，情感体验深刻，观察力敏锐，易感觉到别人不易觉察的细小事物，易疲倦、孤僻，工作耐受性差，做事审慎小心，易产生惊慌失措的情绪。他们适合于那些要求精细、敏锐的工作，如哲学、理论研究、应用科学等行业和机关秘书等。

3. 了解自己的职业或专业兴趣

人的性格特征，主要通过对现实的稳定态度和习惯化了的行为方式表现出来。人们对现实的态度,表现在对国家、集体、他人和自己等多方面,直接影响着职业选择。一个不关心国家发展、社会进步的毕业生,其择业必然带有较大的盲目性。他所表现出的对集体、对他人和对自己的态度,也往往会影响其职业的选择和成就。自私、孤傲、暴躁,不关心他人,无视社会行为规范,不遵守公共道德的人不可能受到社会的欢迎和用人单位的青睐,在未来的职业生活中也不可能有所作为。

性格中对工作和学习的态度,也直接影响职业的选择和成就。工作态度积极、认真负责的人比那些得过且过、马虎应付的人更能选择到适合自己的职业岗位,因为他们的适应面大,选择机会较多,更能展现自己的才能。

性格中的意志特征与职业的选择有密切的关系,缺乏坚强意志的人常常不能顺利地选择职业,今后也难以胜任工作,往往一事无成或成就平平。由于意志薄弱,一遇挫折、困难就产生被动、退缩心理或行为,因而失去许多成功的机会。缺乏坚韧性的人无法从事耐力要求很高的工作,如科研人员、外科医生等,而任性、怯懦、缺乏自制的人也不适宜去做管理和社会工作。美国心理学家霍兰是著名的职业指导专家,他提出了性格类型—职业匹配理论。他认为,学生的性格类型、学习兴趣和将来的职业准备密切相关。他将人的性格分为六种:现实型、研究型、艺术型、社会型、企业型和常规型。现实型的人喜欢有规则的具体劳动和需要基本技术的工作,这类人擅长技能性职业、技术性职业,但往往缺乏社交能力。研究型的人喜欢智力的、抽象的、分析的、推理的、独立的定向任务,这类人擅长科学和技术方面的职业,但往往缺乏领导能力。艺术型的人喜欢通过艺术作品来表达自己的思考和情意,爱想象,感情丰富,不顺从,有创造力,习惯于自省,擅长于艺术、文学方面的工作,但往往缺乏办事能力。社会型的人喜欢社会交往,出入社交场合,关心社会问题,愿为团体活动工作,对教育活动感兴趣,往往缺乏机械能力,但擅长教育工作、社会福利工作。企业型的人性格外倾,爱冒险,喜欢担任领导角色,具有支配和使用语言的技能,但缺乏耐心和科研能力,擅长管理、销售等工作。常规型的人喜欢有系统、有条理的工作,具有安分守己、务实、友善和服从的特点,此类人适宜从事办公室职员、办事员、文件档案管理员、出纳员、会计、秘书等工作。

(二)主动适应社会

随着我国高等教育大众化进程的不断加快,大学生就业的内涵已经发生了很大的变化,大学生的就业呈现出主体性、社会化等特征。毕业生就业的结构性矛盾也日益显现,一方面是用人单位招人难,另一方面是毕业生有业不就,这种结构性矛盾的产生,源于毕业生的主体选择与社会实际需求之间的冲突。由此可见,毕业生就业过程就是毕业生处理个人与社会之间关系的社会化过程,是迈向社会的第一步。观念决定择业,态度决定结果,性格决定命运。因此,毕业生能否顺利就业,取决于毕业生的就业观念能否随着社会的不断发展而变化,主动作出适应性调整。树立正确的就业观,须处理好个人与社会的关系,每个大学毕业生都应自觉遵循服从社会需要的原则。

(三)增强就业能力

1. 增强就业心理能力

良好的心理品质和健全的人格特征是成功就业的基础和保障,在大学生就业心理素质教育中,应注意以下人格特征的培养:乐观自信、积极进取、善于合作、谦虚礼貌、自立自强、耐挫性高、自控力强、善于调节自己的情绪等。

2. 科学规划职业生涯

职业生涯规划和职业发展观念可以帮助大学生确定自己的人生轨迹。职业生涯是指个体职业发展的历程,一般是指终生经历的所有职业发展的历程。科学地将其划分为不同的阶段,明确每个阶段的特征和任务,做好规划,对更好地从事自己的职业、实现人生目标来说非常重要。

3. 构建合理的知识结构

构建合理的知识结构,就是根据职业和社会发展的具体要求,将已有知识科学地重组,建构合理的知识结构,最大限度地发挥知识的整体效能。合理的知识结构是满足现代社会职业岗位的必要条件,是人才成长的基础,也是求职择业的基本保证。作为新时代的大学生,不仅要掌握尽可能多的知识,同时还应该掌握用于创造更多、更新知识的本领,掌握学习专业知识与提高技能有机结合的方法,根据现代社会的发展需要塑造自己、发展自己,使自己能够不断适应现代社会就业的要求,努力提高就业能力。

参考文献

[1] 黄士华,严志谷主编.大学生就业指导理论与实践[M].北京:中国传媒大学出版社,2010.

[2] 黄士华,严志谷主编.大学生职业生涯规划[M].武汉:湖北人民出版社,2009.

[3] 刘鲁蓉主编.大学生心理卫生[M].北京:科学出版社,2006.

第十章 自家心病自家知 起念还当把念医

——大学生心理困惑及异常心理

我们每一个人身上都存在着所有这些变态的种子,一遇适当的条件就可能发芽生长。

——摘自曾奇峰:《你不知道的自己》

沙鼠的焦虑

在撒哈拉大沙漠中,有一种土灰色的沙鼠。每当旱季到来之前,这种沙鼠都要囤积大量的草根,以准备度过这段艰难的日子。因此,在整个旱季到来之前,沙鼠都会忙得不可开交,在自家的洞口进进出出,满嘴都是草根。从早上一直到夜晚,辛苦的程度让人惊叹。

但有一个现象却很奇怪,当沙地上的草根足以使它们度过旱季时,沙鼠仍然拼命地工作,仍然一刻不停地寻找草根,并一定要将草根咬断运回自己的洞穴,似乎这样它们才能心安理得,才会踏实,否则便焦躁不安,嗷嗷叫个不停。

而实际情况是,沙鼠根本用不着这样劳累和焦虑。经过研究证明,这一现象是一代又一代沙鼠的遗传基因决定的,是沙鼠一种出于本能的担心。老实说,担心使得沙鼠干了大于实际需求几倍甚至几十倍的事。沙鼠的劳动常常是多余的,毫无意义的。一只沙鼠在旱季里需要吃掉两公斤草根,而沙鼠一般都要运四十公斤草根心里才能踏实。大部分草根最后都腐烂掉了。沙鼠还要将腐烂的草根清理出洞。

曾有不少医学界的人士想用沙鼠来代替小白鼠做医学实验,因为沙鼠的个头很大,更能准确地反映出药物的特性。但所有的医生在实践中都觉得沙鼠并不好用,其问题在于沙鼠一到笼子里就表现出一种不适的反应。它们到处找草根,连落到笼子外边的草根它们也要想法叼进来。尽管它们在这里根本不缺草根和其他食物,但它们还是习惯性地不踏实;尽管在笼子里的沙鼠的生活可以用“丰衣足食”来形容,但它们一只只还是很快就死去了。医生发现其死亡原因,是这些沙鼠没有囤积到足够草根。这是受它们头脑中的一种潜意识所决定的，而现实中并没有任何实际的威胁存在。确切地说，它们是因为极度的焦虑而死亡，这是一种来自自我心理的威胁。

这就很是类似我们现代人了。在现实生活里，常让人们深感不安的事情往往并不是眼前的事情，而是那些所谓的"明天"和"后天"，那些还没有到来或永远也不会到来的事。一般人的当下都是有吃有穿，不愁什么的，甚至没有任何事情能在当下威胁人们，但人们总是为了将来的所需和将来会如何而发愁，这种担心令人感到深深的不安。

这也正像医学界的实验所一再证明的那样，焦虑是使人寿命减短的最大因素之一。因为焦虑与抑郁、紧张和惊恐是互相联系的，它们对人类的伤害超过了许多疾病，人们的许多疾病也都是来自焦虑和紧张。

"活在当下"是先哲们一再告诉我们的名言，因为只有"活在当下"才是最愉快、最幸福、最安稳、最科学的一种活法。

（引自邢群麟:《心理医生讲述的88个心理故事》，中央编译出版社，2008年，第46页。）

过度焦虑只是心理状态异常的表现之一，你所知道的心理学知识，也不过是"冰山一角"。下面，让我们一同踏入探索自身心灵深处之旅。

第一节　心理困惑认知与防治

常见心理问题是指人们在日常学习、生活中经常遇到的导致心理适应不良的问题。它是正常人暂时的心理失调，不是心理疾病；它与思想问题有联系，但不宜笼统地归于思想问题。它的处理以自我调适为主，以他人的心理疏导和专业人员的心理辅导为辅。了解人们常见心理问题的一般表现、类型、成因和调适方法，对于维护心理健康是十分重要的。

一、常见心理问题的特征和类型

(一)常见心理问题的一般特征

1. 心理疲劳

心理疲劳主要表现为:经过紧张的压力事件后感到心慌、心绪不宁，对事物有一种无力应付的感觉。心理疲劳是一种常见的心理现象，一般来讲，在紧张事件消除以后，经过一段时间的休息或心理调节就能康复。

2. 一般性焦虑

焦虑是个体对不确定事件的防御性的身心反映，表现为无明确对象和固定内容的紧张不安、忧心忡忡。一般性焦虑是缘于情境的、暂时的，常会随着事件的结束而消除。但是，如果不确定事件持续作用，而个体不能及时调适，也会出现心理障碍。

3. 一般性抑郁

主要表现为在遭受心理挫折以后，觉得干什么都没有意思，无精打采，疲乏无力，情绪消沉，有一种悲观厌世的感觉。

4. 自我关注

在心理正常的情况下，人们关注的是他周围的世界，对外界有无穷无尽的兴趣。出现心理问题的时候，人关注的是自己：为什么自己会遇到这样的问题，自己心理的问题如何才能解决……个体对此感到困惑，但又找不到答案，因而感到非常痛苦。

5. 心理固着

心理固着是指个体在相当时期内为某种想法所困扰，不知如何处理，又无法排解的心理现象。在心理正常的情况下，人的心理活动的中心是不断变化的，即会随着情景的变化而思考不同的问题，但在出现心理问题的时候则表现为在不同的情景中往往总是在思考同一个消极的问题，产生消极的心理体验。例如，遇到挫折后就反复想我为什么会遇到这样的问题，出现这样的问题就完了，等等。

（二）常见心理问题的类型

1. 适应问题

案例再现

某男，19 岁，入校刚刚满一个月。在来大学之前，高中时代的他一直是受人注目的出色学生。他希望自己来到现在的大学能够充分地发展自己，展示自己。可是，自从进入大学以来，就发现自己不再像以前那样处处出色了；学习状态不理想，尤其在高等数学的学习方面很吃力，而且不再担任任何学生干部职务；与周围的同学的交往也不是很愉快，情绪经常波动，很不稳定；并且，由于自己的家庭经济状况很差，还常常担心自己不能顺利完成学业。因此，产生了许多心理上的矛盾和困惑。

案例解析：

该来访者的问题属于大学新生适应期的心理问题。该生在以前的学习环境中处于强者的位置，是受人瞩目的焦点，与自己在大学学习中处于弱者的位置，甚至需要别人帮扶的境况相比，形成了巨大的心理落差。强烈的自尊心与自卑感产生了尖锐的矛盾冲突，这是他出现情绪波动、心理失衡的主要原因。

人们在日常生活中经常要面对新的情况，扮演新的角色，执行新的任务，适应新的环境，这一过程会带来许多心理问题，包括新生入校后的心理适应、在校期间角色变化的心理适应、日常行为习惯的心理适应、任务转化中的心理适应、对社会环境的心理适应、毕业时的心理适应等问题。其中以新生到校一周后至两个月之间心理上的不适应表现得最为集中、最为明显。

2. 自我意识问题

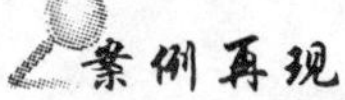

小刚，大学一年级时，与一女生恋爱，但该女生父母因小刚身高只有一米六而强烈反对，小刚因此失恋了。从此以后，他便痛恨自己的身体矮小，埋怨自己的遗传基因为什么这么差，不应该带着这“二等残废”的躯体来到这世界上，认为自己这一辈子无法找到理想的对象。于是，他经常情绪低落，自怨自艾。一次，他偷偷服下过量的安眠药自杀。

案例解析：

该案例中，小刚存在的严重自卑问题在一定程度上反映着大学生“自我认同的烦恼”。

著名心理学家艾里克森曾说过，每个人个性的发展具有明显的阶段性，都要受社会文化的制约。在青年的自我发展中，既存在着自我认识、评价与实际情况之间的差距，同时又存在着理想自我与现实自我的差距。这不仅反映了青年对理想自我的追求和对自尊、自强的渴望，同时也预示了他们将经历很多的困难和挫折。心理学研究结果表明，理想自我与现实自我之间的过分失调往往是青年产生心理问题的重要原因。如何协调理想自我与现实自我的差距以及如何正确看待自己，将是青年面临的一个非常重要的课题。青年自我意识问题主要表现为以下相互矛盾的倾向：过度的自我接受与过度的自我拒绝；过强的自尊心与过强的自卑感；自我中心与从众心理；过分的独立意识与过分的逆反心理。其中，最有代表性的是自卑心理。

3. 人际关系问题

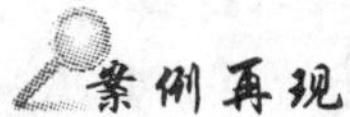

小A与小B是某美术学院大三的学生，同住一间宿舍，入学不久两人便

成了形影不离的好朋友。小A活泼开朗，小B性格内向、沉默寡言。小B逐渐觉得自己像一只丑小鸭，而小A却像一位美丽的公主，心里很不是滋味。她认为小A处处都比自己强，把风头占尽了，开始常以冷眼对待小A。大学三年级，小A参加了学院组织的服装设计大赛，并得了一等奖，小B得知这一消息先是痛不欲生，而后妒火中烧，趁小A不在宿舍之机将小A的参赛作品撕成碎片，扔在小A的床上。小A发现后，不知道怎样对待小B，更想不通小B为什么要这样对待自己。

案例解析：

小A与小B从形影不离到反目成仇的变化令人十分惋惜。引起这场人际冲突的根源，关键是嫉妒。

人际交往以及在交往基础上建立起来的人际关系不仅直接影响着青年的学习和生活，而且直接影响了他们的心理健康。因为人类的适应，最主要的是人际关系的适应，人类的心理障碍主要是由人际关系失调而引发的。良好的人际关系使人获得安全感和归属感，得到支持与理解，给人精神上的愉悦和满足，促进人的心理健康；不良的人际关系使人感到压抑和紧张，承受孤独与寂寞，身心健康就会因此受到损害。人际交往问题主要表现为缺少知心朋友、与个别人难以交往、与他人交往平淡、感到交往有困难、社交恐惧、不想交往等，其中孤独和猜疑是影响人际关系的重要因素。

4. 学习心理问题

案例再现

某女，19岁，大学一年级。自幼学习上进，记忆力较强，深受老师的器重。在中学学习阶段，每逢市里的一些学科竞赛，学校都推荐她参加。这让她的精神压力很大，她本人对数学兴趣不浓，但是老师仍然很看重她，她自己也认为这是一种荣誉，是学校和老师对自己的器重，也不好违抗。有次竞赛，她考前一夜没睡，在考场上脑子很乱，原来复习过的内容也想不起来了，急得浑身出汗，心慌意乱，勉强交了试卷，成绩可想而知。从此以后她出现了睡眠障碍。

考上大学以后，她的第一学期期末考试数学不及格。在中学学习时数学就不是强项，对数学不感兴趣，因而报考的是社会科学专业，没想到这个系也要学习数理统计，而且数学和统计学在大一、大二两个学年都要学，这就给她带来了沉重的心理负担。每到期末考试临近的复习期间她就开始紧张焦虑，还伴有严重的睡眠障碍。

案例解析：

该案例是以考试焦虑为中心的心理障碍，伴有睡眠障碍，主要是由于心理负担太重，使案例中的女生情绪一直不能平静，反而更影响了复习的效果。

学习是大学生的主要任务，也是大学生活中的主要内容。完满地完成大学期间的学习任务，扎实掌握系统的专业知识，这是每一个大学生都希望实现的愿望。但在现实生活中，几乎所有的学生都或多或少地受到过学习问题的困扰。有的学生缺乏学习动机，总觉得对学习提不起劲来，对学习没有兴趣，拖拉、散漫；有的学生在学习中缺乏自信，总觉得自己不如别人，认定自己不是读书的料；有的学生意志薄弱，制订了学习计划却总也不能执行，或者一次没考好就灰心丧气、一蹶不振。此外，缺乏正确的学习方式方法也是一个重要问题，有的学生花了大量的时间在学习上成绩却并不理想；还有一些出现记忆力减退、注意力不能集中，考试时容易过分焦虑等问题，这些都是大学生经常遇到的学习困扰。

5. 性问题

案例再现

我今年21岁，是一名大三的男生。平时性格比较内向，不善于与人交往，从没有和哪个女孩子特别亲近。然而不久前做了一个梦，梦中居然和别人发生了性关系。梦醒后我愧疚不已，感到犯了乱伦的罪过，无颜面对他人。后来又做了一个梦，梦中和班上的女团支书发生了关系，潜意识中似乎在证明什么。我不相信自己道德如此败坏，竟这样下流无耻，担心团支书因此受到伤害，以至于不敢面对她，强烈的罪恶感使我不能安心学习，担心自己要变成性犯罪分子，有时还怀疑自己是不是得了精神病，为什么会如此不正常。心理的负荷使我不敢入睡，生怕“旧梦重温”，万般苦闷中的我向你们求助。

案例解析：

使这名大学生苦恼不已的梦称为性梦。这名大学生之所以不能自拔的原因是荒诞怪异的梦中性行为使他产生了强烈的内疚心理，以至于怀疑自己，害怕睡觉。

大学生常见性问题包括性意识困扰、性行为心理困扰、异性恐惧等。常见的性意识困扰有被异性吸引、常想到性问题、性幻想及性梦等表现。其中，“常想到性问题”是指在遇到有吸引力的异性时想到与对方有关的性意念、裸体表象、性感部位及体验到自身性冲动等，或是在阅读与性有关的书刊时，产生对性的臆想等。“性幻想”通常表现为在某特定因素诱导下，“自编”、“自导”、“自演”与异性交往内容有关的联想。性幻想可导致生理上的性兴奋、性器官充血，也可偶尔出现性高潮。“性梦”是进入青春期以后的梦中出现与性内容有关的梦境，一般认为与性激素达到一定水平和睡眠中性器官受内外刺激及潜意识的性本能活动有关。性梦中可以伴有男性遗精、女性性兴奋等。以上三种情况是性冲动的间接发泄形式，属于正常的心理、生理现象。但由于认识的偏差，常常造成大学生的性意识困扰，导致他们出现不同程度的心理冲突，表现有焦虑、厌恶及内心不安、恐惧、自责等。严重的可出现失眠、注意力不集中、情绪抑郁、不愿与人(尤其是异性)交往，并常陷入焦虑、矛盾、困惑和苦闷之中，从而会影响其日常工作和生活，甚至会干扰自我的正常发展。

二、常见心理问题的成因分析

(一)早期经验与家庭环境

许多心理学家都相信，个体的早期经验对其心理的发展起着十分重要的作用，而早期经验又与个体的家庭教育和生长环境密切相关。研究表明，那些在单调、贫乏环境中成长的儿童，其心理发展受到阻碍，并且潜能的发展遭受抑制。儿童早期与父母的关系以及父母对儿童的态度也是影响个体心理健康的重要因素。这种早期母婴关系乃至稍后的儿童与父母的关系对个体以后的人际关系和社会适应有着很大的影响。儿童如果能够在早期与父母建立和保持良好的关系，对其以后的社会适应和人际交往有着积极的促进作用。相反，如果儿童在早期不能建立这种与父母的亲密关系，或者早期与父母分离等，都会对他们以后的成长产生消极的影响。在个体的早期发展中，父母的爱、支持和鼓励容易使个体建立起对最初接触者的信任感和安全感。而这种信任感和安全感的建立保证了子女成年后与他人的顺利交往。而儿童早期的这种信任感和安全感的缺乏会随着儿童的成长发展逐渐形成一种孤独、无助的性格，导致其难以与人相处，因此容易产生心理问题，特别是人际交往方面的障碍。同时，对子女的过分保护和过分严厉，也同样会影响他们的独立性以及自信心的发展。这样的个体在以后的发展中也会增加压力，出现过分的依赖或过分的自我谴责。对高校学生心理健康研究的有关资料也表明，学生早期的家庭环境和教育情况与其心理健康有明显的相关性。

(二)生活事件

生活事件指的是人们在日常生活中遇到的各种各样的社会生活的变动，

如结婚、升学、亲人亡故等，生活事件不仅是测量应激的一种方法，也是预测心理健康的重要指标。例如，大量的研究结果表明，即使是中等水平的应激事件，如果它连续发生，它们对个体抵抗力的影响的累加，最终也可能导致心理障碍。对生活事件与心理健康之间的关系进行解释时，一般都认为由于生活事件的产生，增加了个体适应环境的压力，换言之，个体每经历一次生活事件，他都要付出精力去调整由于这一事件的发生所带来的生活变化。当个体在某段时间内遭遇很多生活事件时，生活事件对个体的作用就会累加，心理应激就会增加，从而影响个体的心理健康。

(三)特殊的人格特征

每个大学生都有自己独特的人格特征，这在人与人之间是千差万别的，但其中也有共同的方面，它对人的心理健康有非常明显的影响。由于人们总是依其人格特征来体验各种应激因素并建立对紧张性刺激的反应方式，因此，特殊的人格特征往往成为导致某种心理问题或心理障碍的内在因素之一。例如强迫性神经症，其相应的特殊人格称为强迫性人格，其具体表现是谨小慎微、求全求美、自我克制、优柔寡断、墨守成规、拘谨呆板、敏感多疑、心胸狭窄、事后容易后悔、责任心过重和苛求自己等。这就是为什么同样的致病因素作用于不同人格特征的人身上可以出现完全不同的结果，而同样的疾病发生在不同人格特征的人身上，其病情表现、病程长短和转化结果也都非常不同。因此，培养健全的人格已成为保证心理卫生、预防心理障碍或精神病症的一项重要任务。

(四)应对方式

当我们面对生活事件的压力时，我们自然会采用一定的方法来应付、对待环境压力。我们采取的方式、方法可以称为事件的应对方式。人们在处理压力性事件时采用的应对方式是不同的，同一个人在不同情况下所用的方法也会有差异。一般来讲，随着心理的成长，人们会逐步形成固定化的应对事件的方式，有时也会多种方式同时应用。一般来讲，策略、随机地应付事件的方式是对事件一种积极的认知和行为反应，亦是心理成熟的标志，而回避、依赖型的处理方式则是对事件的消极认知和行为反应，亦是心理不成熟的标志。

三、心理问题的自我调适方法

(一)心理自动调适法

人类在面临挫折时，常常会调动自身的适应机制，心理学中称之为心理防御机制。心理防御机制力图减少人的焦虑情绪、维持心理平衡，是个体自我保护的心理自动机制，它如同人体生理活动具有保持生理、生化活动相对稳定和平衡的内稳能力一样。心理防御机制的更大价值在于为个体寻找解决挫折更为积极、有效的方法提供时机。常用的心理防御机制有压抑作用、投射作用、文饰作用、补偿作用、升华作用等。当然，心理防御机制需要我们正确认识、适时适度运用，应该看到有些心理防御机制只能起到暂时平衡心理的作用，并不能真正解决问题。心理健康的人是在积极意义上使用心理防御机制，而心理不健康的人总是依赖心理防御机制，其结果是使适应能力日趋削弱、人格和心理发展受到影响。

(二)意义寻觅法

意义寻觅法是一种自我寻找和发现生命的意义，树立明确的生活目标，以积极向上的态度来面对和驾驭生活的心理自助方法。心理学家弗兰克(V. E. Frank)认为："人是由生理、心理和精神三方需求满足的交互作用统合而生成的整体，生理需求的满足使人存在，心理需求的满足使人快乐，精神需求的满足使人有价值感。"对生命和生活意义的探索和追求是人类的基本精神需要，人类所追求的既非弗洛伊德所说的是求乐意志，也非阿德勒所说的是求权意志，而是追求意义的意志。而一些大学生在遭受生活挫折时常常会感到失去了生活目标，对生活的意义感到迷惘，出现"生存挫折"或"存在空虚"的心理障碍，表现出对生活的厌倦、悲观失望或无所适从。专业人员在对美国自杀未遂的大学生进行调查时发现，80%的人是因为"存在空虚"所致；在北美和西欧，前往专科医生处就诊的神经症患者中约有20%有"存在空虚"感，可称之为"迷惘神经症"。弗兰克认为，人生的意义是建立在精神层面的价值感的获得。这种价值感的获得需要寻找，意义寻觅法的核心就是要学会寻找失落的生活目标和价值、建立起明确和坚定乐观的人生态度。

(三)认知调控法

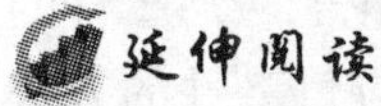

延伸阅读

秀才赶考

有位秀才第三次进京赶考，住在一个经常住的店里。考试前两天他做了三个梦，第一个梦是梦到自己在墙上种白菜，第二个梦是下雨天他戴了斗笠还打伞，第三个梦是梦到跟心爱的表妹脱光了衣服躺在一起，但是背靠着背。

这三个梦似乎有些深意，秀才第二天就赶紧去找算命的解梦。算命的一听，连拍大腿说："你还是回家吧。你想想，高墙上种白菜不是白费劲吗？戴斗笠打雨伞不是多此一举吗？跟表妹都脱光了躺在一张床上了，却背靠背，不是没戏吗?”

秀才一听,心灰意冷,回店收拾包袱准备回家。店老板非常奇怪,问:“不是明天才考试吗,怎么你今天就回乡了?”秀才把算命的话如此这般说了一番,店老板乐了:“哟,我也会解梦的。我倒觉得,你这次一定要留下来。你想想,墙上种菜不是高中(种)吗?戴斗笠打伞不是说明你这次有备无患吗?跟你表妹脱光了背靠靠躺在床上,不是说明你翻身的时候就要到了吗?”

秀才一听,觉得店老板的话更有道理,于是精神振奋地去参加考试,居然中了个探花。

心理问题常伴随情绪反应,情绪反应产生于主体认识到刺激的意义和价值之后,对待同一刺激,不同的评价将会引起不同的情绪反应,所以可以用调整、改变认知的方法调控情绪反应和行为。认知调控方法是指当个人出现不适度、不恰当的情绪反应时,理智地分析和评价所处的情境,理清思路,冷静地作出应对的决策。认知调控的关键是控制与即时情绪反应同时出现的认知和想象,例如当人非常愤怒时,常会做出过激行为。如果此时能够告诫自己冷静分析一下动怒的原因、解决的办法等,可使过分的反应平静下来,并找到恰当的方式解决问题。认知调控方法的原理在于认知对情绪有整合作用。认知和情绪分属于大脑不同部位控制,控制情绪的大脑是较原始的部分,控制认知的大脑是在情绪中枢之上发展的新皮质部分。大脑控制的情绪反应速度快,但内容较原始;皮质控制的认知反应稍迟于情绪反应,但其内容更显理智,能够整合情绪反应。

认知调控方法在实际应用时可分为以下两步:首先,分析刺激的性质与程度,人类情绪反应是进化选择的结果,有利于种族的生存与发展,是驱动我们应付环境、即刻反应的本能冲动,虽然伴有认知过程的结果,但即刻的认知往往笼统、模糊,其诱发的反应往往强烈。冷静分析问题所在,可以即时调控过度的情绪反应。其次,寻找多种解决问题的方案,比较后择优而行。情绪引发的即刻反应往往是冲动性本能反应,很多问题其实都有多种可能的解决方案,寻找最佳方法至关重要,而思考是解决问题的前提。

(四)活动调适法

活动调适法是指通过从事有趣的活动,以达到调节情绪、促进身心健康的一类方法,包括读书、写作、绘画、雕塑、体育运动、听音乐、歌唱、舞蹈、演戏、劳动等多种活动方式。活动调适寓心理治疗于娱乐之中,不仅易为人接受,而且易于操作,可以广泛地运用于一般性的心理不平衡和轻微的心理障碍。活动调适法的实质在于用活动的过程来充实空虚的生活，用活动中获得的愉悦来驱散不良的情绪。因此，应当随时把握和利用活动中所提供的有利机遇、信息去发现问题，改变错误的认知，调适不良的情绪，纠正不适应的行为，提高自信心。活动的种类要根据自身的文化程度、原先的个人爱好、兴趣和实际条件来选择。

(五)合理宣泄法

合理宣泄就是利用或创造某种条件、情境，以合理的方式把压抑的情绪倾诉和表达出来，以减轻或消除心理压力、稳定思想情绪。宣泄是一种释放，其作用在于把压抑在心里的愤怒、憎恨、忧愁、悲伤、焦虑、痛苦、烦恼等各种消极情绪加以排解，消除不良心理，得到精神解脱。因此，宣泄是摆脱恶劣心境的必要手段，它可以强化人们战胜困难的信心和勇气。无论是失恋、亲人亡故等很大的痛苦，还是惧怕某人、某种场合等难以说出口而实际上无关大局的行为，通过倾诉或用行动表达出来，实际上是对有碍于身心健康的情绪状态进行自我调节，所以宣泄的过程也是人们进行心理自我调整的过程。

合理的宣泄方法包括“出气室”宣泄、书写宣泄、向人倾诉宣泄三种。

“出气室”宣泄法是指让受挫者在专门建立的软体房间(用海绵和帆布装修)内，室内放些橡皮人和其他不怕摔打的橡胶制品。在这个房间里受挫者可以通过打骂橡皮人、大哭大叫、大唱大跳来发泄自己的否定性情绪。这样，受挫者就会得到一种代偿性满足，因为人的情绪一旦发泄出去，心情就舒畅多了。

延伸阅读

美国加利福尼亚州的圣摩加庄园里有个人叫洛加，此人性格暴躁，动不动就大发雷霆，为了改变自己的脾气，他买来一把短剑，每天都要跑到农庄一角的竹林，花上几小时用短剑砍竹子。竹子韧性大，很不好砍，每次从竹林回来，他都累得大汗淋漓，但奇怪的是，每当这个时候，他的心情就格外平静，他坚持砍了几个月的竹子，便把火爆脾气改掉了。

日本松下电器公司下属的各个企业，均设有“出气室”和用于对职工进行开导的“恳谈室”，他们称之为“精神健康回归乐园”。这种做法能使职工在发泄或恳谈之后心平气和地回归工作岗位，进而创造出一流的产品。

对于那些过度压抑、内向却不愿意宣泄的人，可以运用替代性宣泄法，即通过观察他人的宣泄行为来释放自己的压抑情感。

书写宣泄法是指让受挫者通过写信、日记、绘画等形式发泄自己情绪的方法，但其作品永远是主人的秘密。美国前总统林肯书写"永不发出的信件"的方法被人们公认是消除怒气和烦恼的良方。美国心理学家詹姆斯·彭尼贝克在一系列实验中让受试者表达出最使他们苦恼的情感，从而取得了良好的治疗效果。他的方法非常简单，就是让受试者连续5天左右，每天都花15分钟或20分钟写出"一生中最痛苦的经历"，或当时最让自己心烦意乱的事情，受试者写出的东西可自行处理，或销毁或保留悉听尊便。这种自我表白的效果惊人：受试者的免疫力增强了，随后半年里患病的次数大大减少，在工作岗位上因病缺勤的天数也减少了，甚至肝功能也得到改善。而且，受试者对其痛苦情绪越是无保留地表白，其免疫功能的改善程度就越大。此外，研究发现用书写宣泄法发泄愁闷情绪的最佳方式是先把悲伤、焦虑、生气等情绪统统表达出来，接着再花几天时间把它们写在纸上，最后从心灵的痛苦中找寻出某些有意义的东西。

向人倾诉宣泄是心里有问题和积怨时，找亲人、朋友或领导尽情地倾诉出来的发泄方法。倾诉对象一般是最亲近、最信赖、最理解自己的人，否则就不能无所顾忌地畅所欲言。在倾诉的过程中，发泄者可能因情绪激动、过度悲伤等因素，说话唠唠叨叨，词不达意，说过头话，甚至发牢骚，对此，倾听者要给予理解、同情和安慰，并适时予以正确引导。

(六)身心放松法

放松训练是为达到肌肉和精神放松的目的所采取的一类行为疗法。人的生理活动与心理活动密切相连，放松训练就是通过肌肉松弛的练习来达到心理紧张的缓解与消除。研究证明，放松训练所导致的松弛状态，可使大脑皮层的唤醒水平下降，通过内分泌系统和植物神经系统功能的调节使人因紧张反应而造成的生理心理失调得以缓解并恢复正常。放松训练对于缓解紧张性头痛、失眠、高血压、焦虑、不安、气愤等生理心理状态较为有效，有助于稳定情绪、振作精神、恢复体力、消除疲劳，对增强记忆、提高学习效率、增强个体应付紧张事件的能力也有一定效果。

放松训练的方法有许多种，这里简要介绍五类简便易行的放松训练法。

1. 一般身心放松法

常用的身体放松的方法有做操、散步、游泳、洗热水澡；常用的精神放松的方法有听音乐、看漫画、静坐等。哪些人需要放松，何时需要放松，可以通过观察身体和精神状态来确定。从身体方面，可以观察饮食是否正常，睡眠是否充足，有无适当运动等；从精神方面，可以观察处事是否镇定，是否容易分心，是否心平气和等。如果观察后的判断是否定的,就需要进行放松训练。

2. 想象性放松

在指导做想象性放松之前,应先让训练对象放松地坐好、闭上双眼,然后给予言语性指导,进而由他们自行想象。常用的指示语是:“我静静地仰卧在海滩上,周围没有其他的人,我感受到了阳光温暖的照射,触到了身下海滩上的沙子,我全身感到无比的舒适,微风带来一丝丝海腥味、海涛声……”在给出上述指示语时,要注意语气、语调的运用,节奏要逐渐变慢,配合训练对象的呼吸。

3. 精神放松练习法

精神放松练习法就是通过引导注意力集中在不同的感觉上,以达到放松的目的。比如可以指导训练对象把注意力集中在视觉上:静心地看着一支笔、一朵花、一点烛光或任何一件柔和美好的东西,细心观察它的细微之处;集中在听觉上:聆听轻松欢快的音乐,细细体味,或闭目倾听周围的声音;集中在触觉上:触摸自己的手指,按按掌心,敲敲关节,轻抚额头或面颊;集中在嗅觉上:找一朵鲜花,集中注意力,微微吸它散发的芳香,等等。也可指导他们闭上眼睛,试着将生活中的一切琐碎和不愉快的事情忘掉,着意去想象恬静美好的景物,如蓝蓝的海水、金色的沙滩、朵朵白云、高山流水等。

4. 渐进性肌肉放松法

在进行渐进性肌肉放松训练法时,要注意选择不受干扰、温度适宜、光线柔和的房间或室外,让训练对象坐姿舒适。然后引导他们想象最令自己松弛和愉快的情景,并在一旁用言语指导和暗示。指导语是:“坐好,尽可能使自己舒适,并使你自己放松;现在,首先握紧右手,并把右拳逐渐握紧,在你这样做时,你要体会紧张的感觉,继续握紧拳头,并体会右拳、右手和右臂的紧张;现在,放松,让你的右手指放松,看看你此时的感觉如何;现在,你自己试试全部再放松一遍;再来一遍,把右拳握起来,保持握紧,再次体会紧张感觉;现在,放松,把你的手指伸开,你再次注意体会其中的不同;现在,你左手重复这样做。”以上同样的方法再用于放松左手与左臂,接着放松面部肌肉,颈、肩和上背部,然后胸、胃和下背部,再放松臂、股和小腿,最后身体完全放松。

5. 深呼吸放松法

当在某些特殊的场合感到紧张,而此时已无时间和场地来慢慢练习上述的放松方法时,可以采用最简便的深呼吸放松法。这和日常生活中人们自我镇定的方法相似。具体做法是让训练对象站定,双肩下垂,闭上双眼,然后慢慢地做深呼吸。可配合他们的呼吸节奏给予如下指示语:“一呼……一吸……一呼……一吸”,或“深深地吸进来,慢慢地呼出去;深深地吸进来,慢慢地呼出去……”这种方法掌握以后,也可自行练习。

第二节 心理疾病认知与防治

心理疾病,是指一个人由于精神上的紧张、干扰而使自己思维上、情感上和行为上发生了偏离社会生活规范轨道的现象。心理和行为上偏离社会生活规范的程度越厉害,心理疾病也就越严重。心理疾病不同于普通的心理问题,如果说普通的心理问题主要是通过自我调适来解决,那么心理疾病则需要寻求专业部门进行心理治疗和药物治疗。了解一些心理疾病的常识有助于积极预防、及时发现、妥善处理大学生常见的心理疾病。

心理疾病是很普遍的,只不过存在着程度区别而已,而且现代文明的发展使人类越来越脱离其自然属性,污染、生活快节奏、紧张、信息量空前巨大、社会关系复杂、作息方式变化、消费取向差异、在公平的理念下不公平的事实拉大、溺爱等,都使心理疾病逐渐增多并恶化。心理疾病种类很多,表现各异,而且有可能出现更多的以前都没有注意到或已经合理化(公众普遍不认为是心理疾病)的病态现象,随着时代的变化新发现的心理疾病也不少。心理疾病的种类包括神经症、人格障碍、性心理障碍、精神分裂症、心境障碍、应激相关障碍等。

一、神经症的特征及处置

(一)神经症及其特征

神经症是一组由于精神因素造成的非器质性的心理障碍,主要包括神经衰弱、强迫症、恐惧症、疑病症、焦虑症等,是 18 岁到 30 岁的患者临床上常见的心理疾病。神经症一般没有任何可以查明的器质性病变,但又确实有心理异常表现,甚至可以表现得非常严重,不过病人对自己的病态有充分的自知力并能主动求医。一般认为是由于各种心理因素引起高级神经活动的过度紧张,致使大脑机能活动暂时性失调而造成的。神经症患者有一些共同的表现:焦虑情绪、防御性行为、人际关系不协调、躯体不适感等。病程不足 3 个月不能诊断为神经症。

1. 神经衰弱

案例再现

小梅，女，22岁，大四学生。自从上大学后，因为学习任务重、压力大，加上临近毕业要完成毕业论文，经常为完成功课学习到深夜甚至凌晨。近半年来，小梅明显感到脑力不足，思考问题困难，学习效率下降，学习和看书时间超过半小时就注意力不能集中、走神，精力也不如以前充沛，四肢无力。晚上睡觉时久久不能入睡，总是想东想西，曾经按照别人教的"数绵羊"方法帮助睡眠也无济于事。最近一个月来，小梅还出现头痛、背痛、耳鸣、眼花、心慌、消化不良等症状，月经不是提前就是推后。小梅曾多次到神经科、内科、妇科和中医科就诊，但经多方面检查并未发现有什么异常，最后抱着试一试的心理走进学校的心理咨询室。

案例解析：

该案例中的小梅所患的是典型的神经衰弱症状。

神经衰弱是一种以脑和躯体功能衰竭为主的神经症，精神容易兴奋又容易疲劳，容易出现令人苦恼和持续的脑力、体力疲劳，常常感到心情紧张、烦恼，感到困难重重难以应付，可出现情绪的焦虑或抑郁，甚至出现入睡困难、多梦、醒后不解乏、头痛、眼花、月经紊乱等神经症状。神经衰弱主要有以下四个特征：①感情控制能力降低，易激动、易怒、烦躁不安，一点小事就会引起强烈的情绪反应；②睡眠障碍，入睡困难、睡眠表浅、多梦、易惊醒或早醒等；③精神活动功能下降，注意力涣散、记忆力减退、学习工作效率降低；④植物神经功能失调，心悸、胸闷、多汗、食欲不振、易疲劳。

2. 强迫症

案例再现

小杨，男，20岁，大学二年级学生。近一年多来，在报纸上、学校的宣传栏上经常看到刊登如何预防传染病的文章后，上街、上课回到宿舍，他总认为手上有细菌而反复洗手，并认为在外面穿的衣服不能在宿舍再穿，而且不允许同宿舍同学在没有洗手之前接触自己的物品，同学归还的物品也要反复清洗和消毒才放心使用，同学用了他的电脑后都必须反复用酒精擦洗键盘、鼠标，甚至显示器和主机外壳也不例外，以致同宿舍的同学因害怕反复洗手都不敢碰他的东西。他总是被"不洗干净、不消毒就不舒服"的想法所控制，觉得洗了就不会紧张和焦虑，心里感觉放心和舒服。渐渐地，同学与他的距离拉开，不愿与他多交往。小杨知道这是自己的问题，自己这样做太过分，也多次想控制自己的行为，但并不奏效，心里也为此十分烦恼，更忧虑会很快失去同学们的友谊。在同学的劝说下，小杨来到心理咨询室求助。

案例解析：

强迫症是大学生中并不少见的一种神经症，该案例中小杨表现的是强迫行为。

强迫症患者大多有一定的人格偏移，主要是过分追求完美，容易将冲突理智化，过分内省自制、注重细枝末节，不能从宏观上操纵全局，过分循规蹈矩、墨守成规、不知变通，遇事优柔寡断、无所适从，难以做出决定，缺乏幽默感，思虑过多和喜欢钻牛角尖等。它是以强迫症状为特征的心理疾病，是指在患者主观上感到有某种不可抗拒的和被迫无奈的观念、情绪、意向或行为的存在，明知没有必要，但不能自我控制和克服，因而感到痛苦。

3. 恐惧症

案例再现

某女，21岁，大学三年级，美术教育专业。自述自青春期始，与人交流心情紧张，容易脸红，在人多场合不敢发言，轻微口吃，与老师、成年人特别是异性接触时特别紧张，有逃避表现。原打算学音乐，因为不敢上台表演而不得不放弃，改学绘画。依赖性强，因害怕与人交流不敢抛头露面，许多事情要由家人代劳，缺少社交经验。母亲无业，对该生宠爱有加，该生一直以来从不做家务，在家任性。由于与异性交流困难，很想拥有爱情却从未谈过恋爱。

案例解析：

该来访者的症状表现为社交恐惧症。在大学生群体里，有社交障碍的学生并不少见，而在每三个社交障碍者中，就会有一个达到恐惧症程度的学生。这些同学对自己的症状有自知力，明知道自己不应该怕，可就是无法控制，一般都能承认自己有心理障碍。

恐惧症是指对某些事物或特殊情境产生十分强烈的恐惧感，这种恐惧感与引起恐惧的情境通常极不相称，让人难以理解。患者明知自己的害怕完全没有必要，但不能自我控制，恐惧症患者一般女性多于男性，常见的恐惧症有社交恐惧、旷野恐惧、动物恐惧、高空恐惧等。社交恐惧症是恐怖性神经症的一种常见类型，主要表现为害怕自己处于众目睽睽的场所，害怕当众讲话或在社会交往时讲话不流畅，害怕见人会脸红、出汗、发抖，为减轻内心的恐惧和焦虑而出现回避行为,尽管自己知道没有必要回避却无法摆脱,严重影响正常的学习和生活。

4. 疑病症

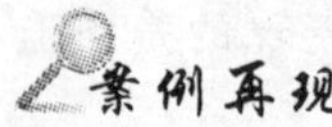

小周,男,22岁,某高校大学三年级学生。半年前的暑假,小周邻居家一位80多岁的老人因病去世,听家人说老人是因心血管疾病而亡。最初小周并不在意,回到学校后,有一次他在体育课上因为运动量过大而跌倒,他十分害怕,担心自己也会患"心脏病"而亡。于是,他多次到心血管内科进行心电图检查,并未发现有心电图异常,医生也保证他不会有心脏病,但他认为医生不负责任,检查不认真,对医生的保证嗤之以鼻。为了证实自己"有病",小周要求进行24小时心电图监测和进行心脏彩超等多项检查,未见异常。但小周仍不相信医生的判断和检查结果,认为医生有意隐瞒病情。为找到自己有病的证据,小周每天数十次地自测脉搏,一旦发现脉跳增快或减慢就认为是"心脏病"发作到医院就诊。为了看病,小周几乎跑遍了所在城市所有的大医院,最后被一家医院心理科诊断为疑病症。

案例解析:

疑病症又称疑病障碍,属于躯体形式障碍的一种类型。该案例中小周担心或相信自己患有某种严重疾病,即使医生反复或再三保证,都不能打消自己的疑虑,对自己身体功能的微小变化,如心跳、呼吸等变化都非常关注,并不自觉地加以歪曲或夸大,从而成为有严重心理疾病的证据。

疑病症患者将注意力大部分或全部集中在自己身上,导致自己的学习、工作和正常的社交活动都受到了严重的影响。他们在病前都过分注重自己的健康,个性固执、谨慎和吝啬,有强迫性的人格特点。疑病症状常常是患者不自觉地希望从家庭或周围人中寻求对自己的注意、关心和同情,同时也作为满足某些欲望的手段。

(二)对神经症的科学态度及处置

神经症是一种轻度的精神疾病,但不是"神经病"。神经病是指由于感染、中毒、外伤、血管病变等原因引起的神经系统的疾病,如脑血管疾病、癫痫等。对神经症患者应给予他们充分的理解和帮助,既要关心又不能过分关注,以免强化他们的疾病意识。神经症患者应该在正常的生活中积极寻求治疗、配合治疗。治疗以心理治疗为主,症状严重者可辅之以药物治疗,同时加强自我心理调节，主动改善个性和认知方式。一般人或多或少都会出现一些不良的心理症状，切不可过于敏感，对号入座，把一般心理问题扣上神经症的帽子，造成自己惶惶不安。神经症的结论必须由专业人员来下，自己不要随便贴标签。

二、人格障碍、性心理障碍的特征及其处置

(一)人格障碍及其特征

案例再现

陈某，男，22岁，大学三年级学生。自幼固执、倔强，从不听人劝告，总自以为是。无论是在读小学、中学时还是现在，总认为自己是最杰出的，任何困难对于他而言都轻而易举。小陈特别容易冲动，丁点小事都能令他大发雷霆甚至出现攻击行为。自中学开始，周围的人就发现他敏感多疑，不信任任何人，在与他打交道时都特别注意和小心，否则就会被他认为不友好或有意刁难他。而且他心胸特别狭窄，容不得半点善意的批评或指正，对学习比他好的同学十分妒忌，总说他们这样不行那样也不行。他现在有一性格文静的女朋友，可他对女友的言行极为关注，容不得女友与其他男性同学打交道。如果他看到有男性同学或朋友跟他女友谈话或一同走路，就认为女友在跟他们谈情说爱，总是追问不休，有时斥责女友。但事后，小陈却十分后悔，认为自己是胡乱猜忌，通常能主动向女友承认错误，并送礼物道歉，而且也知道女友的确很爱他，不可能移情别恋，但遇到女友再与男同学说话时又无法自控。现在，小陈在学校基本上没有要好的朋友，他自己也感到孤独，内心十分苦恼，但总想不通为什么同学们不愿与他交朋友。

案例解析：

该案例中的小陈是一名偏执型人格障碍患者。这种人格障碍主要以猜疑和偏执为主要特征，表现为对自己所受的挫折和境遇过度敏感、心胸狭窄，对伤害和侮辱不能宽容，长期记恨在心，常常有不安全感、不愉快感，容易将他人的忠诚与友善的行为误认为带有敌意或轻视；对自我的评价过高，认为自己很重要，对个人权利竭力追求，对事情的前因后果缺乏分析，容易产生病理性嫉妒，过分怀疑恋人或伴侣的不忠；以自我为中心，总感觉在社会上受迫害、受压制，因而经常处于紧张和戒备状态及敏感多疑，也因此常对人抱有强烈的敌意。

人格障碍是指人格缺陷或人格发展的内在不平衡、不协调，表现为人格特征偏离正常状态。其主要特征是：人格障碍的人一般意识是清醒的，认识能力也保持完整，但情绪极不稳定，对人感情淡薄甚至冷酷无情；行为活动极易受冲动、偶然动机和本能欲望支配，缺乏目的性、计划性，自制力差，常常与周围的人甚至亲人发生冲突，不能适应周围的社会环境。人格障碍包括偏执性、分裂性、反社会性、冲动性、表演性、强迫性、焦虑性、依赖性人格障碍等类型。

（二）性心理障碍及其特征

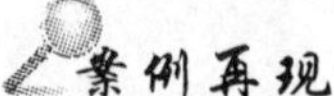

宋某，男，21岁，大二学生。出身于干部家庭，从小父亲很少管他，母亲则严厉而专横，动辄把他关进小黑屋去“面壁思过”。故他自幼胆小、性格内向，只喜欢和女生一起玩。当女孩哭时，他常常用抚摸女生头发的方式给予对方安慰。约10岁那年与亲戚家的表妹睡一床，便产生一种想摸对方身体又怕被对方发现的念头。当他试着摸表妹衣服后，竟然感觉“舒服”。进大学后，一次在排队打饭时，拥挤之中他的手指无意间碰上一位女生的贴身衣物时，顿时心里产生了一种很特别的感觉。以后，他好像上瘾一样，常常情不自禁地借故去女生宿舍区，故意触摸女生晾晒在室外的内衣，以致引起女生反感也毫不在意。此后迷恋女性内衣的心理越来越严重，凡看到女性的内衣就激动不安，常常不能自控地去设法抚摸，并多次夜晚外出去窃取女性的内衣，偷偷把窃取的女性内衣收藏起来。一旦欲念出现时，便取出收藏的内衣抚弄、嗅吻，感到很满足。但除窃取内衣外，他从没有其他越轨行为。

案例解析：

该案例中的小宋患了恋物癖，属于性心理障碍的一种。起病源自于母亲过于威严，使他因为在幼年时期缺乏来自“母爱”的愉悦体验，出于对男女性别差异的好奇心，以致抚摸女孩衣物时感到“舒服”。进入青春期后，由于不善于交往又渴望与异性接触，以致他偶尔触摸女性内衣的愉悦体验与萌发的性意识相结合，并经多次重复后形成条件反射，旧观念新感受一起替代了正常的性心理，从而顽固地表现为以迷恋女性内衣为主要症状的恋物癖。

恋物癖是指以异性没有生命的物品或以异性身体某部分作为性满足的来源，常见于男性。表现为煞费苦心地收集、寻觅那些对他们有特殊性刺激的物品并贮藏起来，他们与这些眷恋物接触时即引起性兴奋。眷恋物因人而异，一般而言，某一患者的眷恋物只限于某几种或某一种。许多恋物癖都是暂时的，当和满意的异性确立固定的关系时，恋物癖症状会逐渐减弱，直至消失。

性心理障碍是指性冲动障碍和性对象的歪曲，即寻求性欲满足的对象与性行为的方式与常人不同，违反社会习俗而获得性满足的行为。性心理障碍与人格障碍既有联系又有区别。性心理障碍是人格障碍的一种表现，例如残暴好斗的人在性行为方面可能是施虐狂；但是性心理障碍的人不一定都具有人格障碍的一般特征，有些性心理障碍者在社会生活的其他方面适应良好。性心理障碍有同性恋、恋童癖、恋物癖、异装癖、露阴癖、窥阴癖等类型。

(三)对人格障碍、性心理障碍的科学态度及处置

人格障碍和性心理障碍是心理疾病而不是思想品质问题，单纯实施批评教育是不能解决问题的。从事学生工作的班主任、辅导员应给予患者更多的关心爱护，配合医疗部门进行治疗，而不能歧视他们。人格障碍的治疗以心理治疗为主，班主任、辅导员应为心理治疗创造良好的环境，如帮助患者适应环境，改善人际关系，发挥其特长等。性心理障碍由于其行为违反社会习俗，有的甚至伤害他人，所以会引起法律问题，社会上对其责任问题看法尚不一致，但一般认为性心理障碍是性行为偏离正常，并非精神病性障碍，因此不能被评定为无行为能力和责任能力。

三、精神分裂症的特征及其处置

(一)精神分裂症及其特征

案例再现

黄某，女，22岁，大学三年级学生。身材苗条，面容姣好，自幼注重自己的穿着打扮，自己的物品也收拾得干干净净。上大学后，被同学誉为“校花”，整天被充满爱慕之心的男同学捧着、追着。但近一年来，同宿舍的同学和父母发现小黄变得跟以前不太一样，常常不洗脸不漱口，头发凌乱也不梳理，就是在酷热的夏天，如果没有人提醒也可以一星期不洗澡、不换衣服，自己的物品乱七八糟也不收拾，常常缺课，讲话明显减少，基本上不再与人来往。每当同学与父母问她是何原因引起这些异常时，往往回答是“没事”。

初期父母以为她只是身体不适生病了，后来一直未见好转，在老师和同学带她到精神科诊治的前两个月，父母曾带她到医院内科进行抽血、心电图、腹部B超、胸透X光、脑电图、头颅CT等详细检查，均未发现任何异常。直到老师和同学把她带到精神科就诊后，才被确诊患有“精神分裂症(单纯型)”。

精神分裂症是最常见的一种精神疾病。近年来，在大学生中出现精神分

裂症状的案例并不罕见，严重影响大学生的身心正常发展，一旦出现往往导致无法完成学业。精神分裂症对人的身心健康影响很大，致残率极高，预后极差。单纯型精神分裂一般在青年期发病，病程进展缓慢，表现为活动减少，生活懒散，情感逐渐淡漠，对学习无兴趣，对亲友冷淡，因无妄想和幻觉症状，早期不易被发现，容易被误认为性格或思想问题，如不能及时发现、诊断和治疗，容易逐渐迁延为慢性精神衰退。精神分裂症发病率在精神病中居首位，多见于青壮年，其表现主要是精神活动“分裂”，即患者行为与现实分离，思维过程与情感分离，行为、情感、思维具有非现实性，难以理解，不能协调。精神分裂症的症状十分复杂多样，常表现为思维散漫、思维破裂、情感淡漠、行为怪异、妄想、幻觉等。精神分裂症患者一般智能尚好，但对自己的病态表现缺乏自知力。

精神分裂症主要有以下三方面的特征：第一，病人的反应机能受到严重损害，对客观现实的反映是歪曲的，可出现精神失常现象，如幻觉、妄想、思维紊乱、行为怪异、情感失常等，因而丧失正常的言行、理智与行为反应；第二，社会功能严重受损，不能正常处理人际关系和参与社会活动，甚至给公众社会生活造成危害；第三，不能理解和认识自身的现状，不承认自己有病，对自己的处境丧失自知力。

(二)对精神分裂症的科学态度及处置

许多人对精神分裂症有着种种误解，其实，精神病如同躯体患病一样，并不是不治之症，多数人的症状是可以经过治疗得到控制的；精神分裂症患者并非都是疯疯癫癫，乱叫乱喊，伤人毁物的，一些精神分裂症病人除发作期外与正常人无明显差异，有些精神病患者在发病期间也没有上述行为，因而常被误认为只是情绪有问题而忽视了病情。对于精神病患者应及时送医院治疗，治疗越及时、系统、正规，效果越好，治疗以药物治疗为主，恢复期可辅以心理治疗，出院后继续服药，不可擅自停药，以免反复；对精神病患者应理解、关怀、帮助，不应歧视、厌恶、冷淡，正常的社会生活和人际交往有利于病人的康复，患者不要因病而背上思想包袱，应积极投入到学习、生活中去。

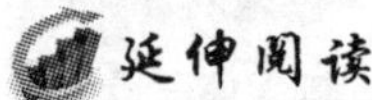

自言自语是精神病的表现吗？

宿舍里，汤姆又在碎碎念，查理以为汤姆要和自己说话，便问汤姆：“你刚说什么？”汤姆抬起头莫名其妙地看着查理：“没有啊，我没和你说话啊。”查理脑门顿时冒出三条黑线，很无语地对汤姆说：“宿舍就我们俩，刚刚你不是在对我说话还会对谁说?""哦,"汤姆很淡定地回了句,"我刚刚在自言自语。"这下查理不淡定了,心里打起了小鼓:"又是自言自语,这家伙该不是精神有问题了吧?"

倘若我们稍加留意一下,或许会发现有某个人坐在某处旁若无人地自言自语,你便会觉得他是在"发神经"。殊不知,正是由于这种错误的认识而误导了一种健康解决问题的方法。由于自言自语常表现在精神病人身上,故长期以来,人们总觉得那些自言自语的人都是不正常的。当下,德国的心理学家研究认为,"自言自语"是消除紧张的有效方法,有利于身心健康。其实,同自我很好地交谈可以有效地发泄心中的不满、郁闷、愤怒及悲伤等不良情绪,有助于消除紧张,恢复心理平衡。当你思虑重重时,若有机会听听自己的谈话,并对自己提一些问题时,那么你只从一个角度看问题或钻牛角尖的可能性就减少了。

经过总结,心理学家们认为"自言自语"有如下作用:

1. 自己的音调有一种使人镇静的作用,让人有一种交往的安全感。

2. 自我大声对话可以调整大脑中紊乱的思绪,尤其是在紧张劳累时。

3. 对一些个人问题可以用"自言自语"来较轻松地自我解决。就像对待朋友,澄清一些矛盾冲突,把问题摆到桌面上来解决,各自发表见解,在说的过程中,各种不一致的见解及其解决问题的可能性一目了然,最后矛盾的解决就比较容易了。

4. 对那些自我担心和忧虑的事情,自己讲出来就没什么问题了,压在心中的石头就会被搬掉,烦愁就会被赶走,从而达到心理平衡。

5. 可以改善睡眠。因为冥思苦想属于混乱的内心对话,而通过"自言自语"讲明事实、摆清道理就可终止思虑,从而会使睡眠安定、少做噩梦。

当然,那些属于病态的整日不停地自言自语的人,则应去看医生。

(资料来源于"中国 NLP 学院"网站,http://www.nlp.cn/)

第三节 心理危机的预防

一、心理危机认知

(一)心理危机的概念

一般而言,危机(crisis)有两个含义,一是指突发事件,是出乎人们意料发生的，如地震、水灾、空难、疾病爆发、恐怖袭击、战争等；二是指人所处的紧急状态。当个体遭遇重大问题或变化发生，致使其难以解决、难以把握时，平衡就会被打破，正常的生活就会受到干扰，于是内心的紧张不断积蓄，继而出现无所适从甚至思维和行为的紊乱而进入一种失衡状态，这就是危机状态。危机意味着平衡稳定的破坏，引起混乱、不安。危机出现是因为个体意识到某一事件和情境超过了自己的应付能力，而不是个体经历的事件本身。

（二）心理危机的发展过程

心理学研究发现，人们对危机的心理反应通常经历四个不同的阶段：首先是冲击期，即在危机事件发生后不久或当时，感到震惊、恐慌、不知所措，如突然听到某地发现人感染禽流感，医护人员因接触患者也感染了，并且感染患者持续增多等消息后，大多数人会表现出一定的恐惧和焦虑；其次是防御期，表现为想恢复心理上的平衡，控制焦虑和情绪紊乱，恢复受到损害的认识功能，但不知如何做时出现的否定性心理；再次是解决期，积极采取各种方法接受现实，寻求各种资源努力设法解决问题，焦虑减轻，自信增加，社会功能恢复；最后是成长期，经历了危机变得更成熟，获得应对危机的技巧，但也有人因消极应对而出现种种心理不健康的行为。

（三）心理危机的影响因素

个体危机反应的严重程度并不一定与事件的强度成正比，也就是说个体对危机的反应有很大差异，即相同的刺激引起的反应是不同的。比如对待大规模爆发的流行性传染病，有的人平静坦然，镇定自若，善于应付；有的人无所适从，惶惶不可终日。危机反应程度到底受哪些因素影响呢？总体来看，个体的个性特点、对事件的认知和解释、社会支持状况、以前的危机经历、个人的健康状况、干预危机的信息获得渠道和可信程度、危机的可预期性和可控制性、个人适应能力、所处环境等都会影响危机反应。

（四）心理危机的后果

心理危机是一种正常的生活经历，并非疾病或病理过程，每个人在人生的不同阶段都会经历危机。由于处理危机的方法不同，后果也不同，一般有四种结局：第一种是顺利渡过危机，并学会了处理危机的方法策略，提高了心理健康水平；第二种是渡过了危机但留下心理创伤，影响今后的社会适应；第三种是经不住强烈的刺激而自伤自毁；第四种是未能渡过危机而出现严重心理障碍。对于大部分的人来说，危机反应无论在程度上或者是时间方面，都不会带来生活上永久或者是极端的影响，他们需要的只是有时间去恢复对现状和生活的信心，加上亲友的体谅和支持，一般能逐步平复。但是，如果心理危机过强，持续时间过长，会降低人体的免疫力，出现非常时期的非理性行为。对个人而言，轻则危害个人健康，增加患病的可能，重则出现攻击性和精神损害；对社会而言，会引发更大范围的社会秩序混乱，冲击和妨碍正常的社会生活，如听信传言而出现超市抢购、哄抬物价、犯罪增加等，其结果不仅增加了有效防御和控制灾害的困难，还在无形之中给自己和别人制造了新的恐慌源。

二、大学生心理危机

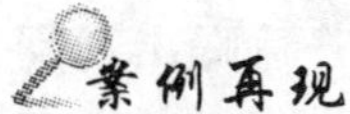

张某，男，21岁，大二学生。在心理咨询室自述：最近与女友分手了，分手理由是她认为二人性格不和，沟通不畅，所以提出了分手。但张某却还沉浸在爱情的甜蜜中，这突如其来的分手让他不知所措，非常彷徨、茫然。之后，张某不断地骚扰前女友，表明自己还爱着她，希望能与其复合，但前女友根本不理会他，而且在短期内又结交了新的男朋友，张某很愤怒，觉得前女友欺骗了自己，甚至产生了要报复前女友的想法。

很显然，张某在恋爱受挫后出现了严重的心理危机。在与咨询老师交流的过程中，张某诉说了自己彷徨的心情，觉得恋爱是自己生活的全部，不希望失去这个女孩，所以有些行为表现得比较过激。

(一)大学生心理危机的种类

1. 发展性危机

发展性危机是个人在正常成长和发展过程中，对急剧的变化或转变所产生的异常反应，如升学危机、性心理危机等。这些危机是大学生生命中必要和重大的转折点，每一次发展性危机的成功解决都是大学生走向成熟和完善的阶梯。

2. 境遇性危机

境遇性危机是指突如其来、无法预料和难以控制的心理危机，如交通事故、人质事件、突然得知绝症或死亡、被人强暴、自然灾害等。

3. 存在性危机

存在性危机是指一些人生中的重要事件出现问题，而导致的个人内心的冲突和焦虑，是伴随重要的人生目的、人生责任和未来发展等内部压力的冲突和焦虑的危机。

(二)大学生心理危机的表现

当一个人处在心理危机的状态，也就是心理失衡的状态时，常会有一些言语、情绪、行为上的表现。一是直接表露自己处于痛苦抑郁、无望或者无价值感中，觉得人活着没什么意思，为什么自己那么倒霉，并会用语言表达出活得没有意思，觉得命运对自己不公平。二是情绪不稳定，容易流泪，抑郁，注意力不集中，也容易被激怒，或者过分依赖。在人际交往方面，明显不愿意和他人交往，有点逃避他人，显得孤僻、孤单，无缘无故地生气、跟人作对，同时酒精或其他上瘾物品的食用量增加，即所谓的借酒消愁。还可能表现为过度依赖惯用的一些药物，而造成行为紊乱或者古怪。三是个体的心理状态也会通过一些行为表现出来。比如睡眠是人保持身心健康的第一关口，倘若睡眠出现问题，如早醒或者入睡困难，或者睡眠表浅，或睡着的时候梦很多，那么虽然睡着了可是身心并没有得到放松。如果一个人处在心理危机状态，只要能踏踏实实地睡觉，问题就不会太大。如果持续一周以上出现自觉的失眠症状，翻来覆去睡不着觉，导致白天没有精神，就要引起特别注意了。

1. 宏观方面

从宏观方面来说，大学生心理障碍、生理疾患、学习和就业压力、情感挫折、自我期望值过高、在学习上遇到挫折后产生很大的失落感和心理落差、经济压力、家庭变故以及周边生活环境等诸多因素，都会导致其发生心理危机。而抑郁心理、孤僻性格、自卑心理、抑郁症、精神分裂等精神疾病，亦是引起心理危机、导致自杀等极端行为的主要原因。抑郁心理与孤僻性格往往与人格发展、早期经历不良等因素有关；自卑心理往往与自身缺陷、自我期望过高或过低等因素有关；而抑郁症和精神分裂是心理问题已经危机化了，并且随时随地都有可能发生极端行为。

2. 微观方面

从微观方面来看，要识别大学生个体心理危机可以从以下几个方面来判断：

(1)心理学认为，情绪是指个体需要是否得到满足的反应，需要是情绪的基础，当需要满足时就会产生积极的情绪体验，反之就会产生消极的情绪体验。良好的情绪是心理健康的重要标准之一，不良的情绪体验是导致心理发生问题的主要因素。异常情绪包括抑郁、焦虑、淡漠、躁狂等。大学生的情绪突然改变、明显不同于往常，出现不良情绪反应，如情绪低落、悲观失望、焦虑不安、无故哭泣、意识范围变窄、忧郁苦闷、烦恼或喜怒无常、自我评价丧失、自制力减弱等消极情绪时，就有发生心理危机的可能。恶劣的情绪也是判定个体发生抑郁症的重要临床表象。

(2)正常的行为活动是一个人心理健康的重要表现之一。当个体大学生出现行为异常，如饮食、睡眠出现反常，个人卫生习惯变差而不讲究修饰，自制力丧失不能调控自我，孤僻独行等非常态行为时，就要注意是否有心理危机问题了。行为异常也是判定个体发生抑郁症的重要条件之一。另外，行为变化也与情绪变化密切相关，不良的情绪必然导致行为的反常变化。

(3)学习兴趣下降，表现为上课无故缺席、常迟到和早退、成绩陡然下降，根本无法进行正常的听课和学习。心理学理论认为，正常、有效、良好的学习能力是个体心理健康的前提和标准，当个体在智力正常的情况下突然丧失了学习这一功能时，就说明是心理状态发生了问题。

(4)丢弃或损坏个人平时十分喜爱的物品，这也是十分典型的识别根据。如果个体大学生不能正常有序地学习和生活，把自己平时很喜欢的东西随意丢弃或毁坏等，这意味着不正常的心理行为发生了，而且这是心理障碍达到危机的程度时才会出现的情况。

(5)自杀意图的流露，如谈论自己的死或与死有关的问题，或写下遗嘱之类的东西，或者有的甚至试图采取某些手段自杀。

三、大学生心理危机干预

(一)心理危机干预的定义

心理危机干预就是对处于心理危机状态者采取明确有效的措施，使症状得到缓解，使心理功能恢复到危机前的水平，并获得新的应对技能，以预防将来心理危机的发生。危机干预的主要目标是降低急性、剧烈的心理危机和创伤的风险，稳定和减少危机或创伤情境的直接严重后果，促进个体从危机和创伤事件中恢复或康复。帮助的及时性、迅速性是其突出特点，有效的行动是危机干预成败的关键。

(二)心理危机干预的对象

存在心理危机倾向与处于心理危机状态的大学生是我们关注与干预的对象，这一对象群体一般遭遇具有重大影响的生活事件，情绪剧烈波动，或者认知、躯体或行为方面有较大改变，且用平常解决问题的方法暂时不能应对或无法应对眼前的危机。

在日常工作与生活中，对存在下列现象之一的学生，应作为心理危机干预的高危个体予以特别关注：

(1)情绪低落抑郁者；

(2)过去有过自杀的企图或行为者；

(3)存在诸如失恋、学业失败、躯体疾病、家庭变故、人际冲突等明显的动机冲突或突遭重挫者；

(4)家庭亲友中有自杀史或自杀倾向者；

(5)性格有明显缺陷者；

(6)长期有睡眠障碍者；

(7)有强烈的罪恶感、缺陷感或不安全感者；

(8)感到社会支持系统长期缺乏或丧失者；

(9)有明显的精神障碍者；

(10)存在明显的攻击性行为或暴力倾向，或其他可能对自身、他人、社会造成危害者。

对近期发出下列警示讯号的学生，应作为心理危机的重点干预对象及时进行危机评估与干预：

(1)谈论过自杀并考虑过自杀方法，包括在信件、日记、图画或乱涂乱画的只言片语中流露死亡念头者；

(2)不明原因突然给同学、朋友或家人送礼物、请客、赔礼道歉、述说告别的话等行为明显改变者；

(3)情绪突然明显异常者，如特别烦躁，高度焦虑、恐惧，易感情冲动，或情绪异常低落，或情绪突然从低落变为平静，或饮食、睡眠受到严重影响等。

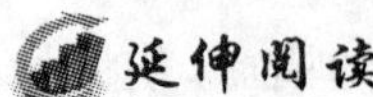

自杀前的迹象

对于大多数经受心理的巨大痛苦而想自杀的人来说，自杀前常常会出现以下的一些迹象。

1. 言语上的征兆

(1)直接对人说："我想死。""我不想活了。"

(2)间接向他人说："我所有的问题马上就要结束了。""现在没有人可以帮助我。""没有我，他们会过得更好。""我再也受不了了。""我的生活毫无意义。"

(3)谈论与自杀有关的事或开自杀方面的玩笑。

(4)谈论自杀计划，包括自杀方法、日期和地点。

(5)流露出无望或无助的心情。

(6)突然与亲友告别。

(7)谈论一些易获得的自杀工具。

2. 行为上的征兆

(1)出现突然的、明显的行为改变(如中断与他人的交往或出现很危险的行为)。

(2)表现出抑郁。

(3)将自己珍贵的东西送人。

(4)频繁出现意外事故。

(5)酗酒的量增加。

(三)大学生心理危机干预的一般原则

1. 帮助当事人接受帮助

面临危机心绪不佳、郁闷、痛苦是正常的,帮助当事人接受帮助,在帮助下经历、体验并开始摆脱痛苦,有助于当事人最终走出危机。

2. 帮助当事人有所作为地正视和处理危机

对当事人的处境表示同情和关注,并有所准备地给当事人指明解决危机的办法,使其明白自己该做些什么、怎么做。

3. 为当事人提供有关的信息

陷入危机的当事人往往因不了解真相而产生错觉,夸大危机的情境,对结果的想象远比事实更糟。因此,危机干预必须运用适当的方式、手段和语言,适当帮助当事人发现事实的真相,使他们正视现实,走出困境。

4. 必须避免怂恿当事人或责备当事人

怂恿、责备当事人只能导致其心理危机状态更加严重,甚至加快其做出采取极端行为的决定。

(四)危机干预的步骤

在大学校园内,当我们发现学生面临心理危机时,可使用心理学家总结的“六步干预法”进行危机干预。

1. 确定问题

危机干预的第一步是从求助者的立场出发,确定和理解求助者的问题。干预人员使用积极的倾听技术:同感、理解、真诚、接纳以及尊重。既注意求助者的语言信息,也注意其非语言信息。

2. 保证求助者安全

在危机干预过程中,干预人员应该将保证当事人安全作为首要目标。这里的安全是指对自我及对他人的生理和心理的危险性降低到最小的可能性。在干预人员的检查评估、倾听和制定行动策略的过程中,安全问题都必须给以同等的、足够的关注。

3. 给予支持和帮助

危机干预强调与当事人沟通和交流,通过语言、语调和躯体语言让求助者认识到危机干预人员是能够给予其关心和帮助的人，让求助者相信“这里有确实很关心你的人”。

4. 提出应对的方式

帮助当事人探索可以利用的替代解决方法，促使当事人积极地搜索可能获得的环境支持、可资利用的应付方式，启发其思维方式。当事人知道有哪些人现在或过去能关心自己，有许多可变通的应对方式可供选择。

5. 制订行动计划

帮助当事人拟出现实的短期计划，包括另外的资源的提供及应付方式，确定当事人理解的自愿的行动步骤。计划应该根据当事人的应付能力，着重于切实可行和系统地帮助当事人解决问题。计划的制订应该与当事人合作，让其感到这是他自己的计划。制订计划的关键在于让求助者感到没有剥夺他们的权力、独立和自尊。

6. 得到当事人的承诺

帮助当事人向自己承诺采取确定的、积极的行动步骤，这些行动步骤必须是当事人自己的，从现实的角度是可以完成的。如果制订的计划完成得较好的话，则得到承诺比较容易。在结束危机干预前，危机干预工作者应该从求助者那里得到诚实、直接和适当的承诺。

除以上六步之外，还应该启动社会支持系统，社会支持系统主要包括来自于父母及其他亲人、来自于老师和同学、来自于其他方面如朋友和社区志愿者的支持等。这种支持不仅包括心理和情感上的支持，也包括一些实质的救助行动。有调查表明，大学生从他人那里获得的支持具有价值增进、陪伴支持、情感支持、亲密感和满意度等调节功能，这些功能对处于危机期的大学生具有重要作用。

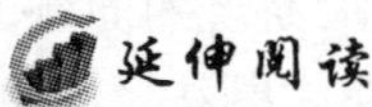

危机干预(摘选)

第二十条　对于进入《学生心理危机预警库》的学生或突发心理危机的学生，学校根据其心理危机程度实施心理危机干预。其危机程度由大学生心理咨询中心专家组评估确定。

第二十一条　建立支持系统。学校和各院系应通过开展丰富多彩的文体活动丰富学生的课余生活，培养他们积极向上、乐观进取的心态，应在学生中形成团结友爱、互帮互助的良好人际氛围。全体教师尤其是班主任、辅导员应经常关心学生的学习生活，帮助学生解决学习生活上的困难，与学生交心谈心,做学生的知心朋友。学生党员、学生骨干对有心理困难的学生应提供及时周到的帮助,真心诚意地帮助他们渡过难关。各院系应动员有心理困难学生的家长、朋友对学生多一些关爱与支持,必要时应要求学生亲人来校陪伴学生。

第二十二条　建立治疗系统。对有心理危机的学生应进行及时的治疗,对症状表现较轻危机程度不高者,以在校接受心理辅导或到专业机构接受心理治疗为主,可辅以药物治疗。对症状表现较重者必须在专业机构接受药物治疗的基础上在校或在相应的专业机构接受心理辅导。对症状表现严重、危机程度很高者,必须立即将其送专业精神医院治疗。

第二十三条　建立阻控系统。对于学校可调控的引发学生心理危机的人事或情景等刺激物,各院系应协调有关部门及时阻断,消除对危机个体的持续不良刺激。对于危机个体遭遇刺激后引起紧张性反应可能攻击的对象,各院系应采取保护或回避措施。心理咨询师、校医院医生在接待有严重心理危机的学生来访时,在其危机尚未解除的情况下,应不让学生离开,并立即报告给大学生心理咨询中心及学生所在院系。

第二十四条　建立监护系统。对有心理危机学生在校期间要进行监护。

1. 对心理危机程度较轻,能在学校正常学习者,各院系应成立以学生干部为负责人及同室同学为主的不少于三人的学生监护小组,以及时了解该生的心理与行为状况,对该生进行安全监护。监护小组应及时向本系学生工作负责人汇报该生的情况。

2. 对于危机程度较高但能在校坚持学习并接受治疗者,各院系应将其家长请来学校,向家长说明情况,家长如愿意将其接回家治疗则让学生休学回家治疗,如家长不愿意接其回家则在与家长签订书面协议后由家长陪伴监护。

3. 经专家组评估与确认有严重心理危机者,各院系应通知学生家长立即来校。在各院系与学生家长做安全责任移交之前,应对该生作24小时特别监护。对心理危机特别严重者,各院系应立即与大学生心理咨询中心联系将其送往固定场所,派人协助保卫人员进行24小时特别监护,或在有监护的情况下送医院治疗。对于出现危机事故的学生在医院接受救治期间,各院系亦应指派学生协助保卫人员根据医院要求在病房进行24小时特别监护。

第二十五条　建立救助系统。大学生心理咨询中心设立"生命热线"电话、开辟网上"生命热线",派专家值班,便于对发出危机求救的学生进行紧急心理援助。对于突发学生自伤自毁事故的紧急处理,学生所在院系(学院)的学生政工干部,应闻讯后立即赶赴现场,并立即报告给校学生工作部门、保卫部门、校医疗部门、大学生心理咨询中心等部门。上述各部门在接到通知后应派人立即赶到现场,进行紧急援救。特殊情况下,各院系可先将学生紧急送医院治疗,然后向有关部门汇报。各部门现场紧急救助职责如下:

1. 学生工作部门负责现场的指挥协调;

2. 保卫部门负责保护现场,配合各院系及医疗部门对当事人实施生命救护和安全监护,协助有关部门对事故进行调查取证;

3. 校医疗部门负责对当事人实施紧急救治,或配合相关人员护送其转院治疗;

4. 大学生心理咨询中心负责制定心理救助方案,实施心理救助,稳定当事人情绪。

(摘自《湖北师范学院大学生心理危机干预暂行办法》)

参考文献

[1] 张海莹. 大学生健康心理养成的途径和方法[J]. 中国成人教育,2006(2).

[2] 程良道主编. 大学生心理健康教育[M]. 武汉:华中师范大学出版社,2011.

[3] 江光荣主编. 大学生心理健康教育[M]. 武汉:华中师范大学出版社,2012.

[4] 张跃民. 大学生常见心理异常问题及原因探析[J]. 大学教育科学,2009(3).

[5] 李亚东. 大学生异常心理的预防[J]. 长春师范学院学报:自然科学版,2011(4).